全国高等教育自学考试指定教材

机电一体化工程专业（专科）

微型计算机原理与接口技术

（2014年版）

（含：微型计算机原理与接口技术自学考试大纲）

全国高等教育自学考试指导委员会　组编

编著　徐骏善　朱　岩

主审　任国林

参审　田宗军　左兵城

机械工业出版社

本书为高等教育自学考试机电一体化工程专业（专科）教材。本书内容包括两部分：第一部分为C语言程序设计，讲述了C语言中的数据类型、运算符、表达式、语句、函数、指针、数组、结构等；第二部分为LPC2138微控制器，讲述了ARM内核、LPC2138微控制器的结构与功能及其通用输入/输出、中断、定时器、异步串行通信、数/模与模/数转换的原理和应用。本书内容深入浅出，使学生具有高级语言程序设计的基本知识和初步能力，掌握LPC2100系列微控制器的基本原理和常用接口技术，为以后从事微型计算机的应用开发奠定基础。

本书可作为机电类、自控类、电器类各专业全日制专科及成人教育专业教材，也可作为非电类本科教材和有关工程技术人员的参考书。

图书在版编目（CIP）数据

微型计算机原理与接口技术/徐骏善，朱岩编著. —北京：机械工业出版社，2014.9（2026.2重印）

全国高等教育自学考试指定教材. 机电一体化工程专业. 专科

ISBN 978-7-111-48140-9

Ⅰ.①微… Ⅱ.①徐…②朱… Ⅲ.①微型计算机-理论-高等教育-自学考试-教材②微型计算机-接口技术-高等教育-自学考试-教材 Ⅳ.①TP36

中国版本图书馆CIP数据核字（2014）第227507号

机械工业出版社（北京市百万庄大街22号 邮政编码100037）

策划编辑：何文军 责任编辑：罗子超 张利萍

责任校对：刘怡丹

北京建宏印刷有限公司印刷

2026年2月第1版第6次印刷

184mm×260mm · 20.5印张 · 509千字

标准书号：ISBN 978-7-111-48140-9

定价：36.00元

本书如有质量问题，请与教材供应部门联系。

自学考试服务网 网址：http://zkjc.neea.edu.cn

组 编 前 言

21 世纪是一个变幻难测的世纪，是一个催人奋进的时代，科学技术飞速发展，知识更替日新月异。希望、困惑、机遇、挑战随时随地都有可能出现在每一个社会成员的生活之中。抓住机遇，寻求发展，迎接挑战，适应变化的制胜法宝就是学习——依靠自己学习，终生学习。

作为我国高等教育组成部分的自学考试，其职责就是在高等教育这个水平上倡导自学、鼓励自学、帮助自学、推动自学，为每一个自学者铺就成才之路。组织编写供读者学习的教材就是履行这个职责的重要环节。毫无疑问，这种教材应当适合自学，应当有利于学习者掌握和了解新知识、新信息，有利于学习者增强创新意识、培养实践能力、形成自学能力，也有利于学习者学以致用，解决实际工作中所遇到的问题。具有如此特点的书，我们虽然沿用了“教材”这个概念，但它与那种仅供教师讲、学生听，教师不讲、学生不懂，以“教”为中心的教科书相比，已经在内容安排、编写体例、行文风格等方面都大不相同了。希望读者对此有所了解，以便从一开始就树立起依靠自己学习的坚定信念，不断探索适合自己的学习方法，充分利用已有的知识基础和实际工作经验，最大限度地发挥自己的潜能，以达到学习的目标。

欢迎读者提出意见和建议。

祝每一位读者自学成功！

全国高等教育自学考试指导委员会

2013 年 7 月

目　录

微型计算机原理与接口技术自学考试大纲

微型计算机原理与接口技术

第二部分 LPC2138 微控制器

全国高等教育自学考试
机电一体化工程专业(专科)

微型计算机原理与接口技术
自学考试大纲

(含考核目标)

全国高等教育自学考试指导委员会　制定

出版前言

为了适应社会主义现代化建设事业的需要，鼓励自学成才，我国在 20 世纪 80 年代初建立了高等教育自学考试制度。高等教育自学考试是个人自学、社会助学和国家考试相结合的一种高等教育形式。应考者通过规定的专业考试课程并经思想品德鉴定达到毕业要求的，可获得毕业证书；国家承认学历并按照规定享有与普通高等学校毕业生同等的有关待遇。经过 30 多年的发展，高等教育自学考试为国家培养造就了大批专门人才。

课程自学考试大纲是国家规范自学者学习范围、要求和考试标准的文件。它是按照专业考试计划的要求，具体指导个人自学、社会助学、国家考试、编写教材和编写自学辅导书的依据。

随着经济社会的快速发展，新的法律法规不断出台，科技成果不断涌现，原大纲中有些内容过时、知识陈旧。为更新教育观念，深化教学内容方式、考试制度、质量评价制度改革，使自学考试更好地提高人才培养的质量，各专业委员会按照专业考试计划的要求，对原课程自学考试大纲组织了修订或重编。

修订后的大纲，在层次上，专科参照一般普通高校专科或高职院校的水平，本科参照一般普通高校本科水平；在内容上，力图反映学科的发展变化，增补了自然科学和社会科学近年来研究的成果，对明显陈旧的内容进行了删减。

全国考委机械及轻纺化工类专业委员会组织制定了《微型计算机原理与接口技术自学考试大纲》，经教育部批准，现颁发施行。各地教育部门、考试机构应认真贯彻执行。

全国高等教育自学考试指导委员会

2014 年 7 月

Ⅰ. 课程性质与课程目标

一、课程性质和特点

“微型计算机原理与接口技术”是高等教育自学考试机电一体化工程专业专科及电厂热能动力工程专业专科考试计划规定必考的一门专业基础课，由C语言程序设计和ARM嵌入式系统原理和应用技术两部分组成。在C语言程序设计部分，主要是介绍C语言的基础知识，使考生掌握C语言程序设计的基本方法，为开发嵌入式系统奠定基础。在ARM嵌入式系统原理和应用技术部分，主要介绍了ARM内核的基本工作原理，并以LPC2138为例讲解了在工业控制中常用的通用输入输出接口、中断与定时器、异步串行通信以及模/数、数/模转换器等。本课程为后续课程打下必要的基础。

通过本课程的学习使考生获得微型计算机系统的组成原理、C语言程序设计、嵌入式系统开发等软硬件的基本知识，以及微型计算机应用的基本方法和基本技能，为毕业设计和今后的工作打下良好的基础。

本门课程实践性非常强，考生尽可能多上机练习、做较多的习题。如果有实验条件，考生尽可能完成一定数量的实验，以培养考生基本的上机操作能力、程序调试能力以及接口应用能力。

二、课程目标

通过本课程的学习，考生可获得微型计算机系统的组成基本原理、程序设计、接口技术等软硬件的基本知识、应用的基本方法和基本技能，为学习后续课程以及从事机电一体化系统设计和产品开发工作打下基础。

课程设置的目标是使考生：

1）掌握C语言中的数据类型、表达式、语句、函数、程序结构等程序设计的基本方法。

2）进行算法的初步训练，能编写诸如排序、环形缓冲区、链表、字符串操作等程序。

3）掌握ARM内核工作原理，理解ARM内核在LPC2138中的应用。

4）掌握LPC2138常用接口的编程方法及应用。

三、与本专业相关课程的联系与区别

学习本课程前考生应具有高等数学、电工和电子技术基础的知识，以便使考生顺利掌握计算方法、程序设计和接口技术等内容。

本课程为学习“数控技术及应用”“可编程序控制器原理与应用”“热工测量及仪表”等课程打下基础，并将在毕业设计中得到应用。

四、课程的重点和难点

本课程的重点是C语言的数据类型、运算符、表达式、语句、函数，以及嵌入式系统的原理、对LPC2138外设编程及应用。难点是C语言中的指针、结构、联合、位域等；ARM内核工作原理、ARM存储器映射、中断的概念。

Ⅱ. 考核目标

本大纲在考核目标中，按照识记、领会、简单应用和综合应用四个层次规定应达到的能力层次要求。四个能力层次是递进关系，后者必须建立在前者的基础上。各个能力层次的含义如下：

识记：能正确认识和表述本课程的基本知识，并能进行正确的选择和判断。要求考生能够识别和记忆大纲中规定的有关知识点的主要内容，做出正确的表述、选择和判断。如第3章中，对于“整型常数”这一知识点，要求考生能区分十进制、八进制、十六进制整型常数，能正确表述各进制的整型常数。又如第9章的“LPC2138引脚功能选择”知识点，要求考生知悉PINSEL0、PINSEL1、PINSEL1的作用。

领会：能将所学知识加以解释、归纳，能领悟某一概念或原理之间的联系，理解其引申意义，并能做出正确的表述和解释。要求考生能够领悟和理解大纲中规定的有关知识点的内涵与外延，熟悉其内容要点和它们之间的区别与联系。如第3章中的“逻辑表达式的值”知识点，要求考生在知悉逻辑运算符应用规则的基础上，能正确求解逻辑表达式而得到表达式的值。又如第9章的“IOnDIR、IOnSET和IOnCLR的作用”知识点，要求考生在知悉LPC2138引脚功能复用的基础上，能理解这些寄存器的功用。

简单应用：能用所学的概念、原理、方法正确分析和解决较简单的问题，具有分析和解决一般问题的能力。要求考生能够运用大纲中规定的少量知识点，分析和解决一般应用问题。如第5章的“能编写功能简单、单一的函数”知识点，考生应能够编写诸如x的n次幂、冒泡法排序，以及字符串比较、复制等功能简单的函数。又如第9章的“编程实现输出高低电平”知识点，考生应能够根据电路原理图，编程实现对发光二极管的控制。

综合应用：能灵活运用所学知识，分析和解决比较复杂的问题，具有一定解决实际问题的能力。要求考生能够运用大纲中规定的多个知识点，分析和解决较复杂的应用问题。如第9章的“编程实现按键控制七段数码管的显示”知识点，要求考生在掌握C语言的位运算或位域、宏替换、指针以及GPIO各寄存器功能的基础上，实现按键状态的检查以及七段数码管的显示。

Ⅲ. 课程内容和考核要求

第1章　微型计算机基础知识

一、学习目的与要求

通过本章学习，使考生了解计算机、微型计算机的发展，掌握计算机中数和字符的表示方法，以及各种进制数的转换。具体要求：

1）掌握不同数制之间的转换。

2）理解有符号数在计算机中的表达方式，掌握原码、反码和补码的计算。

3）理解ASCII编码规则。

4）理解冯·诺依曼结构，了解计算机以及微型计算机、微控制器的发展历程。

二、课程内容

1.1　微型计算机和微控制器发展简述

1.2　数制和码制

三、考核知识点和考核要求

1. 微型计算机、微控制器的发展

识记：CPU；微控制器。

领会：冯·诺依曼结构；计算机的发展历程；微型计算机的发展历程；微控制器的发展历程。

2. 数制基本概念

识记：数在二进制、十进制和十六进制下的表示；二进制加法进位规则；逻辑“与”“或”“非”“异或”规则。

领会：数在二进制、十进制和十六进制之间的转换方法；二进制“与”“或”“非”“异或”计算。

3. 有符号数在计算机中的表示

识记：原码；反码；补码；真值与机器数。

领会：符号编码的目的。

简单应用：用原码表示有符号数；用反码表示有符号数；用补码表示有符号数。

4. 字符编码的概念

识记：ASCII 码的特点。

领会：ASCII 编码方式。

四、本章重点、难点

本章的重点是计算机中无符号数和有符号数的表示方法，以及各种进制的转换关系。本章的难点是理解冯·诺依曼结构。

第 2 章　C 语言概述

一、学习目的与要求

通过本章学习，使考生了解 C 语言的基本语法特征，了解源程序编译的基本过程。具体要求：

1）了解 C 语言的基本语法特征，如变量定义、表达式、函数的声明、函数的定义、函数的调用、循环和分支语句、数组、宏、注释等。

2）了解源程序编译的基本过程，理解预处理、编译、汇编和链接。

二、课程内容

2.1　C 语言入门

2.2　变量和表达式

2.3　格式化输出

2.4　循环与分支控制

2.5　符号常量

2.6　数组

2.7　函数

2.8　编译过程

三、考核知识点和考核要求

识记：main 函数的作用；程序注释；printf 函数中的转换说明字符：%d、%u、%x、%f、

%c、%s、%%。

领会：分析 printf 函数输出；程序的编译过程。

四、本章重点、难点

本章的重点是了解 C 语言的基本语法特征，难点是识记和理解格式化输出，理解编译的基本过程。

第 3 章　类型、运算符和表达式

一、学习目的与要求

通过本章学习，考生应掌握 C 语言中的基本数据类型、变量、运算符、表达式的概念、表达式的值和类型。具体要求如下：

1）掌握 C 语言中的基本数据类型、所占字节数、取值范围。

2）掌握变量的定义，掌握常数的表达形式。

3）掌握运算符和表达式的概念。

4）掌握各种运算符构成的表达式的值和类型。

5）掌握运算符的优先级、结合性。

二、课程内容

3.1　变量名

3.2　数据类型

3.3　常数

3.4　声明变量

3.5　表达式和运算符简介

3.6　类型转换运算符及其表达式

3.7　算术运算符和算术表达式

3.8　增量和减量运算符及其表达式

3.9　关系运算符和关系表达式

3.10　逻辑运算符和逻辑表达式

3.11　位运算符和位运算表达式

3.12　赋值运算符和赋值表达式

3.13　条件运算符和条件表达式

3.14　逗号运算符和逗号表达式

3.15　数组元素引用及其表达式

3.16　目标长度运算符及其表达式

3.17　运算符小结

三、考核知识点和考核要求

1. 变量名

识记：标识符的命名规则。

2. 数据类型

识记：char、int、float 和 double 这 4 种基本数据类型；char 型、int 型、float 型和 double 型所占的字节数以及二进制数位数。

领会：signed、unsigned、short 和 long 可修饰的基本数据类型；char、unsigned char 型数据的取值范围；int、short int、long int 型数据的取值范围；unsigned int、unsigned short int、unsigned long int 型数据的取值范围；float、double、long double 型数据的大致取值范围。

3. 常数

识记：十进制、八进制和十六进制整型常数的表示方法；浮点常数的表示方法；字符常数的表示方法；字符串常数的表示方法。

领会：整型常数后缀 l/L、ul/UL 的作用；浮点常数后缀 f/F、l/L 的作用；换义字符、空字符；字符常数和字符串常数的区别。

简单应用：枚举常数的表示。

4. 变量定义

识记：定义基本数据类型变量的语法；定义一维数组的语法。

领会：多个同类型变量的定义；变量的初始化；const 和 volatile 的作用；数组占用的字节数。

5. 运算符和表达式

识记：最简单的表达式；类型转换运算符及表达式；算术运算符和算术表达式；增量和减量运算符及其表达式；关系运算符和关系表达式；逻辑运算符和逻辑表达式；位运算符和位表达式；赋值运算符和赋值表达式；条件运算符和条件表达式；逗号运算符和逗号表达式；数组元素引用及表达式；目标长度运算符及表达式；数组首元素的下标；运算符的元、结合性、优先级。

领会：左值表达式；类型转换表达式的值和类型；算术表达式的值和类型；前/后增量、减量表达式的值；关系表达式的值和类型；逻辑表达式的值和类型；位表达式的值和类型；赋值表达式的值和类型；条件表达式的值和类型；逗号表达式的值和类型；数组元素引用表达式的值和类型；目标长度运算表达式的值和类型。

简单应用：求解含有多个运算符的表达式；运用 sizeof 运算符求数组元素的数量。

四、本章重点、难点

本章重点是基本数据类型、各类运算符及其构成的表达式；本章难点是增量、减量运算，运算符的优先级和结合性。

第 4 章　语　　句

一、学习目的与要求

通过本章学习，使考生掌握语句和语句块的概念，掌握程序中经常使用的循环语句、分支语句和跳转语句。具体要求：

1）掌握语句和语句块的概念。

2）掌握循环语句：while 语句、for 语句、do-while 语句的语法和使用。

3）掌握分支语句：if-else 语句、switch 语句的语法和使用。

4）掌握 break 语句、continue 语句的语法和使用。

5）掌握 goto 语句和语句标号的语法和使用。

二、课程内容

4.1　语句和语句块

4.2 if-else 语句
4.3 while 语句
4.4 for 语句
4.5 do-while 语句
4.6 goto 语句和语句标号
4.7 break 语句和 continue 语句
4.8 switch 语句

三、考核知识点和考核要求

1. 语句和语句块

识记：表达式语句的语法；空语句的语法。

领会：语句块（复合语句）的语法。

2. if-else 语句

识记：if 语句、if-else 语句的语法。

领会：else 与 if 的配对；嵌套的 if 语句。

简单应用：用 if-else 语句实现多分支结构。

3. while 语句

识记：while 语句的语法；while 语句的执行过程。

领会：while 语句的循环体可能执行的最少次数。

简单应用：能用 while 语句编写简单程序；有限和无限循环。

4. for 语句

识记：for 语句的语法；for 语句的执行过程。

领会：for 语句的循环体可能执行的最少次数；与 for 语句等效的 while 语句。

简单应用：能用 for 语句编写简单程序；逗号表达式在 for 语句中的应用。

5. do-while 语句

识记：do-while 语句的语法；do-while 语句的执行过程。

领会：do-while 语句的循环体可能执行的最少次数。

简单应用：能用 do-while 语句编写简单程序。

6. break 语句和 continue 语句

识记：break 和 continue 语句的语法。

领会：break 和 continue 语句的作用。

7. goto 语句和语句标号

识记：goto 语句的语法；语句标号命名规则；语句标号的语法。

8. switch 语句

识记：switch 语句的语法；switch 语句的执行过程；case、default 的用法；break 语句在 switch 语句中的作用。

领会：无 break 的 case 如何执行；default 分支何时被执行，与 if-else 的异同。

简单应用：能用 switch 语句编写简单程序。

四、本章重点、难点

本章重点是掌握循环语句：for、while、do-while 的语法和使用，掌握分支语句：if-else、

switch 的语法和使用。难点是 else 与 if 的配对，for 语句的变形，switch 语句。

第 5 章　函数和程序结构

一、学习目的与要求

通过本章的学习，使考生掌握函数的定义、声明和调用，理解并掌握变量的存储类别和生存期，掌握基本的预处理命令。具体要求：

1）掌握函数的定义、声明和调用，递归函数的定义和调用。

2）掌握外部变量、内部变量的概念及其存储类别和作用域。

3）理解预处理的概念，掌握基本的预处理命令：#include、#define、#if。

4）掌握数组的初始化。

5）理解程序的结构。

二、课程内容

5.1　函数的定义

5.2　函数的调用

5.3　函数的声明

5.4　外部变量和内部变量

5.5　作用域

5.6　存储类别

5.7　初始化

5.8　递归函数

5.9　预处理命令

5.10　程序结构

5.11　声明与定义

三、考核知识点和考核要求

1. 函数的定义、声明和调用

识记：函数定义的语法；函数声明的语法；return 语句的语法；函数调用运算符、函数调用表达式。

领会：先声明后使用的原则；函数原型；函数调用表达式的值和类型；调用函数时实参向形参进行的操作是值传递；无参或无返回值函数，即 void 的含义。

简单应用：能编写功能简单、单一的函数。

综合应用：能编写用多个函数组成的 C 程序。

2. 外部变量

识记：外部变量的概念；内部变量的概念。

领会：函数的形参是内部变量；外部变量的定义和声明。

3. 作用域

识记：作用域的概念。

领会：标识符作用域的范围；作用域重叠时哪个标识符起作用；语句标号的作用范围。

4. 存储类别

识记：存储类别的概念。

领会：外部变量的存储类别 extern、static；内部变量的存储类别 auto、register、static；不同存储类别变量的生存期；函数的存储类别 extern、static。

简单应用：有局部静态变量和局部动态变量的程序分析。

5. 变量的初始化

领会：未设定初值的 extern 和 static 变量的初值；未设定初值的 auto 和 register 变量的初值；extern、static 变量和 auto、register 变量初始化的区别。

简单应用：字符数组的初始化。

6. 递归函数

识记：递归函数的概念。

简单应用：编写递归函数。

7. 预处理命令

识记：预处理的概念；预处理命令：#include、#define、#ifdef、#ifndef、#if。

领会：#include 文件包含命令的作用；#include 的两种形式；头文件的概念；#define 宏替换命令的作用；带参数宏替换的副作用；#if 等条件编译命令的作用。

简单应用：编写带参数的宏。

四、本章重点、难点

本章的重点是函数的定义、声明和调用，以及变量的存储类别、预处理命令。本章的难点是存储类别、递归函数、带参数的宏。

第 6 章　指针和数组

一、学习目的与要求

通过本章学习，使考生掌握指针的概念和应用，理解并能编写字符串操作函数，掌握二维数组的声明和应用，理解声明的解读。具体要求：

1）掌握指针的概念，指针的声明，取地址运算符、表达式及其值和类型，间接引用运算符、表达式及其值和类型，地址运算。

2）掌握指针作为函数的参数和返回值类型，理解并掌握指向函数的指针，通过指针间接调用函数，理解并能编写字符串操作函数。

3）掌握指针数组、数组指针的声明，掌握二维数组的声明与元素的引用，掌握如何通过指针访问数组的元素，掌握指针的指针的声明及运用。

4）能解读较为复杂的声明。

二、课程内容

6.1　指针的概念

6.2　指针和函数参数

6.3　地址运算

6.4　字符串操作

6.5　指针数组和指向指针的指针

6.6　多维数组

6.7　指向函数的指针

6.8　声明的解读

三、考核知识点和考核要求

1. 指针的概念及地址运算

识记：指针的概念；定义指针类型变量的语法；取地址运算符及表达式；指针间接引用运算符及表达式。

领会：指针是一种导出数据类型；指针变量的初始化；取地址运算表达式的值和类型；指针间接引用表达式的值和类型；指针的前/后自增/自减表达式的值和类型；数组名作为表达式的值和类型；地址运算；理解较为复杂的声明。

简单应用：用指针操作一维数组。

2. 指针和函数、字符串操作函数

领会：指针作为函数形参的作用，指针作为函数的返回值类型；指向函数的指针的声明；void * 型作为函数的形参；字符串表达式的值和类型。

简单应用：能编写常用字符串操作函数。

3. 指针数组和指向指针的指针

识记：指针数组的定义；字符串数组的定义；二维数组的定义与初始化；指向指针的指针的定义；指向数组的指针的定义。

四、本章重点、难点

本章的重点是指针的概念和指针的运用，本章的难点是指向数组的指针、指向函数的指针及其应用。

第7章　结　　构

一、学习目的与要求

通过本章学习，使考生掌握结构、联合、位域的概念和运用，掌握类型名定义的语法和应用。具体要求：

1）掌握结构、联合、位域的概念，理解结构、联合、位域在内存中的布局。

2）掌握类型名定义的语法和应用。

3）理解并能编写链表基本操作的函数。

4）理解并能定义联合和位域。

二、课程内容

7.1　结构的概念

7.2　结构和函数

7.3　结构数组和指向结构的指针

7.4　类型名定义

7.5　结构的应用

7.6　联合

7.7　位域

三、考核知识点和考核要求

1. 结构的概念

识记：结构的概念；结构类型的定义；结构类型变量的定义和初始化；结构的成员；结构成员引用运算符及表达式。

领会：结构类型是一种导出数据类型；结构与数组的区别；结构成员引用表达式的值和类型。

2. 结构和函数

领会：结构类型作为函数的形参；结构类型作为函数的返回值类型。

简单应用：能编写具有结构类型形参的函数；能编写返回结构类型的函数。

3. 结构数组和结构指针

领会：元素为结构类型的数组的定义和初始化；结构数组的定义和初始化；成员为数组的结构类型定义及其变量的定义和初始化；指向结构的指针的定义和初始化；通过指针间接引用结构成员的运算符及表达式。

4. 类型名定义

识记：类型名定义的语法。

领会：类型名定义和宏替换的区别。

5. 联合和位域

识记：联合的概念；联合类型的定义；联合类型变量的定义；位域的概念。

领会：联合类型是一种导出数据类型；联合与结构的区别；结构的成员可以是联合类型；联合的成员可以是结构类型、数组等。

简单应用：能对具有位域的程序进行分析。

四、本章重点、难点

本章的重点是结构、联合、位域的概念和运用。本章的难点是结构指针，联合、位域在内存中的布局。

第 8 章　ARM 内核与 LPC2138 微控制器

一、学习目的与要求

通过本章学习，使考生掌握 ARM7TDMI-S 基本原理。具体要求：

1）掌握 ARM7 指令流水线工作原理。

2）掌握异常中断的概念，理解异常中断类型以及中断响应过程。

3）理解 LPC2138 内部功能结构以及存储器寻址。

二、课程内容

8.1　ARM7TDMI-S CPU 内核

8.2　LPC2138 微控制器

8.3　LPC2138 存储器寻址

8.4　存储器重映射

三、考核知识点和考核要求

1. ARM7TDMI-S 内核

识记：RISC 与 CISC；取指、译码和执行；ARM7TDMI-S 的 7 种工作模式。

领会：ARM 指令流水线、异常中断、存储器编址特征、存储器重映射。

2. LPC2138 微控制器

识记：LPC2138 的 4 个主要组成部分：ARM7TDMI-S、AHB、VPB 和存储。

领会：LPC2138 片内存储、片外存储、外设在内存空间的分布特征。

四、本章重点、难点

本章重点：

1）ARM 指令流水线工作过程。

2）ARM 在不同操作模式下的寄存器。

3）异常中断概念、异常中断的类型和中断响应过程。

4）LPC2138 的内部功能结构、片内存储器、AHB 外设和 APB 外设。

5）LPC2138 存储器地址寻址。

6）地址重映射的概念及用途。

本章难点：

1）中断、中断处理过程以及异常中断向量表的作用。

2）地址的映射和重映射。

第 9 章　通用输入/输出（GPIO）

一、学习目的与要求

通过本章学习，使考生掌握通用输入/输出接口原理以及应用。具体要求：

1）掌握复用引脚的功能选择。

2）掌握 GPIO 寄存器编程方法。

二、课程内容

9.1　GPIO 概述

9.2　引脚连接模块

9.3　GPIO 寄存器

9.4　GPIO 使用注意事项

9.5　编程实例

三、考核知识点和考核要求

1. 引脚功能选择

识记：PINSEL0 的作用；PINSEL1 的作用；PINSEL2 的作用。

领会：引脚功能复用。

简单应用：对 PINSEL0、PINSEL1、PINSEL2 的编程。

2. GPIO 接口

识记：GPIO 寄存器的名称和功能。

领会：IOnPIN、IOnDIR、IOnSET 和 IOnCLR 的作用。

简单应用：对 IOnPIN、IOnDIR、IOnSET 和 IOnCLR 的编程。

3. GPIO 应用

简单应用：编程实现输入；编程实现输出；编程实现电平检测。

综合应用：编程实现输入/输出，例如按键控制七段数码管的显示。

四、本章重点、难点

本章的重点是引脚功能选择，GPIO 的寄存器及其使用；本章的难点是位域结构在寄存器编程中的应用。

第10章 中断与定时器

一、学习目的与要求

通过本章学习，使考生理解并掌握中断的概念以及定时器的工作原理。具体要求：

1）掌握中断的概念。

2）掌握 LPC2138 中断管理器 VIC。

3）掌握 LPC2138 定时器的工作原理及应用编程。

二、课程内容

10.1 中断概念

10.2 向量中断控制器概述

10.3 VIC 寄存器

10.4 VIC 使用方法

10.5 定时器概述

10.6 定时器寄存器

10.7 定时器中断

10.8 编程实例

三、考核知识点和考核要求

1. 中断的概念

识记：中断；快速中断 FIQ；向量中断 IRQ。

领会：中断响应；中断返回；中断服务程序。

2. 中断管理器 VIC

识记：VIC；VIC 管理中断的数量；中断优先级；中断选择寄存器 VICIntSelect、中断使能寄存器 VICIntEnable、中断清零寄存器 VICIntEnClr。

领会：VIC 对 ARM7TDMI-S 中断的扩展与管理，响应中断请求的条件。

简单应用：编程实现中断初始化。

3. 定时器

识记：定时器的捕获工作方式；定时器的匹配工作方式。

领会：定时器匹配与捕获工作过程。

简单应用：编程实现定时器初始化。

综合应用：编写定时器中断服务程序。

四、本章重点、难点

本章重点是中断的概念；难点是中断服务程序的编制。

第11章 异步串行通信

一、学习目的与要求

通过本章学习，使考生掌握串行通信的基本概念、RS-232C 标准以及对 LPC2138 UART 编程。具体要求：

1）掌握串行通信的基本概念。

2）了解 RS-232C 标准。

3）掌握 UARTn 编程。

二、课程内容

11.1　串行通信

11.2　LPC2138 异步串行口

11.3　串行通信口寄存器

11.4　编程实例

三、考核知识点和考核要求

1. 串行通信

识记：串行传输的三种形式；调制、解调；异步传输数据帧的构成；DTE 和 DCE；RS-232 电平；DB9 中的发送与接收引脚。

领会：串行传输与并行传输的区别；发送/接收时钟；波特率；TTL 与 EIA 电平转换。

2. UARTn 接口

识记：UARTn 中通信线路控制器寄存器、线路状态寄存器、发送保持寄存器和接收缓冲寄存器。

领会：发送与接收单元的工作原理。

简单应用：设置串行通信的波特率、数据位个数、停止位个数、奇偶校验方式，编写发送程序。

综合应用：编程实现查询方式接收数据；编程实现中断方式接收数据。

四、本章重点、难点

本章重点是异步串行通信的概念以及串行数据的收发；难点是以中断方式接收数据。

第 12 章　数/模与模/数转换

一、学习目的与要求

通过本章学习，使考生掌握 D/A、A/D 转换的原理和应用。具体要求：

1）了解 D/A 转换器的工作原理和指标。

2）了解 A/D 转换器的工作原理和指标。

3）了解多路开关、采样保持器的原理和应用。

二、课程内容

12.1　模拟量的输入与输出通道

12.2　数/模（D/A）转换器

12.3　LPC3218 中的 D/A 转换器

12.4　D/A 寄存器

12.5　D/A 实例

12.6　模/数（A/D）转换器

12.7　LPC3218 中的 A/D 转换器

12.8　A/D 寄存器

12.9　A/D 实例

三、考核知识点和考核要求

1. D/A 转换基本概念

识记：D/A 转换的指标。

领会：D/A 的转换原理。

2. D/A 转换器

识记：D/A 的功能、分辨率；DACR 寄存器。

领会：D/A 引脚功能设置。

简单应用：编程实现输出三角波、锯齿波等波形。

3. A/D 转换基本概念

识记：采样、保持、量化、编码的概念。A/D 转换的指标。

领会：A/D 的转换原理。

4. A/D 转换器

识记：A/D 的功能、分辨率。A/D 控制寄存器、A/D 数据寄存器。

领会：A/D 引脚功能设置；转换结果读取。

简单应用：启动单路 A/D 转换；查询转换结果。

四、本章重点、难点

本章重点和难点是 A/D 和 D/A 的工作原理以及 LPC2138 中的 A/D 和 D/A 编程。

Ⅳ. 关于大纲的说明与考核实施要求

一、自学考试大纲的目的和作用

课程自学考试大纲是根据专业自学考试计划的要求，结合自学考试的特点而确定的，其目的是对个人自学、社会助学和课程考试命题进行指导和规定。

课程自学考试大纲明确了课程学习的内容以及深广度，规定了课程自学考试的范围和标准。因此，它是编写自学考试教材和辅导书的依据，是社会助学组织进行自学辅导的依据，是自学者学习教材、掌握课程内容知识范围和程度的依据，也是进行自学考试命题的依据。

二、课程自学考试大纲与教材的关系

课程自学考试大纲是进行学习和考核的依据，教材是学习掌握课程知识的基本内容和范围，教材的内容是大纲所规定的课程知识和内容的扩展与发挥。课程内容在教材中可以体现一定的深度或难度，但在大纲中对考核的要求一定要适当。

大纲与教材所体现的课程内容应基本一致；大纲里面的课程内容和考核知识点，教材里一般也要有。反过来教材里有的内容，大纲里就不一定体现。教材里的内容与大纲要求不一致的地方，应以大纲规定为准。

三、关于自学教材

《微型计算机原理与接口技术》，全国高等教育自学考试指导委员会组编，徐骏善、朱岩主编，机械工业出版社出版，2014 年版。

四、关于自学要求与自学方法的指导

本大纲的课程基本要求是依据专业考试计划和专业培养目标而确定的。课程基本要求还明确了课程的基本内容，以及对基本内容掌握的程度。基本要求中的知识点构成了课程内容的主体部分。因此，课程基本内容掌握程度、课程考核知识点是高等教育自学考试考核的主要内容。

为有效地指导个人自学和社会助学，本大纲已指明了课程的重点和难点，在章节的基本要求中也指明章节内容的重点和难点。

本课程共6学分（包括实验2学分），相当于全日制高等学校课内96学时，自学本课程大约需要250h，建议学时分配如下：

章次	课程内容	自学时间	章次	课程内容	自学时间
1	微型计算机基础知识	10h	8	ARM 内核与 LPC2138 微控制器	15h
2	C 语言概述	10h	9	通用输入/输出	20h
3	类型、运算符和表达式	10h	10	中断与定时器	15h
4	语句	15h	11	异步串行通信	15h
5	函数和程序结构	15h	12	数/模与模/数转换	15h
6	指针和数组	15h	13	上机实验	80h
7	结构	15h	总计		250h

1）本大纲是自学《微型计算机原理与接口技术》的主要依据。因此，在自学本课程之前，应先通读大纲，从而了解课程总的要求，获得一个完整的概貌。在学习每一章之前，也要阅读大纲，了解该章的内容、考核知识点和考核要求，这样在自学过程中就能有的放矢。

2）自学时要注意基本能力的培养。本课程的基本能力是指：阅读分析程序的能力、编写程序的能力、分析和设计接口电路的能力、上机实验操作和调试程序的能力。这需要在本课程自学的基础上，通过做一定数量的习题和实验才能达到。

3）本课程是实践性很强的课程，考生应通过上机实验获得计算机操作的基本技能和编写程序、调试程序的能力，掌握接口电路应用的能力，因此，本课程含有2学分的实验，希望通过这些实验，使考生掌握所学的基本知识和培养C语言程序设计及接口技术的应用能力。

4）实践证明，在学习本课程的基本内容之后，还要再复习、总结，以强化对知识点的掌握，特别是一些典型的程序段和函数的编写、指针、位域、中断的概念，这样可以去掉学习的盲目性和知识的断续性。

五、对社会助学的要求

1）助学指导教师应熟悉本大纲所要求的考核知识点和考核要求，辅导的内容应以本大纲为依据。

2）注意自学考试的特点，命题将覆盖各章，绝对不可随意增删和圈定重点，以免导向失误。考试中不会出现未作要求的考核知识点。

3）注意培养考生的自学能力，同时要注意引导考生分析总结，提高编程能力和接口电路应用能力。

4）建议组织上机实验和课程学习同步配合进行，有条件的考生可以自己上机，无条件的考生应由助学单位提供上机环境。指导教师应帮助考生熟悉实验环境，培养考生动手能力，帮助考生解决上机操作、程序调试中遇到的问题。

5）在辅导时应引导考生按考试大纲的要求认真自学，应检查考生所做习题的正误，并辅之以一定数量的练习题。

六、对考核内容的说明

1）本课程要求考生学习和掌握的知识点内容都作为考核的内容。课程中各章的内容均由若干知识点组成，在自学考试中成为考核知识点。因此，本大纲中所规定的考试内容是以分解为考核知识点的方式给出的。由于各知识点在课程中的地位、作用以及知识点自身的特点不同，自学考试将对各知识点分别按识记、领会、简单应用和综合应用四个层次确定其考核要求。

2）本课程分为两部分：C 语言程序设计和 LPC2138 微控制器，考试试卷所占的比例大约分别为 50%、50%。

七、关于考试命题的若干规定

1）考试采用闭卷笔试，考试时间为 150min。考生可携带钢笔、签字笔或圆珠笔、铅笔和橡皮，不可携带计算器。

2）本大纲所规定的基本要求、知识点及知识点下的知识细目都属于考核的内容。考试命题既要覆盖到章，又要避免面面俱到。要突出课程的重点、章节重点，加大重点内容的覆盖度。

3）命题不应有超出大纲中考核知识点范围的题目，考核目标不得高于大纲中所规定的相应的最高能力层次要求。命题应着重考核自学者对基本概念、基本知识和基本理论是否了解或掌握，对基本方法是否会用或熟练。不应出与基本要求不符的偏题或怪题。

4）本课程在试卷中对不同层次要求的分数比例大致为：识记占 20%，领会占 30%，简单应用占 30%，综合应用占 20%。

5）要合理安排试题的难易程度，试题的难度可分为：易、较易、较难和难四个等级。每份试卷中不同难度试题的分数比例一般为 2:3:3:2。

必须注意试题的难度与能力层次不是一个概念，在各能力层次中都存在着不同的难度，识记中有容易记忆的也有难以记住的，综合应用中并非都是难题，请各位考生不要混淆。

6）本课程考试命题的主要题型一般为单项选择题、填空题、简答题、程序阅读分析题、编程题、简单应用题和综合应用题。

7）每位考生必须通过实验考核，考核合格的考生才能承认其笔试成绩。

V. 实践环节

一、类型

课程实验。

二、目的和要求

1. 目的

1）通过实验，理解微型计算机原理和程序设计的基本知识。

2）能够用 C 语言编写一般的应用程序，包括分支、循环程序设计，熟悉和掌握 C 语言中的基本数据类型和导出数据类型、函数、程序结构等。

3）通过实验，掌握 LPC2138（ARM）的开发环境建立、编程和调试方法，进而掌握 GIPO、定时计数器等接口编程方法。

2. 要求

考生应到主考学校或其他指定的场所进行实验，上机调试通过，写出实验报告，包括必要的流程图、程序清单、电路原理图等，经指导教师检查并签字后有效。

三、内容

第一部分，C 语言程序设计：1 学分，至少从下列实验中选做 3 个。

1. 求最大公约数程序设计
2. 寻找质数程序设计
3. 数组排序程序设计
4. 递归函数设计
5. 字符串操作程序设计
6. 环形缓冲区程序设计（必做）
7. 链表程序设计

第二部分，LPC2138 微控制器部分：1 学分，至少从下列实验中选做 3 个。

1. 走马灯实验
2. 按键控制发光二极管实验
3. 数码管显示实验
4. 中断与定时器实验（必做）
5. 串行数据接收实验
6. 数/模转换实验
7. 模/数转换实验

四、与课程考试的关系

建议与课程自学过程同步进行，实验内容应在考试试题中得到反映。考试通过但实验未做或未通过的考生不能取得本课程的成绩。

Ⅵ. 题 型 举 例

一、单项选择题（在每小题列出的四个选项中只有一选项是符合题目要求的，请将正确选项前的字母填在题后的括号内）

1. 若 $[x]_{补}=0111111B$，则 x 的真值为（　　）。

A. －127　　B. －1　　C. 0　　D. ＋127

2. continue 语句不能出现在（　　）语句中。

A. for　　B. while　　C. do-while　　D. switch

二、填空题（在每小题的空格中填上正确答案）

1. 二元的 & 是________运算符。

2. ARM 指令执行分为 3 个步骤：取指、译码和________。

三、程序分析题

1. 有程序如下：

```
int f(int x)
{
    int y = 0;
    static int z = 3;
    y ++; z ++;
```

```
    return x + y + z;
}
int main()
{
    int w = 2, k;
    for(k = 0; k < 3; k ++)
      w = f(w);
    printf("%d", w);
}
```

执行之后的输出为________。

2. 有程序段如下：

```
union {
    struct { int x, y; } in;
    int a, b;
} e;
e.a = 1; e.b = 2;
e.in.x = e.a *  e.b;
e.in.y = e.a + e.b;
```

执行之后，e.in.x 的值为________，e.in.y 的值为________。

四、简单应用题

1. 下面的程序点亮 P1.16 外接的发光二极管，请完善之。

```
#include <LPC213X.H>
int main(void)
{
    PINSEL2 &= ~(1 <<3); /* 设置 P1.16 引脚为 GPIO*/
    IO1DIR = (________ & (~(________))) | (1 <<16);/* P1.16 输出*/
    while(1)
    {
        IO1CLR = (______ & (~(______))) | (1 <<16);/* P1.16 置为低电平*/
    }
}
```

2. 完善下面的程序，实现利用 D/A 输出三角波信号。

```
#include <LPC213X.H>
typedef unsigned int uint32;
typedef unsigned char uint8;
typedef union {
  uint32  data;
  struct {
    uint32                  :6;
    uint32      value       :10;
    uint32      bias        :1;
  } field;
```

```
} reg_da_cr; /*  D/A 控制寄存器 */
#define rDACR (*((volatile reg_da_cr *) 0xE006C000))

int main(void)
{
    uint32 aOut, i;
    PINSEL1 = 0x00080000; /*  P0.25 置为 D/A 输出 */
    aOut = 0;
    while(________)
    {
        rDACR. ________ . ________ = aOut ++ ;
        if(aOut > 1022) aOut =________; /*  最大值为 1023(10 位)*/
        for(i =0; i <300; i ++)
          ________/*  延时,以便观察 */
    }
}
```

五、综合应用题

若已知晶振频率为12MHz，系统时钟为60MHz，VPB时钟为15MHz。函数Timer0Init的功能是将Timer0设置成1s定时器，定时到1s后的中断服务函数为Timer0_ISR。完善下面的程序段，实现上述功能。

```
#include <LPC213X.H>
/*  中断服务程序 Timer0_ISR */
void _irq Timer0_ISR(void) { ... }
/*  初始化 Timer0 */
void Timer0Init(void)
{
  T0PR =________;            /*  对 PCLK 进行 100 分频,TC 计数频率为 150000Hz */
  T0MCR = 0x03;              /*  TC 和 MR 匹配时产生中断,TC 复位 */
  T0MR0 =________;           /*  匹配值 150000,1s 定时 */
  T0TCR -________;           /*  启动并复位 T0TC */
  T0TCR =________;           /*  启动 T0 */

  /*  设置 Timer0 中断 IRQ */
  VICIntSelect = 0x00;
  VICVectCntl0 = (0x20 |4);
  VICVectAddr0 = (unsigned long)________;
  VICIntEnable = (1 << 4);
}
```

后　记

《微型计算机原理与接口技术自学考试大纲》是根据全国高等教育自学考试指导委员会机械及轻纺化工类专业委员会制定的《高等教育自学考试机电一体化工程专业(专科)考试计划》和全国高等教育自学考试指导委员会《关于修订高等教育自学考试课程自学考试大纲的几点意见》的精神制定的。

2014 年 6 月机械及轻纺化工类专业委员会在南京理工大学召开审稿会议,对本大纲进行了评审,根据审稿会意见由编者做了修改,最后由机械及轻纺化工类专业委员会定稿。

本大纲由南京理工大学徐骏善副教授和朱岩副教授负责编写。参加审稿并提出修改意见的有任国林副教授(东南大学,主审)、田宗军教授(南京航空航天大学)、左兵城副教授(南京理工大学)。

对参与本大纲编写和审稿的各位专家表示感谢。

全国高等教育自学考试指导委员会
机械及轻纺化工类专业委员会
2014 年 7 月

全国高等教育自学考试指定教材

机电一体化工程专业（专科）

微型计算机原理与接口技术

全国高等教育自学考试指导委员会　组编

编 者 的 话

《微型计算机原理与接口技术》自1999年出版以来，作为机电一体化工程专业专科教材，历经多次印刷，受到广大读者的欢迎。在此期间，微型计算机技术迅猛发展，日新月异，此次对该教材进行重编，在原教材的基础上，充分参考各地近年来自学考试中对考试和教材的反馈意见，对微型计算机原理与接口技术课程的自学考试大纲和教材内容做了调整，以期更加适应自学考试新的形势和特点。

诚如前一版《微型计算机原理与接口技术》编者的话中所言，计算机教育是层次教育：第一层次是高级语言程序设计，第二层次是微型计算机原理及应用，第三层次是软件技术，第四层次是结合专业的计算机应用。本课程所授属前两个层次，是机电一体化工程专业专科考生学习和掌握C语言程序设计和微型计算机原理及应用的重要课程，课程的任务是使考生通过自学及上机实践具备微型计算机应用开发的初步能力。

本书根据近年来自学考试命题、考核反馈情况，以及微型计算机在实际应用中的现状，调整了考核大纲，并依据新大纲对原教材的内容做了修订和调整。原教材的第一部分“C语言程序设计”在新教材中做了修订。原教材的第二部分“MCS-51单片机原理与接口技术”调整为“LPC2138微控制器”，其中的应用示例全部改用C语言进行编写，使教材中的两部分结合更为紧密。

本书由南京理工大学机械工程学院的徐骏善副教授和自动化学院的朱岩副教授编写定稿。第2~7章由徐骏善副教授编写，第8章、第10~12章由朱岩副教授编写，第1章、第9章和第13章由徐骏善副教授和朱岩副教授共同编写。

东南大学计算机科学与工程学院的任国林副教授主持了全书的审稿工作，南京航空航天大学机电学院的田宗军教授、南京理工大学自动化学院的左兵城副教授参与了审稿。三位专家的审稿极为认真、仔细，提出了许多中肯的修改意见和建议，在此深致谢忱。

本书的编写和出版还得到了全国考委机械及轻纺化工类专业委员会副秘书长西安交通大学许睦旬教授的大力支持，在此一并致谢。

本书存在的错误与不妥之处，请读者不吝指正。

编者

2014年7月

第一部分　C语言程序设计

第1章　微型计算机基础知识

1.1　微型计算机和微控制器发展简述

1.1.1　冯·诺依曼结构

计算机（Computer）是一种能够按照事先存储的程序自动、高速地进行大量数值计算和各种信息处理的现代化智能电子设备，由不可或缺的硬件和软件组成。

自1946年第一台计算机问世以来，计算机科学与技术迅猛发展，现已深入到工业、农业、国防、交通运输、航空航天等各行各业，在人们的日常生活中也随处可见。计算机的基本结构为冯·诺依曼结构，其原理是存储程序和程序控制。冯·诺依曼结构如图1-1所示。

冯·诺依曼（Von Neumann，1903—1957），20世纪最重要的数学家之一，在现代计算机、博弈论和核武器等诸多领域有杰出建树的最伟大的科学家之一，被誉为"计算机之父"和"博弈论之父"。

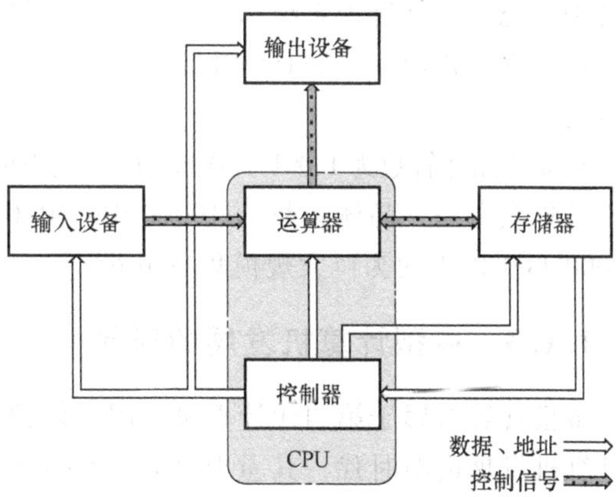

图1-1　冯·诺依曼结构

具有冯·诺依曼结构的计算机必须有存储器、运算器、控制器，以及输入设备和输出设备，这些部件通过一组的排线连接，称为总线。存储器由一组可存放固定位数二进制数据的单元构成，每个单元都有一个编号，称为地址。单元内可以存放指令（告诉计算机去做什么），也可以是数据（指令的处理对象）。运算器完成算术运算（如加法、减法、移位等）和逻辑运算（如与、或、非、异或等）。运算器也称为算术逻辑单元（Arithmetic Logical Unit，ALU）。输入设备和输出设备是计算机从外部世界接收信息和向外部世界反馈运算结果的手段，如键盘、鼠标、显示器等。控制器将以上各部分联系起来，其功能是从存储器中读取指令和数据，对指令进行解码，并向运算器交付符合指令要求的正确输入，告知运算器对这些数据做哪些运算并将结果数据返回到何处。控制器中的一个重要组件是用来保持并跟踪即将被执行指令所在地址的计数器。

1.1.2　计算机发展的时代

第一代：1946～1958年为电子管计算机时代。这一阶段计算机的主要特征是采用电子管元件作为基本器件，用光屏管或汞延时电路作为存储器，输入、输出设备主要采用穿孔卡片或纸带；其缺点是体积大、耗电量大、速度慢、存储容量小、可靠性差、维护困难且价格昂贵。在软件上，通常使用机器语言或者汇编语言编写应用程序，主要用于军事和科学计算。

第二代：1958～1964 年为晶体管计算机时代。晶体管代替了电子管作为计算机的基本器件，用磁芯或磁鼓作为存储器，整体性能上比电子管计算机有了很大的提高。同时出现了如 Fortran、Cobol、Algol 60 等计算机高级语言。晶体管计算机被用于科学计算的同时，也开始在数据处理、过程控制方面得到应用。

第三代：1965～1971 年为中小规模集成电路计算机时代。随着半导体工艺的发展，中小规模集成电路成为了计算机的主要部件，主存储器逐渐过渡到半导体存储器，计算机的体积更小，功耗大大降低，可靠性进一步提高。在软件方面，出现了分时操作系统以及结构化、规模化程序设计方法。应用领域也进一步扩大，开始进入文字处理和图形图像处理领域。

集成的晶体管数少于 100 的为小规模集成电路，数量为 101～1,000 的为中规模集成电路。

第四代：从 1971 年至今为大规模和超大规模集成电路计算机时代。在几平方毫米的硅片上集成几万至几百万乃至更多的晶体管、线宽小于 1μm 的大规模和超大规模集成电路，使计算机的体积更小、功耗更低、运算速度更快、可靠性更高。软件方面出现了数据库管理系统、网络管理系统和面向对象语言等。该阶段的应用领域从科学计算、事务管理、过程控制逐步走向家庭和日常生活。1971 年，第一台微处理器诞生，开创了微型计算机的新时代。

集成的晶体管数为 1,001～10,000 的为大规模集成电路，晶体管数为 10,001～100,000 的为超大规模集成电路，晶体管数为 100,001～10,000,000 的为甚大规模集成电路，晶体管数为 10,000,000 以上的为巨大规模集成电路。

1.1.3 微型计算机发展的时代

微型计算机属于第四代计算机，因其体积小、结构紧凑而得名。微型计算机的出现开创了计算机发展的新时代，其重要特点是将中央处理器（Central Processing Unit，CPU）制作在一块电路芯片上，这种芯片称为微处理器。CPU 中包括了冯·诺依曼结构计算机的控制器和运算器。根据微处理器的集成规模和处理能力，又形成了微型计算机的不同发展阶段。

第一代：1971～1972 年，微处理器为 4 位或 8 位。1971 年，美国英特尔公司首先研制成一种 4 位的 4004 微处理器，随后又研制出 8 位微处理器 Intel 8008。

第二代：1973～1977 年，微处理器为 8 位。其典型产品有英特尔公司的 8080，摩托罗拉公司的 6800 和 Zilog 公司的 Z80 等。微处理器的集成度有了较大的提高。

第三代：1978～1981 年，微处理器为 16 位。1978 年，英特尔公司生产出 16 位微处理器 8086，性能比第二代提高近 10 倍。其典型产品有 Intel 8086、Z8000、M68000 等。

第四代：1981 年至今，微处理器为 32 位。其典型产品有英特尔公司的 Pentium 系列、AMD 公司的 AMD K6、AMD K6-2，Cyrix 公司的 6X86 等。其性能可与 20 世纪 70 年代的大、中型计算机相媲美。

1.1.4 微控制器的发展

微控制器（Micro Controller Unit，MCU）是将微型计算机的主要部分集成在一个芯片上的单芯片微型计算机。微控制器一般以某微处理器为核心，集成了存储器、总线、总线逻辑、定时/计数器、各种输入/输出接口（如并行、串行接口，数/模、模/数转换器等）。微控制器也称为单片微型计算机（Single-Chip Microcomputer，SCM），简称为单片机。

微控制器的体积很小，仅手指般大小，但功能强，具有一个简单计算机系统的功能，因而广泛应用于仪器仪表、家用电器、消费电子产品、医疗仪器设备、计算机网络与通信、航空航天、专用设备的智能化管理及过程控制等领域。

英特尔是最早推出微控制器的公司，1976 年推出了 MCS-48，1980 年推出了 MCS-51，此后各种改进的、面向具体应用的不同品牌单片机不断出现，得到了广泛应用。微控制器的发展历经了单片微型计算机、微控制器、片上系统等三个阶段。

单片微型计算机阶段：为了使计算机系统能应用在对体积、功耗等有严格要求的控制设备中，催生了将 CPU 和存储器以及外设接口集成在一个芯片中的设计，即在一个集成电路芯片中实现一个简单的计算机系统，从而使单片微型计算机与通用计算机的发展有所不同。在使嵌入式系统独立发展过程中，英特尔公司贡献巨大。

微控制器阶段：由于不同受控目标系统有着不同的外围电路和接口电路，这就决定了嵌入式控制系统应能适应多样性的要求，而实现智能控制的需求尤其如此，因此，该阶段技术发展的主要方向是扩展单片机的功能以满足嵌入式应用的需求。电气、电子技术开发商责无旁贷地肩负起研发微控制器的历史使命，如飞利浦公司，其将 MCS-51 从单片微型计算机迅速发展为微控制器。

片上系统（System on Chip，SoC）阶段：随着微电子学、集成电路设计、电子设计自动化（EDA）的发展，在一个芯片上实现更为复杂系统已经成为可能，这就是片上系统。由于绝大部分系统部件都是在芯片内部，不仅减小了系统的体积和功耗，也提高了系统的可靠性，以及设计、生产的效率。片上系统可以有效地降低电子产品、信息系统产品的开发成本，缩短了开发周期，提高了产品竞争力。

1.2 数制和码制

本节介绍进位计数制（数制）、不同进位计数制之间的相互转换、计算机中常用的编码系统（码制）。这些内容都是在学习微型计算机过程中必须要掌握的基础知识。

1.2.1 十进制、二进制和十六进制

1. 十进制（Decimal System）

日常生活中最常用的是十进制。任何一个十进制数都表示为

$$\sum_{i=-n}^{m} d_i 10^i = \underbrace{d_m 10^m + \cdots + d_0 10^0}_{\text{整数部分}} + \underbrace{d_{-1} 10^{-1} + \cdots + d_{-n} 10^{-n}}_{\text{小数部分}}$$

其中：

- 10 称为十进制计数的基数（Base）。
- 10^i称为第 i 位的权（Weight）。
- d_i是数字（Digit）。允许使用的数字有 10 个，即 0，1，2，3，4，5，6，7，8，9。

例如：

$$1998.5 = 1 \times 10^3 + 9 \times 10^2 + 9 \times 10^1 + 8 \times 10^0 + 5 \times 10^{-1}$$

在书写十进制数时，可以在数后面加上字母“D”，例如 1006D。在不混淆的前提下可以省略“D”，直接书写成 1006。

2. 二进制（Binary System）

任意一个二进制数可以表示为

$$\sum_{i=-n}^{m} b_i 2^i = \underbrace{b_m 2^m + \cdots + b_1 2^1 + b_0 2^0}_{\text{整数部分}} + \underbrace{b_{-1} 2^{-1} + \cdots + b_{-n} 2^{-n}}_{\text{小数部分}}$$

其中：

- 2 称为二进制计数的基数。
- 2^i称为第 i 位上的权。
- b_i是数字。允许选用的数字有两个，即 0，1。

例如：

$$1101 = 1 \times 2^3 + 1 \times 2^2 + 0 \times 2^1 + 1 \times 2^0$$

在书写二进制数时，在数后面加上“B”，例如 1101B、1000B。

3. 十六进制（Hexadecimal System）

任何一个十六进制数可以表示为

$$\sum_{i=-n}^{m} h_i 16^i = \underbrace{h_m 16^m + \cdots + h_1 16^1 + h_0 16^0}_{\text{整数部分}} + \underbrace{h_{-1} 16^{-1} + \cdots + h_{-n} 16^{-n}}_{\text{小数部分}}$$

其中：

- 16 称为十六进制计数的基数。
- 16^i称为第 i 位上的权。
- h_i是数字。允许选用的数字有 16 个，即 0，1，2，3，4，5，6，7，8，9，A，B，C，D，E，F。

在书写十六进制数时，数后面加上“H”，例如 10H、5CH。

4. 理解数在不同进制中的表示

同一个数在不同进制中的表示是不一样的。因为我们在日常生活中习惯使用十进制，所以平时使用的数大部分是十进制的。

由于二进制使用的数字只有“0”和“1”，正好与数字电路中电平的“低”与“高”、开关的“断”与“通”两种状态对应，因此在计算机中使用二进制非常合适。

在分析计算机硬件或软件设计时常使用十六进制，十六进制和二进制之间有简单的转换关系，很容易代替二进制，而且十六进制表达数的形式非常简洁。

1.2.2 进制之间的转换

下面介绍不同进制之间的转换。

1. 十进制数转换成二进制数

将十进制数转换成二进制数的方法是：除 2 取余，直到商等于 0。

【例 1-1】 将 25D 转换成二进制数。

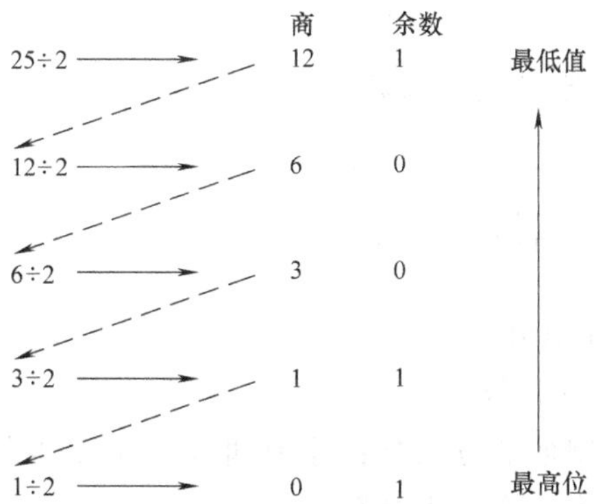

25D = 11001B

2. 二进制数转换成十进制数

采用二进制定义公式直接将二进制数转换成十进制数。

【例 1-2】 将 11001B 转换成十进制数。

$11001B = 1 \times 2^4 + 1 \times 2^3 + 0 \times 2^2 + 0 \times 2^1 + 1 \times 2^0 = 25D$

3. 二进制数转换成十六进制数

将二进制数转换成十六进制数的方法是：对整数部分，从小数点开始向左，每 4 位二进制数为一组，最左边不足 4 位时前面补零；对小数部分，从小数点开始向右，每 4 位一组，最后不足 4 位的后面补 0，然后把每 4 位二进制数用相应的十六进制数代替，即可转换为十六进制数。十进制、二进制和十六进制对照表，见表 1-1。

表 1-1 十进制、二进制和十六进制对照表

十进制	二进制	十六进制	十进制	二进制	十六进制
0	0000	0	8	1000	8
1	0001	1	9	1001	9
2	0010	2	10	1010	A
3	0011	3	11	1011	B
4	0100	4	12	1100	C
5	0101	5	13	1101	D
6	0110	6	14	1110	E
7	0111	7	15	1111	F

【例 1-3】 将 100111110101B 转换成十六进制数。

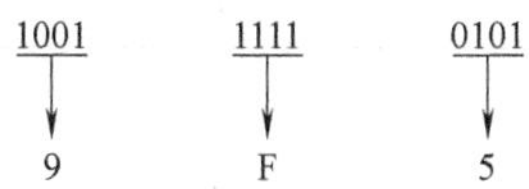

100111110101B = 9F5H

【例 1-4】 将 101101B 转换成十六进制数。

补00

00 10　　1101

↓　　↓

2　　D

101101B = 2DH

4. 十六进制数转换成二进制数

无论是十六进制的整数还是小数，每一位十六进制数用相应的 4 位二进制数代替就可以转换为二进制。

【**例 1-5**】 将 9BA6H 转换成二进制数。

9	B	A	6
↓	↓	↓	↓
1001	1011	1010	0110

9BA6H = 1001101110100110B

5. 十进制数转换成十六进制数

十进制数转换成十六进制数的方法是：除 16 取余，直到商等于 0。

【**例 1-6**】 将 2155D 转换成十六进制数。

	商	余	十六进制余数	
2155÷16 ⟶	134	11	B	最低位
134÷16 ⟶	8	6	6	↑
8÷16 ⟶	0	8	8	最高位

2155D = 86BH

6. 十六进制数转换成十进制数

直接使用十六进制定义公式计算就可得到对应的十进制数。

【**例 1-7**】 将 6B2H 转换成十进制数。

$6B2H = 6 \times 16^2 + 11 \times 16^1 + 2 \times 16^0 = 1714D$

1.2.3　二进制加法

在十进制系统中，“9 + 1 = 0”同时向高位进 1；同样，在二进制系统中，“1 + 1 = 0”同时向高位进 1；在十六进制系统中，“F + 1 = 0”同时向高位进 1。二进制加法见表 1-2。

表 1-2　二进制加法

算式	和	进位
0 + 0	0	0
0 + 1	1	0
1 + 0	1	0
1 + 1	0	1

【**例 1-8**】 计算 1101B + 1001B + 10110B。

$$
\begin{array}{r}
1101 \\
1001 \\
+ \quad 10110 \\
\hline
101100
\end{array}
$$

1101B + 1001B + 10110B = 101100B

1.2.4 二进制逻辑运算

基本的二进制逻辑运算包括“与”运算、“或”运算、“非”运算和“异或”运算。二进制逻辑运算是逐位进行的。

1. “与”运算

“与”（∧）运算见表 1-3。

表 1-3 “与”运算

X	Y	$Z = X \wedge Y$
0	0	0
0	1	0
1	0	0
1	1	1

只要参与运算的有 1 个数为 0，其结果就是 0；只有参与运算的全部都是 1，结果才是 1。“遇 0 则 0，全 1 为 1”。

2. “或”运算

“或”（∨）运算见表 1-4。

表 1-4 “或”运算

X	Y	$Z = X \vee Y$
0	0	0
0	1	1
1	0	1
1	1	1

只要参与运算的有 1 个数为 1，其结果就是 1；只有参与运算的全部都是 0，结果才是 0。“遇 1 则 1，全 0 为 0”。

3. “非”运算

“非”（￢）运算见表 1-5。

表 1-5 “非”运算

X	$Z = \neg X$
0	1
1	0

4. “异或”运算

“异或”（⊕）运算见表 1-6。

表 1-6 “异或”运算

X	Y	$Z=X\oplus Y$
0	0	0
0	1	1
1	0	1
1	1	0

参与运算的两个数同时为 0 或同时为 1 时，结果为 0；参与运算的两个数不同时为 0 或不同时为 1 时，结果为 1。“相同为 0，不同为 1”。

【例 1-9】 求 1001B∧1110B。

1001B∧1110B = 1000B

【例 1-10】 求 1001B∨1110B。

1001B∨1110B = 1111B

【例 1-11】 求 1001B⊕1100B。

1001B⊕1100B = 0101B

1.2.5 二进制有符号数的表示方法

前面讲到二进制时没有提到符号问题，但计算机处理的数据中可能有正数和负数。在计算机中处理有符号数时，采用三种方式表示带符号的二进制数，分别是原码、反码和补码。

1. 原码

二进制数最高位为符号位，其余的位表示数值。符号位等于 0 表示正数；符号位等于 1 表示负数。

【例 1-12】 $[X]_{原}$=01110010B 表示的十进制值是多少？

因为符号位 =0，所以 $[X]_{原}$是正数。$[X]_{原}$后 7 位是数值，1110010B =114D，$[X]_{原}$= +114D。

【例 1-13】 $[X]_{原}$=11110010B 表示的十进制值是多少？

因为符号位 =1，所以 $[X]_{原}$是负数。数值 1110010B =114D，$[X]_{原}$ = −114D。

【例 1-14】 X = −114，X 的 8 位原码等于多少？

1）因为 X 是负数，所以符号位 =1。

2）114D =01110010B。

3）$[X]_{原}$=11110010B。

在用原码表示有符号二进制数时，会出现 +0 =00000000B 和 −0 =10000000B。初学者也许会感到很诧异。+0 和 −0 的出现，完全是因为原码规则导致。

2. 反码

二进制数最高位为符号位，其余的位表示数值。符号位等于 0 表示正数；符号位等于 1 表示负数。正数的反码与原码相同；负数的反码为：最高位等于 1，表示数值的位按位取反。

【例 1-15】 $[X]_{反}$ = 01110010B 表示的十进制值是多少？

因为符号位 =0，所以 $[X]_{反}$是正数。数值 1110010B =114D，$[X]_{反}$ = +114D。

【例 1-16】 $[X]_{反}$ =11110010B 表示的十进制值是多少？

1）因为符号位（最高位）=1，所以 $[X]_{反}$ 是负数。

2）数值 1110010B 按位取反后，得 0001101B＝13D。

3）$[X]_{反}$ = －13D

【例 1-17】 X = －123D 的 8 位二进制反码 $[X]_{反}$ 等于什么？

1）因为 X 是负数，所以反码的符号位＝1。

2）123D＝1111011B，按位取反，得 0000100B。

3）$[X]_{反}$ ＝10000100B。

在用反码表示有符号数时，也会出现 ＋0 ＝00000000B 和 －0 ＝11111111B，这是由于反码规则而导致的。

3. 补码

二进制数最高位为符号位，其余位表示数值。符号位等于 0 表示正数；符号位等于 1 表示负数。正数的补码与原码相同；负数的补码为：符号位不变，表示数值的位按位取反，然后加 1。

【例 1-18】 求 X = －4D 的 8 位补码。

1）将 4D 转换成 8 位二进制数：4D＝00000100B。

2）低 7 位 0000100B 取反，得 1111011B。

3）取反结果再加 1，得 1111100B。

4）因为是负数，所以最高位为 1。

5）$[X]_{补}$ ＝11111100B＝FCH。

【例 1-19】 求 X = －17D 的 16 位补码。

1）将 17D 转换成 16 位二进制数：17D＝0000000000010001B。

2）低 15 位 000000000010001B 取反，得 111111111101110B。

3）取反的结果加 1，得 111111111101111B。

4）因为是负数，所以最高位＝1。

5）$[X]_{补}$ = 1111111111101111B。

【例 1-20】 已知 $[X]_{补}$ ＝10000000B，求其十进制值。

1）因为符号位＝1，所以真值是负数。

2）低 7 位 0000000B 按位取反，得 1111111B。

3）取反的结果加 1，得 10000000B＝80H＝128D。

4）$[X]_{补}$ = －128D。

【例 1-21】 已知 $[X]_{补}$ ＝11111111B，求其十进制值。

1）因为符号位＝1，所以真值是负数。

2）低 7 位 1111111B 取反，得 0000000B。

3）取反的结果加 1，得 0000001B＝1D。

4）$[X]_{补}$ = －1D。

补码在计算机中有着重要的作用。前面介绍了二进制的加法而没有提减法，其实，计算机在进行减法运算时会将减数和被减数先转换成补码，然后对两个补码进行加法运算。也就是说，计算机利用补码将减法运算转换成加法运算了。例如，某计算机能够处理 8 位二进制加法运算，现在要求该计算机做减法“10-7”运算，计算机运算流程如下：

1）求 10 的 8 位补码，得 00001010B。

2）求 -7 的 8 位补码，得 11111001B。

3）两个补码相加：

```
    00001010B
+   11111001B
-------------
   100000011B
   ↑
   └─被计算机舍弃
```

4）相加结果 100000011B 是一个 9 位二进制数。由于计算机只进行 8 位二进制数运算，因此最高位那个 1 会被计算机自动“舍弃”而仅保留运算结果低 8 位：00000011B，而 00000011B =3，正是 10-7 的结果。

补码表示有符号数时不会出现 +0 和 -0。

4. 真值与机器数

人们引入原码、反码和补码的目的就是为了让计算机能处理那些既有正数又有负数的数据。在原码、反码和补码规则中，核心的内容就是对一个数的正或负进行“数值化”，即用最高位 =1 表示负数；最高位 =0 表示正数。

无论是原码、反码，还是补码，都将一个有符号数表示成一个二进制数。注意：这个二进制数仅表示原来的有符号数，它的值不等于原来的有符号数的值！

假设有一个 8 位二进制数 10000001B，那么这个二进制数表示什么呢？我们能给出 4 个答案：

1）它是一个值，等于 129D。

2）它是一个原码，它表示一个有符号数，有符号数的值等于 -1。

3）它是一个反码，它表示一个有符号数，有符号数的值等于 -126。

4）它是一个补码，它表示一个有符号数，有符号数的值等于 -127。

所以，要知道 10000001B 究竟表示什么，首先必须知道它是什么！

如果二进制数是原码、反码或补码，那么这个二进制所表示的有符号数称为真值，而这个二进制数称为机器数。计算机只存储机器数。

【例 1-22】 有 8 位机器数 11001101B，求其原码、反码以及补码所表示的真值。

$$[X]_{原} = 11001101B = -1001101B = -4DH = -77D$$

$$[X]_{反} = 11001101B = -0110010B = -32H = -50D$$

$$[X]_{补} = 11001101B = -0110011B = -33H = -51D$$

从这个例题可以看出，同一个机器数，解读方式不同，机器数所表示的真值也不同。

1.2.6 字符编码

前面的讨论都是围绕着数值在计算机内的二进制表示方法。在实际使用中，计算机除了数值类型的信息以外，还能够处理其他很多类型的信息，如文字、语音、图像等。

要让计算机能够处理非数值的信息，首先要将信息转换成二进制格式。现在，我们在计算机上看到的文字、图像、视频，以及听到的语音、音乐，在计算机内部都是使用二进制格式的。

ASCII 码（American Standard Code for Information Interchange，美国信息交换标准代码）是 20 世纪 60 年代由美国发布的。ASCII 对英文字符、标点符号、控制字符等进行了编码。

对字符编码就是用数值来表示字符，而且表示字符的数值与字符之间的对应关系恒定不变。ASCII 对字符编码采用的数值是 7 位二进制数。因为一个 7 位的二进制数有 128 个值，所以 ASCII 码表中包含了对 128 个字符编码的码值。

在 ASCII 码表中，除了包括字母 A ~ Z、a ~ z、0 ~ 9 和标点符号外，还有一类特殊的字符——控制字符。在计算机显示处理过程中，当遇到 A ~ Z、a ~ z、0 ~ 9 以及标点符号的 ACSII 码值，计算机会按其对应的字母显示出来，所以，这些 ASCII 是可见的；在遇到控制字符编码时，计算机会做控制字符规定的动作。因此，控制字符称为不可见字符。例如，当遇到 ASCII 码 07H（BEL）时，计算机发出“嘟”的叫声；遇到 ASCII 码 0A（LF）时，计算机会将信息换到下一行显示。

显然，ASCII 采用的 7 位编码只能对 128 个字符编码。所以，对于英语语言系统而言，ASCII 码足够用了。但是，对于有数千汉字字符的中文，ASCII 显然是无能为力的。目前，计算机上的中文汉字采用 16 位编码，可以对 65536 个字符进行编码，足以容纳我们日常使用的汉字。

1.2.7 BCD 编码

虽然二进制数易于实现数据传送和运算，但二进制数不直观，也不符合人们的习惯，于是在计算机的输入和输出时，通常还是采用十进制数表示。不过这样的十进制数要用二进制编码来表示，一位十进制数要用 4 位二进制编码来表示，这种编码就称为二-十进制编码，简称 BCD（Binary Coded Decimal）码。这种编码是一种非常形式化的编码方法。

BCD 编码有很多不同的编码规则。不同的编码规则生成的 BCD 码一样。最常用的 BCD 码是 8421 BCD 码，见表 1-7。

从表 1-7 列出的 8421 BCD 码可以看出其编码规则：用 4 位二进制数来表示 1 位十进制数。用 4 位二进制数可以组合出 16 种编码，8421 BCD 码舍弃其中的 1010、1011、1100、1101、1110 和 1111 这 6 个编码。本书将 8421 BCD 码简称为 BCD 码。

表 1-7　8421 BCD 编码表

十进制数	8421 BCD 码	十进制数	8421 BCD 码	
0	0000	10	0001	0000
1	0001	11	0001	0001
2	0010	12	0001	0010
3	0011	13	0001	0011
4	0100	14	0001	0100
5	0101	15	0001	0101
6	0110	16	0001	0110
7	0111	17	0001	0111
8	1000	18	0001	1000
9	1001	19	0001	1001

【例 1-23】 2457 的 BCD 码是什么？

2　4　5　7

↓　↓　↓　↓

0010　0100　0101　0111

2457 BCD 码 0010010001010111B = 2457D

【例 1-24】 BCD 码 1000001110010001B 表示的十进制数是多少？

按 BCD 编码规则，将 1000001110010001B 按每 4 位一组进行分组。

1000　0011　1001　0001

↓　↓　↓　↓

8　3　9　1

1000001110010001B 表示的十进制数是 8391。

习　题

一、单项选择题

1. 无符号二进制数 11010111B 对应的十进制数是（　　）。

A. 653　　B. 327　　C. 215　　D. 125

2. 二进制数 1000000.001B 对应的十进制数是（　　）。

A. 32.1　　B. 40.125　　C. 64.125　　D. 80.1

3. 十进制数 -97 的 8 位原码是（　　）。

A. 10011110B　　B. 10011111B　　C. 11100000B　　D. 11100001B

4. 十进制数 -10 的 8 位反码是（　　）。

A. 6EH　　B. F5H　　C. 92H　　D. EEH

5. 十进制数 -1 的 8 位补码是（　　）。

A. 01H　　B. 81H　　C. FEH　　D. FFH

6. 字符 0 的 ASCII 码是（　　）。

A. 00H　　B. 30H　　C. 41H　　D. 61H

二、填空题

1. 计算机的发展经历________个时代，微型计算机的发展经历________个时代。

2. 冯·诺依曼结构计算机中的 5 个主要组成部分分别为________、________、________、输入设备和输出设备。

3. 第一台电子数字计算机是________。

三、简答题

1. 什么是微控制器？

2. 简述微处理器和微控制器的区别。

第2章　C语言概述

C语言是一种通用的程序设计语言，广泛应用于系统与应用软件的开发，具有高效、灵活、功能丰富、表达力强和较高的可移植性等特点，是使用较为广泛的编程语言。

C语言是由丹尼斯·里奇（Dennis M. Ritchie）于1969～1973年在贝尔实验室开发完成。目前，C语言编译器普遍存在于各种不同的操作系统中，例如UNIX、MS-DOS、Microsoft Windows及Linux等。C语言的设计影响了许多后来的编程语言，例如C++、Objective-C、Java、C#等。

1978年，丹尼斯·里奇和布莱恩·柯林汉（Brian W. Kernighan）合作出版了《C程序设计语言》的第一版，书中介绍的C语言标准称为“K&R C”。

为了避免C语言语法在发展过程中产生差异，1988年美国国家标准局颁布了一套完整的C语言标准语法，称为“ANSI C”。

本章的目的是通过若干实例介绍C语言的基本特征，使读者尽快了解C语言。

2.1　C语言入门

学习C语言程序设计的唯一途径就是用C语言来编写程序，在语言实践中掌握程序设计的基本方法。第一个程序是输出下面的一行文字，即“I want to learn the C programming language, I can learn it.”（注：关于如何输出中文已超出本书的范围。）

```
I want to learn the C programming language, I can learn it.
```

用C语言编写的程序如下：

```
#include <stdio.h>
int main(void)
{
    printf("I want to learn the C programming language, I can learn it.\n");
}
```

程序可使用任何纯文本编辑器进行编写，编写完成后另存为：first.c。以“.c”为文件扩展名的文件称为C语言程序源文件。源文件需经过编译后才能成为可执行程序，如何进行编译与操作系统和编译器有关。很多编译器都在集成开发环境（IDE）中运行。集成开发环境是一种应用软件，它将文本编辑器、编译器、调试器、图形用户界面工具等集成在一起，以便于程序开发人员开发软件，如Microsoft Visual Studio系列、Borland C++ Builder、Turbo C等。本书不介绍如何使用这些集成开发环境，而是使用GCC（GNU Compiler Collection，GNU编译器套件）作为编译器。GCC是一种可免费获得的自由软件，如何获取和使用GCC可参见第13章。

编译和执行上述程序过程如图2-1所示。

编译first.c的命令为：gcc first.c，编译成功后生成的可执行文件为：a.exe。在命令窗

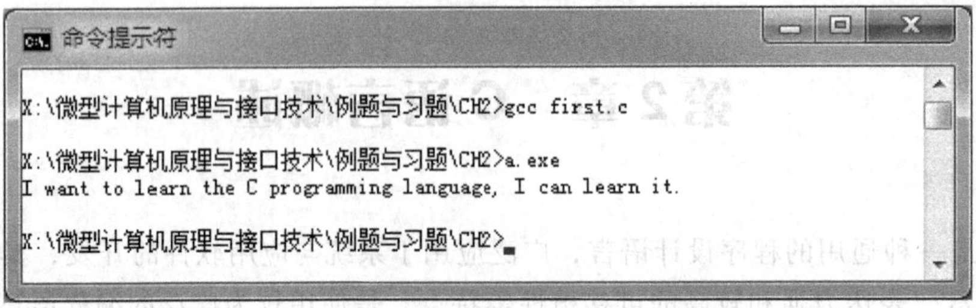

图 2-1　编译和执行示例

口输入：a. exe 或 a 后，程序输出为：

```
I want to learn the C programming language, I can learn it.
```

first. c 的第 1 行：#include ＜stdio. h＞，此行为预处理命令，凡是用到 printf 都应如此。第 2 行：int main （void）为函数原型，该函数名为 main，小括号中的 void 意为 main 函数无需要处理的参数，int 表示 main 函数的结果为整数（integer）。第 3 行～第 5 行为 main 函数的定义部分，也称函数体，以左大括号开始，以右大括号结束，其中的 printf （...）是 main 函数执行的输出语句。

一个 C 语言程序由一个或多个函数组成，函数由一系列语句组成。操作系统通过调用 main 函数来执行程序，因此一个 C 语言程序有且仅有一个 main 函数。

2.2　变量和表达式

已知 1 英里等于 1.609344 千米，或 1 千米等于 0.621371 英里，从 30～130 千米，每间隔 10 千米编制千米与英里的对照表：

```
30km   18.641mile
40km   24.855mile
50km   31.069mile
60km   37.282mile
70km   43.496mile
80km   49.710mile
90km   55.923mile
100km  62.137mile
110km  68.351mile
120km  74.565mile
130km  80.778mile
```

程序如下：

```
#include <stdio.h>

/* 编制千米-英里对照表
   从 30km~130km,每 10km 输出一行 */
int main(void)
{
   int km; /* km是表示千米的变量 */
```

```
    int lower, upper, step; /* 对照表起始、截至、间隔值 */
    float mile;/* mile 是表示英里变量 */

    lower = 30;/* 对照表的起始值:30km */
    upper = 130;/* 对照表的截止值:130km */
    step = 10;/* 间隔:10km */

    km = lower;/* 千米数从起始值开始 */
    while(km <= upper)/* 当千米数小于或等于截止值时,继续 */
    {
        mile = 0.621371 * km;/* 千米换算为英里 */
        printf("%3dkm\t%7.3fmile\n", km, mile); /* 输出 */
        km = km + step;/* 千米数按间隔递增 */
    }
}
```

上述程序中的/* 和 */之间是注释，注释是为了增加程序的可读性，或备忘。/* 和 */之间可以包括任意文字，行数不限，但不允许嵌套的注释，即：

```
/* .../*...*/...*/
```

是错误的。

main 函数体中的前 3 行是变量声明，声明变量时需要指明变量的类型和名称，如名为 km 的变量是整型（int）数，名为 mile 的变量是浮点型（float）数，即实型数。除此之外，C 语言还有双精度浮点型（double）数、字符（char）、枚举（enum）、数组、指针、结构（struct）、联合（union）等类型数据。使用变量前必须先声明，通常变量的声明位于函数体开始的部分。

其后的“lower = 30;”等为赋值语句，作用是设置变量的值。从 30～130 千米，每隔 10 千米计算多少千米对应多少英里，每一行计算方法都是一样的，需要重复 11 次，while 语句实现了循环操作。while 语句的执行过程是：测试小括号中的条件，如果条件成立（km 小于或等于 upper），则执行其后大括号括起来的 3 条语句；然后再次测试条件，如果成立，则再次执行；当条件不成立时，循环结束。

程序中的“km <= upper”是关系运算表达式，“0.621371 * km”和“km + step”是算术运算表达式，“km = lower”、“mile = 0.621371 * km”等是赋值表达式，最简单的表达式是变量名。从这个例子可以看出，C 语言程序中各种表达式占比很大。表达式是语句的主要构成成分，每个表达式都有一个确定的值和类型。

2.3 格式化输出

库函数 printf 常用于显示变量或常量的值，其声明在 stdio.h 中，函数原型为

```
int printf(char * format[, arg1, arg2, ...]);
```

其中 format 为控制显示输出格式的字符串，是必选参数，arg1、arg2 等是可选参数，其返回值为显示输出字符的数量。最简单的调用形式为：

```
printf("hello, world.\n");
```

该调用的显示输出为：

```
hello, world.
```

控制格式字符串中包含两类字符：直接显示输出的一般字符，以及以%开始的转换说明字符，用以控制对应参数的输出格式，常用的转换说明字符见表2-1。

表2-1　printf中常用的转换说明字符

转换字符	参数输出为	调用printf示例	显示输出
d, i	十进制整型数	int x = 12, y = -1; printf("x = %d, y = %d", x, y);	x = 12, y = -1
o	八进制整型数	printf("x = %o, y = %o", x, y);	x = 14, y = 37777777777
x, X	十六进制整型数	printf("x = 0x%x, y = %X", x, y);	x = 0xc, y = FFFFFFFF
u	无符号十进制整型数	printf("x = %u, y = %u", x, y);	x = 12, y = 4294967295
c	字符	char c = 'A'; printf("%c; \'%c\'",c, 48);	A; '0'
s	字符串	char weekend[] = {"Sunday"}; printf("%s", weekend);	Sunday
f	小数	double f = 251.7366; printf("%f, %.2f", f, f);	251.736600,251.74
e, E	科学计数法小数	printf("%e, %E", f, f);	2.517366e+002, 2.517366E+002
%	%	printf("%.2f%%", 75.34);	75.34%

2.4　循环与分支控制

编程就像写作文，同样的意思可以有多样的表述，编程完成特定任务也有多种方式，前述介绍的千米-英里对照表可以用下面的程序实现：

```
#include <stdio.h>

/* 编制千米-英里对照表 */
int main(void)
{
    int km, lower = 30, upper = 130, step = 10;
    for(km = lower; km <= upper; km = km + step)
      printf("%3dkm\t%7.3fmile\n", km, 0.621371 * km);
}
```

该程序中的for语句也是一种循环，for之后的小括号中有3个用分号分隔的表达式，第1个表达式：km = lower，设置了循环控制变量lower的初值；第2个表达式：km <= upper，是循环能否继续的条件；第3个表达式：km = km + step，设置了下次循环时循环控制变量lower的值。for语句和while语句都是循环语句，此外还有一个循环语句为do-while。

求两数中最大值的程序如下：

```
#include <stdio.h>

int main(void)
```

```
{
  int x = 30, y = 130, max;

  if(x > y)
    max = x;
  else
    max = y;

  printf("The maximum of %d and %d is %d.\n", x, y, max);
}
```

该程序中的 if-else 语句为分支控制语句。循环结构和分支结构是程序设计时常用的结构。

2.5 符号常量

程序中经常要用到一些常量，如编制千米-英里对照表时会用到 1.609344 或 0.621371；在计算圆的周长、面积时，会用到 π，即 3.1415926535897932。为了更方便、不易出错地使用这些常量，可以为它们起一个好理解、好记忆的名字，如：

```
#define KM_MILE     0.621371
#define MILE_KM     1.609344
#define PI          3.1415926535897932
```

上述的代码为宏定义，定义 KM_MILE 代表常数 0.621371，定义 MILE_KM 代表常数 1.609344，定义 PI 代表常数 3.1415926535897932。使用这些符号比直接使用它们所代表的常数更容易理解，也能减少书写的错误。2.4 节中的千米-英里对照表程序可修改为

```
#include <stdio.h>
#define KM_MILE 0.621371
/* 编制千米-英里对照表 */
int main(void)
{
    int km, lower = 30, upper = 130, step = 10;
    for(km = lower; km <= upper; km = km + step)
        printf("%3dkm\t%7.3fmile\n", km, KM_MILE * km);
}
```

2.6 数　　组

气象学上通常用 2 时、8 时、14 时和 20 时这 4 个时刻的平均气温作为日平均气温。若某一天测得 4 个时刻的气温为：22.1℃，27.6℃，30.4℃，24.6℃，则计算日平均气温的程序为：

```
#include <stdio.h>

int main(void)
{
```

```
    float temp_2, temp_8, temp_14, temp_20, avg;

    temp_2 = 22.1; temp_8 = 27.6; temp_14 = 30.4; temp_20 = 24.6;
    avg = (temp_2 + temp_8 + temp_14 + temp_20) / 4;
    printf("The daily average temperature is %0.1f.\n", avg);
}
```

虽然可以为4个时刻的气温而定义4个变量，但此方法颇为笨拙。4个气温值都是浮点数，是一组具有相同类型的数据，这样的数据可以用数组来存放，修改后的程序如下：

```
#include <stdio.h>

int main(void)
{
    float temp[4] = {22.1, 27.6, 30.4, 24.6} /* 定义数组*/ , avg = 0;
    int i;

    for(i = 0; i < 4; i++)
        avg += temp[i]; /* 求气温和 */
    avg/=4; /* 求气温均值 */
    printf("The daily average temperature is %0.1f.\n", avg);
}
```

程序中的 temp 为数组，有4个 float 型的元素，{22.1，27.6，30.4，24.6} 为数组的初值列表，用来设置数组元素的初值。定义数组时可以不进行初始化，如"float temp[4]"；仅定义了数组。表达式 temp[i] 是对数组元素的引用，数组第一个元素的序号为0，即数组的下标从0开始。

表达式 avg += temp[i] 等效于 avg = avg + temp[i]，avg /= 4 等效于 avg = avg/4。+= 和/= 是C语言中特有的赋值运算符。

字符串是程序经常需要处理的一类数据，但C语言中不能定义变量为字符串类型，字符串只能用字符数组来存放。如数组定义"char s1[] = {'H', 'i', '!'};"，定义时虽未指明数组元素的数量，但可由初值列表来确定，列表中有3个单引号引起来的字符，这种形式为字符常数，因此数组 s1 有3个元素。又如数组定义"char s2[] = {"Hi!"};"，初值列表为双引号引起来的3个字符，这种形式为字符串常数，注意，数组 s2 有4个元素！这是因为字符串常数末尾有一个特殊的字符，其ASCII码的值为0，用来表征字符串的结束，可用'\0'的形式表示该字符，'\0'称为空字符。

C语言中没有字符串类型的变量，但是有字符串常量。

2.7 函　数

编写程序：将给定字符串中的小写字母转换为大写字母。从字符串中的第1个字符开始，若该字符不是空字符，则转换，否则结束。转换的过程为：给定的字符是小写字母，则该字符的值减32，即转换为对应的大写字母，若不是小写字母，则返回原来的值。程序如下：

```
#include <stdio.h>
```

```
/* 函数声明 */
char to_upper(char c);/* 将 c 转换为大写字母 */
int is_lower(char c);/* 判断 c 是否为小写字母 */

int main(void)
{
    char string[] = "I want to learn the C programming language, I can learn it.\n";
    int i;

    printf("Before:\t%s", string);/* 显示转换前的字符串 */

    for(i = 0;                  /* 从字符串中的第 1 个字符开始 */
        string[i] != '\0';      /* 若该字符不是空字符,则继续 */
        i ++                    /* 递增为下一个字符的下标 */
    )
        string[i] =to_upper(string[i]);/* 将字符 string[i]转换为大写字母 */

    printf("After:\t%s", string);/* 显示转换后的字符串 */
}

/* 函数定义 */
char to_upper(char c) /* 将 c 转换为大写字母 */
{
    if(is_lower(c)) /* 是小写字母 */
        c += 'A' -'a';/* 加(-32),转换为对应的大写字母 */
    return c; /* 若是小写字母,返回的是转换后的值,否则返回的是原值 */
}
int is_lower(char c) /* 判断 c 是否为小写字母 */
{
    if(c >= 'a' && c <= 'z') /* c 是'a'~'z'中的某一个字母 */
        return 1;/* 返回 1,表示 c 是小写字母 */
    return 0; /* 返回 0,表示 c 不是小写字母 */
}
```

该程序除了 main 函数外，还有两个函数：is_lower 和 to_upper。is_lower 有一个需处理的参数，其名为 c，其类型为字符（char），这称为函数的形式参数，简称形参。函数可以有多个形参，也可以没有形参。形参列表由小括号括起来。函数 is_lower 的处理结果为 int 型值，为 1 时表示形参是小写字母，为 0 时则不是。函数 to_upper 的功能是将其 char 型形参 c 转换为大写字母，如果 c 为小写英文字母，则返回对应的大写字母，否则返回原来的值，该函数的返回值为 char 型。

函数定义必须指定 4 个部分：返回值类型、函数名，以及小括号括起来的形式参数列表、函数体，其中的前 3 部分称为函数原型。函数原型后非函数体而是分号时为函数声明，如：

```
int is_lower(char c){...}/* 函数定义 */
int is_lower(char c);/* 函数声明 */
```

上述程序中粗体字部分为函数的调用，调用函数时某表达式的值赋值给函数的形参，即进行值传递，该值交由函数进行处理。函数的返回值可以赋值给一个变量或数组元素，如：

```
string[i] = to_upper(string[i]);
```

这是一种调用函数的常见形式，表达式 string[i]的值赋值给函数 to_upper 的形参 c。在函数 to_upper 内，其形参 c 的值又通过函数调用传递给函数 is_lower 了，调用函数 is_lower (c) 所获得的返回值作为 if 语句的判断条件，这种调用函数的形式也很常见。

应记住：在调用函数前必须先声明之。

2.8 编译过程

用 C 语言编写的源程序是不能直接执行的，必须经过编译过程后才能转化为处理器可识别的机器语言。编译是一个复杂的过程，主要工作流程如图 2-2 所示，包括预处理、编译、汇编和链接等阶段。

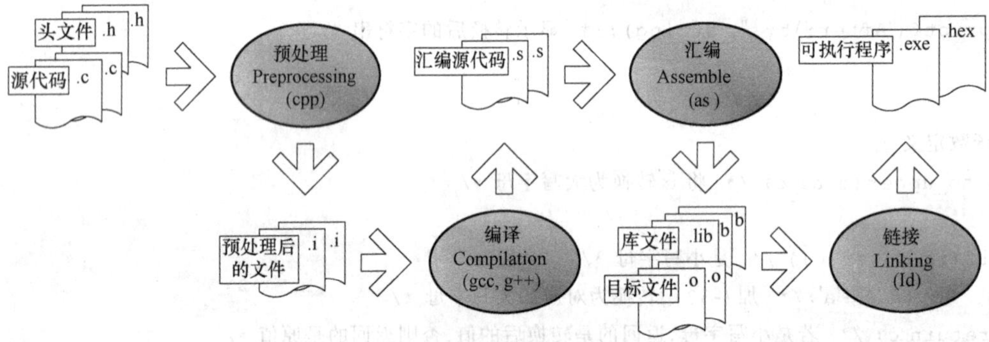

图 2-2 C 语言源程序的编译过程

第一阶段为预处理，主要完成宏替换、引入包含文件等。在经过预处理得到的输出文件中，只有常量（如数字、字符串、变量的定义）、C 语言的关键字（如 main、if、for、while 等）、运算符（如：+、-、*、/等），以及其他如 {、}、[、]、(、) 等。预处理生成的文件扩展名为“.i”。完成预处理工作的部分称预处理器（Preprocessor）。

第二阶段为编译，工作主要有词法分析、语法分析、代码优化。词法分析的任务是对由字符组成的单词进行处理，从左至右逐个字符地扫描，产生一个个的单词符号，把作为字符串的程序改造成为单词符号串的中间程序。语法分析的任务是分析单词符号串是否形成符合语法规则的语法单位，如表达式、赋值、循环等，是否构成一个符合要求的程序。代码优化是指对程序进行多种等价变换，生成更有效的代码。“等价”是指不改变程序的运行结果，“有效”主要指代码运行时间较短，以及占用的存储空间较小。编译阶段生成与源程序等效的汇编代码或中间代码，生成的文件扩展名为“.s”。完成编译工作的部分称为编译器（Compiler）。

第三阶段为汇编，将汇编代码翻译成目标机器指令，称为目标代码（Object Code），生成的文件扩展名为“.o”或“.obj”。完成汇编工作的部分称为汇编器（Assembler）。

第四阶段为链接，将一个或多个目标文件，以及所引用的库链接为一个可执行文件，生成的文件扩展名为“.exe”或“.hex”等。完成链接工作的部分称为链接器（Linker）。

习　题

一、填空题

1）一个 C 语言源程序由若干函数构成，其中必须有一个________函数。

2）C 程序中注释部分以________开始，以________结束。

3）函数定义分为两部分：________和________。

4）函数体以________开始，以________结束。

5）“printf ("%c\n", 97);”语句输出为________。

6）“printf ("The ASCII code of a is %d (dec) \n", 'a');”语句输出为________。

7）“printf ("The ASCII code of a is 0x%x (hex) \n", 'a');”语句输出为________。

8）“printf ("The ASCII code of a is 0%o (oct) \n", 'a');”语句输出为________。

二、简答题

1）简述源程序编译的基本过程。

2）查阅相关文献，简述 C 语言的发展历程。

第3章 类型、运算符和表达式

变量和常数是程序所处理的基本数据对象，在 C 语言程序中，变量需先声明，之后才能使用。所谓变量的声明就是确定变量的名称、类型，必要时亦可确定其初值。运算符指明了对数据对象的操作。变量、常数等与运算符组合为表达式，表达式有一个确定的值。数据对象的类型定义了该数据对象的取值范围，即它的值域，以及所能执行的运算。

3.1 变 量 名

变量名是 C 语言中的一种标识符（Identifier），此外还有诸如符号常数、函数名、结构名、枚举名、自定义类型名等。

在 C 语言程序中，标识符的命名需要符合如下规则：由大写字母、小写字母、数字和下画线（即：_）组成，首字符必须是字母或下画线，大小写字母被视为不同的字符。一个标识符可由多个字符组成，前 31 个字符保证有效。在某些系统中仅前 8 个保证有效，甚至可能更少，而有些系统中有效字符多于 31 个，如微软公司的 C 编译器允许标识符长达 247 字符。关键字，如 if、else、for、int、float 等，不能用于标识符的命名。

“名副其实”是命名最基本的准则，变量名应能“望文生义”，其名应能反映出使用变量的意图，这样可提高程序的可读性，如有一个表示温度的变量，命名为 x 远不如命名为 temperature 更具可读性。利用下画线亦可增加可读性，如平均温度的变量名为 average_temperature 比 averagetemperature 更易读。大小写混合使用亦是如此，如 averageTemperature 或 AverageTemperature。

命名时宜短不宜长。例如，用一个变量表示贵宾的数量，用 nbofVIP 比用 number_of_very_important_person 更简洁和清爽，前述的平均温度缩略为 avg_temp 或 avgTemp 时并未减低其易读性。

3.2 数 据 类 型

C 语言中的基本数据类型如下。

- char：字符型，1 字节，用于存储一个 ASCII 字符，或一个 8 位整数。
- int：整型，其字节数与系统相关。对 16 位机而言，存储一个整型数据对象用 2 字节，对 32 位机而言，用 4 字节存储。本书设定整型为 4 字节。
- float：单精度浮点型，4 字节，用于存储一个单精度浮点数。
- double：双精度浮点型，8 字节，用于存储一个双精度浮点数。

一个 ASCII 字符用 7 位二进制的编码表示，而微型计算机中存储系统的最小单位为 1 字节，因此，存储 ASCII 一个字符时需占用 1 字节。char 类型的数据对象本质上是一个 8 位有符号的整数，取值范围为 $-128(-2^7)$ ~ $+127(2^7-1)$。signed（有符号的）、unsigned（无符号的）可用来修饰 char，如：

```
signed char c1;    /* 定义 c1 为字符型,或定义 c1 为 8 位有符号数 */
unsigned char c2;  /* 定义 c2 为字符型,或定义 c2 为 8 位无符号数 */
```

由于 char 类型数据对象是一个有符号的整数，因此其前面的 signed 可以省略。若需要一个 8 位无符号数据对象时，则必须用 unsigned char 作为类型名，取值范围为 0 ~ 255（2^8-1）。

一个整型数据对象占用 4 个字节的存储空间，其取值范围为 -2147483648（-2^{31}）~ +2147483647（$2^{31}-1$）。signed、signed short、signed long 以及 unsigned、unsigned short、unsigned long 可用来修饰 int。

signed int 和 int 意义相同，均表示 32 位有符号整数。signed short int、short int 和 short 意义相同，均表示 16 位有符号整数，取值范围为 -32768（-2^{15}）~ +32767（$2^{15}-1$）。signed long int、long int 和 long 意义相同，均表示 32 位有符号整数。

对于无符号的数据对象，则必须以 unsigned 修饰，unsigned int 和 unsigned 意义相同，均表示 32 位有符号整数。unsigned short int 和 unsigned short 意义相同，均表示 16 位有符号整数，取值范围为 0 ~ 65535（$2^{16}-1$）。unsigned long int 和 unsigned long 意义相同，均表示 32 位有符号整数，取值范围为 0 ~ 4294967295（$2^{32}-1$）。

long 也可用来修饰 double，类型 long double 称为扩展精度浮点数，其所占用的字节数与系统有关。

基本数据类型见表 3-1。

表 3-1　基本数据类型总结

类　　型	存储	取 值 范 围
char signed char	1 字节	-128 ~ +127
unsigned char		0 ~ 255
int signed int	4 字节 与系统相关	-2147483648 ~ +2147483647
unsigned int unsigned		0 ~ 4294967295
short int short	2 字节	-32768 ~ +32767
unsigned short int unsigned short		0 ~ 65535
long int long	4 字节	-2147483648 ~ +2147483647
unsigned long int unsigned long		0 ~ 4294967295
float	4 字节	$1.175494351 \times 10^{-38}$ ~ $3.402823466 \times 10^{38}$ 6 ~ 7 位有效数字
double	8 字节	$2.2250738585072014 \times 10^{-308}$ ~ $1.7976931348623158 \times 10^{308}$ 15 ~ 16 位有效数字
long double	8 字节 与系统相关	$2.2250738585072014 \times 10^{-308}$ ~ $1.7976931348623158 \times 10^{308}$ 15 ~ 16 位有效数字

3.3 常　数

3.3.1 整型常数

整型常数，或称整常数，有十进制、八进制和十六进制三种表示方法。十进制整常数由一个或多个十进制数字（0 ~9）序列组成，序列前减号（ - ）表示该值为负数，表示正数时序列前可置加号（ + ），亦可不置，如 1966、 -10、0。八进制整常数以 0 为前导，其后为一个或多个八进制数字（0 ~7），如 03656。十六进制整常数以 0x 或 0X 为前导，其后为一个或多个十六进制数字（0 ~9，a ~f 或 A ~F），如 0x7AE、0x7ae。

整常数若以 l 或 L 结尾，则该常数为 long int 类型，若常数值超过了 int 类型的取值范围，则视该常数为 long int 类型。unsigned int 类型常数以 u 或 U 结尾，unsigned long int 类型常数以 ul 或 UL 结尾。

3.3.2 浮点常数

浮点常数由整数部分、小数点、小数部分、字母 e 或 E、带符号的整数、后缀等部分组成。可以省略整数部分和小数部分，但不能同时省略，字母 e 或 E、带符号的整数和后缀是可选部分。后缀为 f 或 F 表示 float 类型，后缀为 l 或 L 表示 long double 类型，无后缀时为 double 类型。如：123.45、100.、.01、1000.0f、1.5e -2（表示 1.5×10^{-2}）。

3.3.3 字符常数

字符常数是用单引号括起来的一个字符或多个字符，如：'x'，字符常数的值是将该字符 ASCII 编码视为整数时的值。'x'的 ASCII 二进制编码为 111 1000，把 111 1000 视为整数，其值为 120。'' 是非法的，将产生“空字符常数”错误。

字符常数'''和'"'分别代表单引号字符和双引号字符吗？答案是否定的，因为在 C 语言中单引号作为字符常数的边界，双引号作为字符串常数的边界，不能当做普通的字符了，为此用'\''和'\"'分别表示单引号和双引号字符。以反斜线（\）为前导的字符序列称为转义字符，表 3-2 列出了各转义字符。

表 3-2　转义字符

字符	值	意义	字符	值	意义
\a	0x07	响铃	\v	0x0b	垂直制表符
\b	0x08	退格	\'	0x27	单引号
\f	0x0c	换页	\"	0x22	双引号
\n	0x0a	换行	\\	0x5c	反斜线
\r	0x0d	回车	\ooo	ooo（八进制）	
\t	0x09	水平制表符	\xhh	0xhh	

'\ooo'是用八进制 ASCII 码表示的字符，ooo 为 1 ~3 位八进制数，'\xhh'是用十六进制 ASCII 码表示的字符，hh 为 1 ~2 位十六进制数，如'\170'和'\x78'与'x'所表示的都是字符 x。

'\0'表示值为 0 的字符，称为空字符，该字符用来标识字符串的结束。

3.3.4　字符串常数

字符串常数是用双引号括起来的零个字符或多个字符。字符串中的字符可以是任意字符，包括小写字母、大写字母、数字、标点符号、控制字符（如回车、退格等）。例如：

```
"Confucius said: \"...\""
```

表示的是字符串：Confucius said："..."，该字符串共有 22 个字符，最后一个是不可见的空字符'\0'，该串的长度为 21。又如：

```
""
```

表示的是空字符串，该字符串仅有 1 个空字符'\0'，该字符串的长度为 0。

注意：不要混淆字符常数'x'和字符串常数"x"，存储字符常数'x'用一个字节，该字节的值为 0x78，存储字符串常数"x"用两个连续的字节，第一字节的值为 0x78，第一字节的值为 0x00。

3.3.5　枚举常数

枚举是一组整型常数的列表，列表中的项称为枚举常数，如：

```
enum boolean {NO, YES};
```

枚举列表第一项的值为 0，第二项的值为 1，以此类推。上例 boolean 枚举中 NO 的值为 0，YES 的值为 1。可以指定枚举常数的值，未指定值的枚举常数值是其前一个值的递增，如：

```
enum months {JAN =1, FEB, MAR, ARP, JUN,
             JUL,AUG,SEP,OCT,NOV,DEC};
```

也可以为每一个枚举常数指定各自的值，如：

```
enum escapes {BELL = '\a', BACKSPACE = '\b', TAB = '\t',
              NEWLINE = '\n', VTAB = '\v', RETURN = '\r'};
```

上述的 enum boolean、enum months 和 enum escapes 为枚举类型。

3.4　声明变量

3.4.1　变量的声明

C 语言规定，所有的标识符在使用前必须先声明。声明（Declaration）是对标识符特性的说明。

在程序运行期间其值是可变化的数据对象称为变量。数据对象所表征的不同，其在存储器中所占的字节数则不尽相同。为了区分不同的变量，变量必须命名，命名规则见 3.1 节。换言之，变量是用来保存数据的，变量名是其所在存储区的别名。指明变量的名称及其特征称为变量的声明，声明变量的语法为：

```
type-qualifier  type-specifier  name;
```

其中 type-qualifier 为限定符，可以是 const 或 volatile，限定符是可选的；type-specifier 为类型说明符，可以是 char、int、float、double 等，参见 3.2 节；name 为变量名。可以一次性声明多个同类型变量。例如：

```
char nl;              /* 变量 nl 为 char 类型,占用 1 字节的存储空间 */
int is_leap, gcd;  /* 变量 is_leap 和 gcd 为 int 类型,占用 4 字节的存储空间 */
```

单独声明各变量可便于注释，如：

```
char nl;          /* 回车符 */
int is_leap;     /* 闰年的标志,是闰年时为 1,否则为 0 */
/*
    最大公约数,
    greatest common divisor
*/
int gcd;
```

在声明变量的同时可以赋以初值，语法为

```
type-qualifier type-specifier name = initializer;
```

其中 initializer 为变量的初值，初值为常数（参见 3.3 节）。例如：

```
char nl = '\n', tab = '\t';
float epson = 1.0e-5;  /* 精度为 0.00001 */
```

声明时加上限定符 const，则该变量的值是恒定的，即在程序运行期间，其值不允许被改变，这类变量称为常变量。如：

```
const double e = 2.71828182845905;      /* 自然对数的底 */
const double pi = 3.1415926535897932; /* 圆周率 */
```

声明时加上限定符 volatile，表示该变量是“易变的”，即其值可能随时被其他外部因素修改，变量声明为“易变的”能保证在程序运行期间从其存储位置取得最新的值再做运算。试举一例以便理解：每月发薪时，会计总会要求员工提供其银行卡号，然后将员工的薪水打入卡中。某月，会计为了省事，将当月薪水打入前月登记的银行卡中，而恰巧有一员工遗失了他的银行卡，重新申领了新卡，因而致其该月未能领到薪资。“员工”相当于变量，其“银行卡号”为变量的值，这个值是“易变的”，为了保证每次使用变量时总能从其处取得最新的值，应将该变量声明为具有 volatile 特性。

上述各例的声明均会为变量分配存储空间，这类声明称为变量的定义性声明，简称为变量的定义，而变量的另一类声明称为引用性声明，简称声明，声明与定义的区别参见 5.11 节。

3.4.2 数组的定义

数组是具有相同数据类型元素的集合，数组在内存中占据一片连续的存储空间，各元素之间无间隙。定义数组的语法为

```
type-specifier name[const-expr];
type-specifier name[const-expr] = { initializer-list };
```

其中 type-specifier 为类型说明符，name 为数组名，const-expr 为非负整型常数，或整型常变量，该值用以确定数组中元素的数量，initializer-list 为数组元素的初值列表，各元素的初值用逗号分隔。例如：

```
int a[10];
```

定义了一个名为 a 的数组，该数组有 10 个 int 型元素，共占用 40 字节的存储空间。

在定义数组时亦可初始化其元素，初始值必须是常数，常数的类型应与元素类型一致，如：

```
int a[10] = {1,2,3,4,5,6,7,8,9,10};
char weekday[] = { 'M','o','n','d','a','y' };
char weekend[] = { "Sunday" };
```

有关数组初始化的更多细节可参见 5.7 节。

3.5 表达式和运算符简介

表达式（Expression）是构成 C 语言程序的基本单位之一。表达式由操作数（Operand）通过运算符（Operator）组合而成。每个表达式都有一个确定的类型和值，如果表达式中没有运算符，则其值为操作数本身，如变量名、常数。例如 epson（参见 3.4 节），该表达式的类型为单精度浮点型（float），其值为 0.00001，又如 0xABUL，该表达式的类型为无符号长整型（unsigned long int），其值为 171。

运算符是用以指明进行何种运算（或称操作）的符号，C 语言提供了丰富的运算符，包括：

```
+     -     *     /     >     >=    <     <=    ==    !=    %
++    --    &&    ||    !     &     |     ~     ^     <<    >>
=     +=    -=    *=    /=    %=    &=    |=    ^=    <<=   >>=
?:       ,       .       ->      [ ]     ( )      (type)       sizeof
```

对于初学者而言，这其中的大多数是陌生的，而 +（加）、-（减）、*（乘）、/（除）则是早已熟知的算术运算，进行算术运算的规则是先乘除后加减，若有算术运算：x + y * z，计算时先求积再求和，这种性质称为运算符的优先级（Precedence），即一个表达式中有多个运算符时，运算符的求解次序。用小括号可以改变运算的顺序，表达式：x + y * z 与（x + y）* z 的求解顺序是不同的。

做加法运算需要有被加数和加数，减法、乘法、除法亦如此，运算符所能操作的操作数数量称为运算符的元，或称目，+（加）、-（减）、*（乘）、/（除）为二元运算符。按运算符的“元”来划分，C 语言的运算符有三类：一元运算符、二元运算符和三元运算符。

若有算术运算：x - y + z，由于加法和减法的优先级相同，计算时先求差再求和，即按从左向右的顺序进行运算，这种性质称为运算符的结合性（Associativity），即相同优先级运算符的解算顺序。运算符的结合性有从左向右和从右向左两种。

3.6 类型转换运算符及其表达式

类型转换运算符为：(type)，其表达式的语法为

```
(type)expr
```

类型转换运算是将表达式 expr 的类型转换为由 type 指定的类型，该表达式的类型为 type，其值为 expr 转换为 type 后的值。expr 本身的类型并未改变。类型转换为一元运算。

例如，设 int 型变量 x 的值为 1，则表达式（float） x 的类型为 float 型，其值为 1.0；设 float 型变量 y 的值为 12.34，则表达式（int） y 的类型为 int 型，其值为 12；设 long 型变量 z 的值为 0x11223344，则表达式（short） z 的类型为 short 型，其值为 0x3344。

从实数转换为整数时会丢失小数部分，从字节数多的类型转换为字节数少的类型时，会损失高字节中存储的内容。

3.7 算术运算符和算术表达式

算术运算符包括二元运算符：+（加法）、-（减法）、*（乘法）、/（除法）和%（求余数），以及一元运算符：-（求负数）。其中一元的求负数运算（-）优先级最高，二元的乘法（*）、除法（/）、求余数（%）次之，二元的加法（+）、减法（-）最低。

由算术运算符连接操作数构成的表达式为算术表达式，语法为

```
expr1 + expr2          /* 加法表达式 */
expr1 - expr2          /* 减法表达式 */
expr1 *  expr2         /* 乘法表达式 */
expr1 / expr2          /* 除法表达式 */
expr1 %  expr2         /* 求余数表达式 */
 -expr                 /* 求负数表达式 */
```

其中 expr、expr1 和 expr2 为表达式。

二元算术运算符是从左到右结合的，一元算术运算符是从右到左结合的，如表达式：- -x，等价于表达式：-(-(x))。

二元算术运算符 +、-、*、/可以连接字符型、整型和浮点型表达式，而%不能连接浮点型表达式。求余数运算 x%y 的结果为 x 除以 y 的余数。

二元算术运算表达式的类型与所连接表达式的类型相关，若 expr1 和 expr2 的类型一致，则算术表达式的类型与之相同，如：

```
float f1 =3.0,f2 =2.0,f;
f =f1/f2;
```

则表达式 f1/f2 的值为 1.5，其类型为 float 型。又如：

```
int i1 =3,i2 =2,i;
i =i1/i2;
```

则表达式 i1/i2 的值为 1 而非 1.5，因为该表达式类型为 int 型。如果希望表达式的值为 1.5，

则应对其中之一进行类型转换：(float) i1/i2 或 i1/(float) i2。

若 expr1 和 expr2 的类型不一致，则按如下规则确定表达式的类型。

首先，若其中之一为 long double 型，则另一个转换为 long double 型，然后求解表达式，表达式的类型为 long double 型。

否则，若其中之一为 double 型，则表达式的类型为 double 型。

否则，若其中之一为 float 型，则表达式的类型为 float 型。

否则，若其中之一为 unsigned long int 型，则表达式的类型为 unsigned long int 型。

否则，若其中之一为 long int 型，另一个为 unsigned int 型，如果 long int 型可以表示所有 unsigned int 型的值，那么表达式的类型为 long int 型，否则，表达式的类型为 unsigned long int 型。

否则，若其中之一为 long int 型，则表达式的类型为 long int 型。

否则，若其中之一为 unsigned int 型，则表达式的类型为 unsigned int 型。

否则，若 expr1 和 expr2 转换为 int 型，则表达式的类型为 int 型。

3.8 增量和减量运算符及其表达式

增量运算符为两个连写的加号，即 ++；减量运算符为两个连写的减号，即 --。增量和减量为一元运算，增量使其操作数加 1，减量使之减 1。增量、减量表达式的语法为

```
++ lvalue          /* 前增量表达式 */
--lvalue           /* 前减量表达式 */
lvalue ++          /* 后增量表达式 */
lvalue --          /* 后减量表达式 */
```

增量和减量运算的操作数必须是左值表达式（lvalue）。左值表达式所代表的是一块存储区域，该区域中所存储的值可以被改变，故也称为可赋值表达式。最简单的左值表达式是变量名。

增量或减量运算符位于左值表达式之前的称为前增量或减量表达式，位于其后的称为后增量或减量表达式。这两种表达式的值是不同的，设整型变量 n 的值为 5，前增量表达式 ++n 的值为6，后增量表达式 n ++ 的值为 5，无论前增量还是后增量，在表达式求解后，变量 n 均增加 1。

增量、减量运算的优先级高于二元的算术运算，与一元求负数运算和类型转换运算的优先级相同。增量运算符、减量运算符、一元求负数运算符和类型转换运算符是从右向左结合的。

例如："int n = 5;"，试分析表达式：n +++++ n。

表达式中有两个变量名和 5 个 +，5 个 + 中应有一个是二元算术加法运算，若第一个 + 是加法，那么该表达式应等效于：n +(++(++n))；若第 5 个 + 是加法，则等效于：((n ++) ++) + n；若第 3 个 + 是加法，则等效于：(n ++) + (++n)。n 是变量，是左值表达式，因而 ++n 和 n ++ 是合法的，但这两个表达式却不是左值表达式，所以表达式(++(++n))和((n ++) ++)是非法的。因此表达式：n +++++ n 等效于：(n ++) + (++n)。为了不

产生误解和副作用，建议书写程序时在运算符的左右各加上一个空格：n ++ + ++ n，或使用小括号。

该表达式的值为12，求解后n的值为7，求解过程为：① ++ n；②n + n；③n ++ 。

3.9 关系运算符和关系表达式

关系运算是指6种比较判断：大于（ > ）、大于或等于（ >= ）、小于（ < ）、小于或等于（ <= ）、等于（ == ）和不等于（ != ）。关系运算表达式的语法为

```
expr1 > expr2          /* 大于判断表达式 */
expr1 >= expr2         /* 大于或等于判断表达式 */
expr1 < expr2          /* 小于判断表达式 */
expr1 <= expr2         /* 小于或等于判断表达式 */
expr1 == expr2         /* 相等判断表达式 */
expr1 != expr2         /* 不等于判断表达式 */
```

关系运算中 >、>=、< 和 <= 的优先级相同，高于 == 和 !=， == 和 != 的优先级相同。关系运算的优先级低于算术运算，为二元运算符，从左到右结合。关系运算表达式的类型为int型，如果比较判断成立，则关系运算表达式的值为1，否则为0。

3.10 逻辑运算符和逻辑表达式

逻辑运算包括逻辑“与”（&&）、逻辑“或”（ || ）和逻辑“非”（ ! ）运算，其中逻辑“与”和逻辑“或”为二元运算，从左向右结合，逻辑“非”为一元运算，从右向左结合，三者中逻辑“非”的优先级最高，逻辑“与”次之，逻辑“或”最低。

逻辑运算表达式的语法为

```
expr1 && expr2          /* 逻辑“与”表达式 */
expr1 ||expr2           /* 逻辑“或”表达式 */
! expr                  /* 逻辑“非”表达式 */
```

在进行逻辑“与”运算时，先求解表达式expr1，若其值为0，则逻辑“与”运算表达式的值为0，这时无须求解表达式expr2；若表达式expr1的值为非0，则需求解表达式expr2，若其值为0，则逻辑“与”运算表达式的值为0，否则为1。

在进行逻辑“或”运算时，先求解表达式expr1，若其值为非0，则逻辑“或”运算表达式的值为1，这时无须求解表达式expr2；若表达式expr1的值为0，则需求解表达式expr2，若其值为非0，则逻辑“或”运算表达式的值为1，否则为0。

在进行逻辑“非”运算时，求解表达式expr，若其值为非0，逻辑“非”运算表达式的值为0，否则为1。

逻辑运算表达式的类型为int型，表达式的值为1时，表示逻辑“真”；为0时，表示逻辑“假”。

例如，若年份能被4整除，但不能被100整除，或者，年份能被400整除，则该年为闰年。该判断的表达式为

```
year % 4 ==0 && year % 100 != 0 ||year % 400 ==0
```

3.11 位运算符和位运算表达式

C 语言中有 6 种对整型和字符型数据逐位操作的运算：逐位“与”（&）、逐位“或”（|）、逐位“异或”（^）、逐位取反（~）、左移（<<）和右移（>>）。

位运算中，逐位取反为一元运算，从右向左结合，其余的为二元运算，从左向右结合。逐位取反运算的优先级最高，左移、右移次之，逐位“与”又次之，逐位“异或”再次之，逐位“或”最低。

位运算表达式的语法为

```
~expr               /* 逐位取反表达式 */
expr1 & expr2       /* 逐位“与”表达式 */
expr1 |expr2        /* 逐位“或”表达式 */
expr1 ^ expr2       /* 逐位“异或”表达式 */
expr1 << expr2      /* 左移表达式 */
expr1 >> expr2      /* 右移表达式 */
```

若“int x =0;”，则表达式 ~x 的值为 -1，表达式 -x 的值为 0，表达式！x 的值为 1。若“unsigned int x =0;”，则表达式 ~x 的值为 4294967295（0xffffffff），表达式-x 的值为 0，表达式！x 的值为 1。注意逐位取反、求负数、逻辑“非”运算表达式取值的不同。

逐位“与”、逐位“或”、逐位“异或”的示例：

```
unsigned char b1 =0x65;          /* 0110 0101 */
unsigned char b2 =0xaf;          /* 1010 1111 */
unsigned char r;
r =b1 & b2;       /* b1、b2 对应位“与             0010 0101 */
r =b1 |b2;        /* b1、b2 对应位“或”            1110 1111 */
r =b1 ^ b2;       /* b1、b2 对应位“异或”          1100 1010 */
b1 =b1 & 0x0f;    /* 保留 b1 中的低 4 位          0000 0101 */
b2 =b2 |0xf0;     /* b2 中的高 4 位置 1           1111 1111 */
b1 =b1 ^ b1;      /* 自身的“异或”结果为清零       0000 0000 */
b2 =b2 ^ 0xcc;    /* “异或”可使特定位取反         0011 0011 */
                  /* expr2 中为 1 的位所对应的 expr1 中的位被取反 */
/* 两个变量经过下面的“异或”运算后交换了各自的值 */
b1 =10; b2 =20;
b1 =b1 ^ b2;      /* 0000 1010 ^ 0001 0100 的结果为:0001 1110 */
b2 =b1 ^ b2;      /* 0001 1110 ^ 0001 0100 的结果为:0000 1010 */
b1 =b1 ^ b2;      /* 0001 1110 ^ 0000 1010 的结果为:0001 0100 */
```

左移、右移表达式中的 expr2 必须是正整数。

左移 expr1 时，其中各位横向向左移动，最高位移出而丢失，空出的最低位总是移入 0。左移 1 位，即 expr1 <<1 等效于表达式：expr1 * 2。

右移 expr1 时，其中各位横向向右移动，最低位移出而丢失，对于无符号的 expr1，空出的最高位移入 0；对于有符号的 expr1，若 expr1 为负数，移入 1，否则移入 0，即空出的最高位总是移入 expr1 的符号位。右移时保持 expr1 的符号不变，故也称为算术右移。

例如：“unsigned char x1 = 0x81;”，则表达式 x1 >> 1 的值为 0x40（0100 0000B）。

例如：“signed char x2 = 0x81;”，则表达式 x2 >> 1 的值为 0xC0（1100 0000B）。

注意：当左移或右移的位数超过了其表达式类型最大位数时，C 语言不保证得到指定的结果。

例如：“unsigned x3 = 0x1234; int p = 7, n = 4;”，试求表达式

```
(x3 >> (p + 1 - n)) & ~ ( ~0 << n)
```

的值。

表达式（x3 >>（p + 1 - n)）即（x3 >> 4）的值为 0x123，表达式 ~（~0 << n）即 ~(~0 <<4)的值为 0x0000000f，则表达式（x3 >> (p + 1 - n)) & ~(~0 << n）的值为 0x03。

位运算表达式的类型为整型，具体为 signed、unsigned、char、short、int、long 中的何种类型则是个复杂的问题，一般而言，所关心的是位运算表达式的值。建议参与位运算的操作数为 unsigned 型。

若希望将 x1 或 x2 循环左移一位，即最低有效位左移一位，空出来的位不补 0，而是将最高有效位移入，结果为 0x03；或希望将 x1 或 x2 循环右移一位，即最高有效位右移一位，空出来的位不补 0 或 1，而是将最低有效位移入，结果为 0xC0。C 语言未提供循环左移或右移的运算符，但可以通过左移和右移组合来完成循环位移，循环左移和循环右移步骤的图解如图 3-1 所示，可定义如下的宏替换（参见 5.9.2 节）。

```
//使 x 循环左移 n 位
#define rotate_left(x,n) ((((x) >> (sizeof(x)* 8 - (n)))&(~(~0 << (n)))) \
    |((x) << (n)))
//使 x 循环右移 n 位
#define rotate_right(x,n) ((((x) >> (n))&(~(~0 << (sizeof(x)* 8 - (n))))) \
    |((x) << (sizeof(x)* 8 - (n))))
```

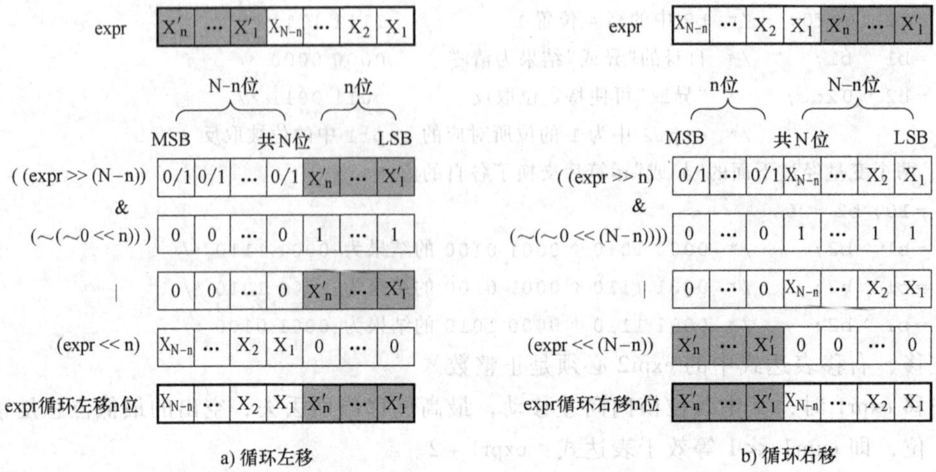

图 3-1　循环左移、循环右移图解

表达式“rotate_left(x1,1)”将 x1 循环左移一位，表达式“rotate_right(x2,1)”将 x2 循环右移一位。

3.12 赋值运算符和赋值表达式

C 语言中共有 11 种赋值运算，其表达式为

```
lvalue = expr
lvalue += expr
lvalue -= expr
lvalue *= expr
lvalue /= expr
lvalue %= expr
lvalue <<= expr
lvalue >>= expr
lvalue &= expr
lvalue |= expr
lvalue ^= expr
```

赋值运算符左边的表达式必须是左值表达式，而右边的表达式可以是任意的表达式。赋值表达式的类型和值均与表达式 lvalue 相同。

当表达式 expr 的类型不同于表达式 lvalue 的类型时，expr 的值被转换为的 lvalue 类型，如果转换失败，则系统将报告表达式是错误的。例如：“int x = 5; double y;”，则 y = x + 2 的值为 7.0，类型为 double 型。

例如：“int x = 5;”，则 x = x + 2 的求解过程为首先求解赋值运算符右边的表达式：x + 2，其值为 7，然后，该值被存入 x，表达式 x = x + 2 的值为 7，类型为 int 型。该表达式还可以这样表示：x += 2。多数的二元运算符可以和运算符 = 组合成 op =，op 为下列运算符之一：

```
+  -  *  /  %  <<  >>  &  ^  |
```

表达式 lvalue op = expr 等效于 lvalue = (lvalue) op (expr)。例如：x *= y + 1 等效于 x = x * (y + 1)，而不是 x = x * y + 1。

赋值为二元运算运算，从右向左结合。如表达式 a = b = c = 10，等效于 a = (b = (c = 10))，该表达式使 a、b、c 均被赋值为 10。

3.13 条件运算符和条件表达式

条件运算的符号为 ? :，其表达式语法为

```
expr1 ? expr2 : expr3
```

条件表达式的求解过程为：计算表达式 expr1，如果其值非 0，则以表达式 expr2 为条件表达式的值，否则以表达式 expr3 为条件表达式的值。条件表达式的类型与 expr2 和 expr3 的类型相同，因而表达式 expr2 和 expr3 必须具有相同的类型。

条件运算为三元运算，从左向右结合，条件运算的优先级高于赋值运算，低于逻辑“或”运算。

如 x，y，z 为 int 型，则表达式 z = （x > y）? x：y 的值，即 z 的值为 x 和 y 中较大的。

3.14 逗号运算符和逗号表达式

逗号运算为二元运算，从左向右结合，逗号运算的优先级最低，逗号表达式的语法为

```
expr1,expr2
```

逗号表达式的求解过程为先计算表达式 expr1，然后计算表达式 expr2，逗号表达式的类型和值与 expr2 相同。

3.15 数组元素引用及其表达式

数组元素引用为一元运算，从左向右结合，其优先级为最高级，表达式的语法为

```
arr-name[expr]
```

其中 arr-name 为数组名，表达式 expr 的值为元素的序号。数组元素引用运算就是使用 expr 指定数组 arr-name 的元素，即按序号使用数组元素，元素的序号从 0 开始，expr 称为数组的下标。

例如有数组声明：“int a[ ] = {1,2,3,4,5,6,7,8,9,10};”，则 a[0]引用的是第 1 个（或称第 0 号）元素，其值为 1，a[9] 引用的是最后一个（或称第 9 号）元素，其值为 10。

又如有声明：“char weekend[ ] ="Sunday",w[7]; int i=0,j=0;”，则表达式 w[j ++] = weekend[i ++]计算后 w[0]的值为'S'，i 和 j 的值为 1。

数组元素引用表达式的类型与元素的类型相同，其值就是所引用元素的值，若所引用的数组元素不是常量，则为左值表达式。

注意：C 语言不对数组引用做越界检查，即 a[10]、a[100]、weekend[9]等都是正确的表达式，但是其值是不可预测的。

3.16 目标长度运算符及其表达式

目标长度运算符为一元运算，从右向左结合，其优先级与类型转换运算、增量和减量运算等相同，表达式的语法为

```
sizeof(type)
sizeof(expr)
```

sizeof 运算表达式的类型为 unsigned int 型，其值是目标的长度，即占用存储空间的字节数，目标为 type 时不能省略小括号对，目标为 expr 时可以省略，习惯上使用小括号对。

例如，sizeof(int)的值为 4。若有“int a[10];”，则表达式 sizeof(a)的值为 40。当 expr 为数组名时，sizeof 运算求的是数组所有元素占用的存储空间字节数。表达式为

```
sizeof(a)/ sizeof(a[0])
```

的值为10，这种类型的表达式可以计算出数组中元素的数量。表达式

```
sizeof(sizeof(a)/ sizeof(a[0]))
```

的值为4，读者可以思考一下为什么。

3.17 运算符小结

C语言运算符总结见表3-3。

表3-3 运算符的元、表达式类型、优先级和结合性

	元	运算符	由运算符构成的表达式	表达式类型	优先级	结合性
1	一元	( )	函数调用表达式	参见5.2节	1	从左到右
2		[ ]	数组元素引用表达式	元素类型		
3	二元	.	结构成员引用表达式	成员类型		
4		->	结构成员引用表达式	成员类型		
5	一元	-	求负数(算术反)表达式	同操作数类型	2	从右到左
6		!	逻辑“非”(逻辑反)表达式	int型		
7		~	逐位取反(位反)表达式	整型		
8		++	增量表达式	同操作数类型		
9		--	减量表达式	同操作数类型		
10		*	通过指针间接引用表达式	同引用对象		
11		&	求目标地址表达式	指针型(参见6.1节)		
12		sizeof	求目标长度表达式	int型		
13		(type)	类型转换表达式	type型		
14	二元	*	乘法表达式	见3.7节	3	从左到右
15		/	除法表达式			
16		%	求余数表达式			
17		+	加法表达式		4	从左到右
18		-	减法表达式			
19	二元	<<	左移表达式	整型	5	从左到右
20		>>	右移表达式			
21	二元	<	小于判断表达式	int型	6	从左到右
22		<=	小于或等于判断表达式	int型		
23		>	大于判断表达式	int型		
24		>=	大于或等于判断表达式	int型		
25		==	等于判断表达式	int型	7	从左到右
26		!=	不等于判断表达式	int型		
27	二元	&	逐位“与”表达式	整型	8	从左到右
28		^	逐位“异或”表达式		9	从左到右
29		|	逐位“或”表达式		10	从左到右

（续）

	元	运算符	由运算符构成的表达式	表达式类型	优先级	结合性
30	二元	&&	逻辑"与"表达式	int 型	11	从左到右
31		||	逻辑"或"表达式	int 型	12	从左到右
32	三元	？：	条件表达式	与其中第 2、3 个操作数类型相同	13	从右到左
33	二元	= *= /= %= += -= &= ^= |= <<= >>=	赋值表达式	与被赋值对象类型相同	14	从右到左
34	二元	，	逗号表达式	与右操作数同	15	从左到右

习　题

一、单项选择题

1. 下列常量中合法的为（　　）。

A. 3e2.5　　B. 'C Language'　　C. "\""　　D. 0fd

2. 下列变量名中合法的为（　　）。

A. int　　B. _int_　　C. π　　D. 2class

3. 下列表达式中值为 0 的是（　　）。

A. 5%6　　B. 5/6　　C. ~a|a　　D. !a|a

4. 下列表达式中值为 1 的是（　　）。

A. ~a&a　　B. a!=a　　C. a>a　　D. (a|1)&1

5. 若有声明："int a=13, b=6;"，则表达式 a & b 的值为（1），a^b 的值为（2），!a 的值为（3），b << 2 的值为（4），~(~a << 2)的值为（5）。

（1）A. 1　　B. 4　　C. 6　　D. 13

（2）A. 4　　B. 11　　C. 13　　D. 27

（3）A. -13　　B. 0　　C. 13　　D. 243

（4）A. 1　　B. 8　　C. 9　　D. 24

（5）A. -55　　B. -52　　C. 52　　D. 55

6. 表示逻辑"真"的是（　　）。

A. t　　B. true　　C. 非 0 整型值　　D. 整型 0

7. 下列运算符中优先级最高的是（　）。

A. <<　　B. +　　C. &&　　D. !=

8. 有程序段如下：

```
int x=10,y=9,a,b,c;
a=(--x==y++)? --x: ++y;
b=x++;
c=y;
```

执行之后，a 的值为（1），b 的值为（2），c 的值为（3）。

（1）A. 8　　B. 9　　C. 10　　D. 11

（2）A. 8　　B. 9　　C. 10　　D. 11

(3) A. 8　　B. 9　　C. 10　　D. 11

9. 若有声明："int a = 12;"，则计算表达式 a += a -= a * a 后 a 的值是（　　）。

A. -264　　B. 144　　C. 264　　D. 522

10. 若有声明："char z = 'A'; int x = 0xf0, y = 15;"，则表达式（x&y）&&（z < 'a'）的值是（　　）。

A. 0　　B. 1　　C. TRUE　　D. FALSE

11. 若有声明："int a = 1, b = 1, c = 1;"，则计算表达式 ++a || ++b && ++c 后 a 的值是（　　）。

A. 0　　B. 1　　C. 2　　D. 不确定

12. 与表达式！x 等价的是（　　）。

A. x == 0　　B. x == 1　　C. x != 0　　D. x != 1

二、填空题

1. 若 short 型占用 2 字节存储空间，则 short int 型的取值范围是________ ~ ________，unsigned short int 型的取值范围是________ ~ ________。

2. 一元的 & 是________运算符，二元的 & 是________运算符。

3. 判定 int 型变量 x 为奇数的表达式为________。

4. 表达式 y^y 的值为________。

5. 表达式 3&4 的值为________，3|4 的值为________，3&&4 的值为________。

6. 表达式 ~（~0u << 2）的值为________。

7. 公式 $F = G\frac{m_1 m_2}{R^2}$ 用 C 语言表达式表示为________。

8. 有声明："enum {a, b = 2, c, d, e} k;"，若 "k = d;"，则 k 的值为________。

第4章 语 句

4.1 语句和语句块

程序中的语句通常是一条接着一条顺序执行的，而有时也要求有选择地执行某条（些）语句，或重复执行某条（些）语句，这就是程序的三种基本结构，即顺序结构、分支结构和循环结构，如图4-1所示。

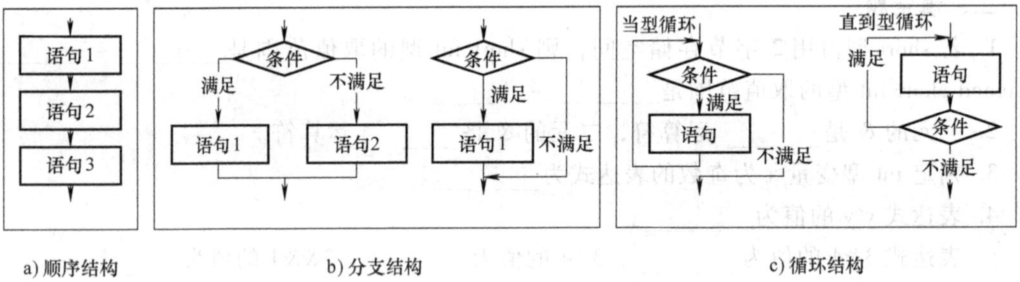

图4-1 程序的顺序结构、分支结构和循环结构

C语言中的语句分为：表达式语句、空语句、复合语句、分支语句（if和switch语句）、循环语句（while、do-while和for语句）、跳转语句（break、continue、goto和return语句）。

语句（Statement）用以描述所执行的行为，以分号为结束。C语言源程序书写很自由，一个语句可以占多行，也可以是多个语句占一行。

C语言源程序中大量的是表达式语句，即表达式后跟随着一个分号，语法为

```
expression;              /* 表达式语句 */
```

如：

```
x =0;                    /* 赋值表达式语句 */
i ++;                    /* 后增量表达式语句 */
z =x >y? x:y;            /* 条件及赋值表达式语句 */
```

若一条语句仅有一个分号，这样的语句称为空语句（Null Statement）。语法为：

```
;                        /* 空语句 */
```

空语句不执行任何操作，空语句的作用参见6.4节。

一组由左大括号{和右大括号}括起来的若干声明和/或若干语句称为复合语句（Compound Statement），或称语句块，语法为

```
{
    declarations
    statements
}
```

其中declarations为声明（参见3.4节），statements为语句，如：

```
{
    int t;
    t = y; y = x; x = t;
}
```

凡允许单条语句的地方即允许复合语句，语句块在语法上与单条语句等效。复合语句中的声明或语句均可省略，省略了声明和语句的复合语句与空语句等效。

4.2 if-else 语句

C 语言中用于判断的语句为 if-else 语句，其语法为：

```
if(expr)statement1 else statement2      /* 如果...,否则...。*/
if(expr)statement1                      /* 如果...。*/
```

若表达式 expr 的值非 0，则执行 statement1，否则，当存在 else 部分时，执行 statement2，不存在 else 部分时，继续执行其后的语句，参见图 4-1b。

例如，判断 2014 年是否为闰年的程序片段：

```
int year = 2014, is_leap;
if(year % 4 == 0 && year % 100 != 0 || year % 400 == 0)
    is_leap = 1;
else
    is_leap = 0;
```

亦可：

```
int year = 2014;
int is_leap = 0;          /* 默认为非闰年 */
if(year % 4 == 0 && year % 100 != 0 || year % 400 == 0)
    is_leap = 1;
```

statement1 和/或 statement2 之处可以是复合语句，如当 x > y 时交换之：

```
if(x > y)
{
    int t;
    t = x; x = y; y = t;
}
```

符号函数的定义为：$y = \begin{cases} 1 & x > 0 \\ 0 & x = 0 \\ -1 & x < 0 \end{cases}$，下面的哪个程序片段正确地实现了该函数的功能？

片段 1：

```
y = 0;
if(x >= 0)
    if(x > 0)          y = 1;
    else               y = -1;
```

片段 2：

```
y = -1;
```

```
if(x != 0)
    if(x >0)          y=1;
else                  y=0;
```

片段3：

```
if(x>0)               y=1;
else if(x==0)         y=0;
else                  y = -1;
```

上述程序片段中只有片段3是正确的。对于片段1，若 x<0，则 y 为 0；若 x>0，y 为 1；若 x==0，y 为 -1。因为 else 是 if（x>0）的“否则”，即 else 总是与最近的无 else 的 if 配对。

对于片段2，若 x==0，则 y 为 -1；若 x>0，y 为 1；若 x<0，y 为 -1。尽管 else 与第一个 if 对齐，但该 else 仍然是 if（x!=0）的“否则”。

片段1是先假定 x 为 0，若不为 0，则判断 x 是正数还是负数；片段2是先假定 x 为负数，若不为负数，则判断 x 是正数还是 0。读者可以思考如何改正片段1和片段2。

判断平面直角坐标系中的两点（x1，y1）和（x2，y2）是否是关于 y 轴对称、是否处于水平位置的程序片段如下：

```
int y_symmetry=1;  /* 0 表示非 y 轴对称;1 表示两点处于水平位置;2 表示 y 轴对称 */
if(y1 == y2)  /* 两点处于水平位置 */
{
    if(x1 == -x2)  /* y 轴对称 */
        y_symmetry=2;
}
else
    y_symmetry=0;
```

注意：if（y1 == y2）后的大括号对改变了 else 配对关系，使之与该 if 而非 if（x1 == -x2）配对，因为大括号括起来的为语句块，无论块内有多少语句，其地位与单条语句相同。若无大括号对，则 else 将与 if（x1 == -x2）配对。

程序中经常使用多分支结构：

```
if(expr_1)
    statement_1
else if(expr_2)
    statement_2
...
else if(expr_n)
    statement_n
else
    statement_n+1
```

例如，将百分制成绩转换为5级制：

```
int score=82;
char grade;
if(score >= 90)
```

```
        grade ='A';
    else if(score >= 80)
        grade ='B';
    else if(score >= 70)
        grade ='C';
    else if(score >= 60)
        grade ='D';
    else
        grade ='E';
```

4.3 while 语句

C 语言中，while 是循环控制语句之一，语法为

```
while(expr)statement
```

while 语句的执行过程：首先求解表达式 expr，若其值非 0，则执行语句 statement，然后再次求解 expr，若其值为 0，则 while 语句执行结束。只要 expr 非 0，statement 就会被执行。语句 statement 称为循环体。这是一种“当型”循环，即当表达式 expr 非 0 时执行语句 statement，参见图 4-1c。

问题：找出两个非负整数 u 和 v 的最大公约数 gcd。基于欧几里得研究的方法的算法如下。

第 1 步：如果 v 等于 0，则 gcd 等于 u，算法终止。

第 2 步：令 t 等于 u 除以 v 的余数，u = v，v = t，返回第一步。

根据该算法编制的函数如下：

```
/*  gcd：找出两个非负整数 u 和 v 的最大公约数 */
unsigned gcd(unsigned u,unsigned v)
{
    unsigned t;
    while(v)
    {
        t =u % v;
        u =v;
        v =t;
    }
    return u;
}
```

对于一个有序的数组 v[n]，在其中寻找一个指定的值 x，可用二分法查找。目标值 x 与数组中间的元素比较，如果 x 小，则应在数组的前半部分中查找；如果 x 大，则在后半部分中查找；如果 x 与中间元素相等，则数组中存在指定的元素。

```
/*
    binsearch：在 v[0] <=v[1] <=... <=v[n-1]中查找 x
    若找到,函数返回元素的下标,否则返回-1
```

```
*/
int binsearch(int x,int v[],int n)
{
    int low,high,mid;

    low=0;
    high=n-1;
    while(low <= high)
    {
        mid = (low + high)/2;

        if(x < v[mid])
            high=mid -1;
        else if(x > v[mid])
            low=mid + 1;
        else        /* 数组中找到指定的 x */
            return mid;
    }
    return -1;    /* 数组中无指定的 x */
}
```

4.4 for 语句

for 是另一种循环控制语句，语法为

```
for(expr1; expr2; expr3)statement
```

for 语句的执行过程：首先求解表达式 expr1，接着求解 expr2，若为非 0，执行语句 statement，然后求解 expr3，再次求解 expr2，若为 0，则 for 语句执行结束。只要 expr2 非 0，statement 就会被执行，expr3 被计算，语句 statement 称为循环体。这也是一种“当型”循环，参见图 4-1c。

例如，有幂函数 $y=f(x, n)=x^n=\prod_{i=1}^{n}x$，其中 x 为整数，n 为自然数。

```
/* power: 求 x 的 n 幂,n >= 0 */
int power(int x,int n)
{
    int i,p;
    p=1;
    for(i=1; i<= n; ++i)
        p=p* x;
    return p;
}
```

该函数亦可定义如下：

```
/* power: 求 x 的 n 幂,n >= 0;版本 2 */
```

```
int power(int x,int n)
{
    int p;
    for(p =1; n >0; --n)
        p =p * x;
    return p;
}
```

for 语句：

```
for(expr1; expr2; expr3)statement
```

等效于：

```
expr1;
while(expr2)
{
    statement
    expr3;
}
```

因此，表达式 expr1 称为初始化表达式，expr2 称为循环条件，expr3 称为循环表达式，这三个表达式设置了循环的环境。

for 语句中表达式 expr1、expr2 和 expr3 都可以省略，“for（;;） statement”等效于“while（1） statement”。

冒泡法排序是一种较简单的排序算法。设待由小到大排序的数组有 n 个元素，共需进行 n－1 次扫描，第 1 次扫描：从次末元素到第 1 个元素，两两比较前后两个相邻的元素，前者大于后者则交换之，比较完成后第 1 个元素为最小值；第 2 次扫描：从次末元素到第 2 个元素进行两两比较，完成后第 2 个元素为次小值……第 n-1 次扫描：比较次末和最末两元素，比较完成后最末元素为最大值。每次扫描都会使其中最小值上浮到顶端，好似气泡轻者上浮一样，该算法故命名为冒泡法排序。

```
/* bubble_sort:冒泡法排序,将 v[0]…v[n-1] 从小到大进行排序 */
void bubble_sort(int v[],int n)
{
    int i,j,t;

    for(i =0; i <(n-1); i ++)/* n-1 次扫描 */
        for(j = (n-1)-1; j >= i; j--)/* 从次末元素开始到 i 号元素,*/
            if(v[j] >v[j +1])/* 比较相邻元素,前者大于后者则交换之 */
            {
              t =v[j];
              v[j] =v[j +1];
              v[j +1] =t;
            }
        /* 两两比较完成后,其中最小值上浮到最前面,类似于气泡 */
}
```

逗号表达式常见于 for 语句中，如反转字符串函数中 for 循环的初始化表达式和循环表达式。

```
/*  reverse：反转长度为 n 的字符串，例如，s[] = "abcde"，反转后为"edcba" */
void reverse(char s[],int n)
{
    int c,i,j;
    for(i = 0,j = n-1; i < j; i ++,j--)
    {
        c = s[i];
        s[i] = s[j];
        s[j] = c;
    }
}
```

4.5 do-while 语句

"当型"循环 while 和 for 的循环体未必会执行，因为首先求解循环条件表达式，当其值为 0 时，循环体将不会执行。如果需要循环体至少执行一次，则需要使用另一种循环控制语句：do-while 语句，语法为

```
do statement while(expr);
```

do-while 语句的执行过程：首先执行语句 statement，然后求解表达式 expr，如果其值非 0，则再次执行 statement，否则循环结束，参见图 4-1c。

例如，有整数 n = -123，欲将其转换为字符串 s[] = "-123"，转换步骤如下。

第 1 步：记住 n 的正负性，如为负数，求其绝对值。

第 2 步：置待转换的位 i 为 0，即（i = 0）。

第 3 步：求取 n 的个位数，即（n% 10），然后将其转换为对应的数字，即（n% 10 + '0'），并在字符串中待转换的位存入转换结果，之后使待转换的位增 1，即（s[i ++] = n% 10 + '0'）。

第 4 步：去掉 n 的个位，即（n/= 10），如果此时的 n 大于 0，即（(n/= 10) > 0），转第 3 步，否则转第 5 步。

第 5 步：至此，先前 n 的绝对值转换完成，对例中的 -123，转换的结果为"321"。如果先前的 n 为负数，在字符串中添加负号，则结果为"321-"。

第 6 步：反转转换的字符串即为最后的结果，即"-123"。

```
/*  itoa：将 n 转换为字符串，存储在数组 s 中 */
void itoa(int n,char s[])
{
    int i,sign;

    if((sign = n) < 0)        /*  记住 n 的符号 */
        n = -n;               /*  将负数转为正数 */
    i = 0;
    do
```

```
    {
        s[i++] =n % 10 + '0';    /* 将 n 的个位数转换为相应的字符 */
    }
    while((n /=10) >0);   /* 去掉 n 的个位数 */
    if(sign < 0)
        s[i++] ='-';
    s[i] ='\0';
    reverse(s,i);   /* 反转字符串 */
}
```

思考：如果将 do-while 循环改为 while 循环，转换的结果如何？

4.6 goto 语句和语句标号

goto 语句可以改变程序执行的顺序，使程序跳转到指定的目标之处。转向的目标语句前需设立一个标号（Label）。标号是一个标识符，命名规则与命名变量相同，标号后紧随一个冒号。goto 语句的语法为

```
goto label;
```

goto 语句和转向的目标语句必须在同一个函数中。

质数（Prime），亦称素数，是指在一个大于 1 的自然数中，除 1 和其自身外，无法被其他自然数整除的数，也可定义为只有 1 和本身两个因数的数。质数列表的前 10 项是：2，3，5，7，11，13，17，19，23，29。最小的质数是 2，也是质数中唯一的偶数，其他质数都是奇数。质数可由埃拉托色尼（Erastosthenes）筛法产生，其算法为

第 1 步：定义一个整型数组 p，将元素 p_i 置为 0，$2 \leqslant i \leqslant n$。

第 2 步：将 i 置为 2。

第 3 步：将 i 作为质数显示。

第 4 步：j 为正整数，若 $i \times j \leqslant n$，将 $p_{i \times j}$ 置为 1。

第 5 步：寻找使 $p_i = 0$ 的下一个 i 值，找到后转步骤 3，否则算法终止。

算法的第 5 步要求转向，就要用到 goto 语句。根据该算法，寻找 150 以内的所有质数的程序如下，注意 goto 语句和标号。

```
    const int n =150;/* 150 以内的质数 */
    int p[n + 1],i,j;

    /* 第 1 步:置 p[2] ~ p[n]为 0 */
    for(i =2; i <= n; i ++)
        p[i] =0;
    /* 第 2 步:置 i 为 2 */
    i =2;
    /* 第 3 步:将 i 作为下一个质数 */
step3:
    printf("%d ", i);
    /* 第 4 步:对于所有 j 的正整数值,如 i* j <=n,将 p[i* j]置为 1 */
```

```
for(j =1; i* j <= n; j ++)
    p[i* j] =1;
/* 第 5 步:寻找使 p[i] =0 的下一个 i 值,找到后转步骤 3,否则算法终止 */
for(; i <= n; i ++)
{
    if(p[i] == 0)
        goto step3;
}
```

尽管 C 语言提供了 goto 语句，但大量编程实践表明，在程序中过多使用 goto 语句不是良好的习惯，少用为佳。goto 语句可用于从多重嵌套的循环中退出，如：

```
    do
    {
        while(...)
        {
            for(...)
            {
                ...
                if(disaster)/* 发生灾难性错误 */
                    goto err_handle;
            }
            ...
        }
    } while(...);
    ...
err_handle:
    /* 错误处理 */
```

goto 语句实现了从最内层的 for 循环中直接跳出最外层的 do-while 循环，如果使用 break 语句仅能终止最内层的 for 循环，而 while 循环和 do-while 循环仍将继续。

4.7 break 语句和 continue 语句

break 语句和 continue 语句允许出现在 while，do-while 和 for 循环的循环体中，break 语句还允许出现在 switch 语句中（参见 4.8 节）。

break 语句用来终止执行其所在的循环，或终止执行其所在的 switch 语句，其语法为

```
break;
```

continue 语句将使程序跳转至其所在循环的循环条件判定之处，其语法为

```
continue;
```

break 语句示例：已经证明，任何一个非质数 n 都必须有一个小于或等于$\sqrt{n}$的质因子。通过检查给定的整数是否能被包括该整数平方根在内的质数整除，来确定它是否为质数。

现欲求前 50 个质数的序列，求解的流程如图 4-2 所示。从图 4-2 中可知，质数数组 p 有 50 个元素，前 2 个质数分别为 2 和 3，剩余的 48 个质数要通过循环求得，循环中依次判

定 n=5，7，9，11，13，…等是否为质数，假定 n 为质数，若∀n，∃ $\{p_i \mid i=1, 2, \cdots, K$，且 $p_i \leqslant \sqrt{n}\}$ 使$\frac{n}{p_i}=0$，则 n 不是质数。判定 n 是否为质数可以使用 for 循环：

```
for(i=1; n/p[i] >= p[i]; i++)
```

从算法可知，当 n 不是质数时，该循环将提前结束，为了终止循环，应使用 break 语句。

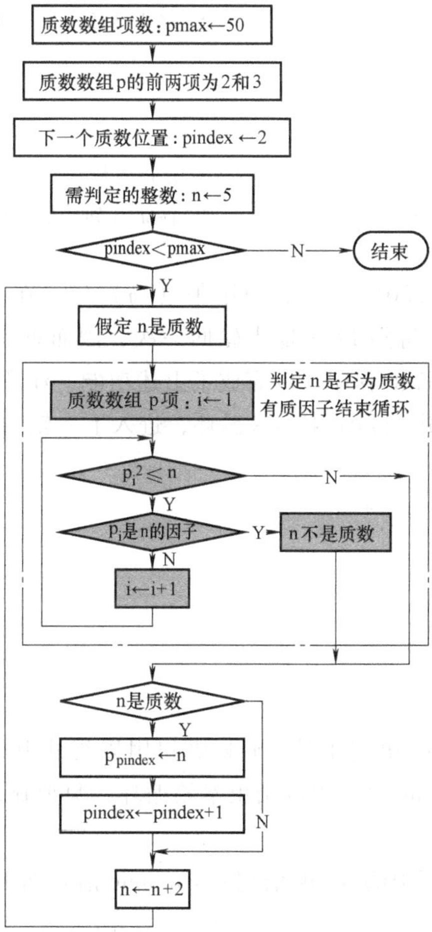

图 4-2　求前 50 个质数的流程

求前 50 个质数的程序如下，注意 break 语句的使用。

```
const int pmax=50;          /* 质数序列项数 */
int p[pmax];                /* 质数数组定义 */
int n,i,is_prime,pindex;

p[0]=2;                     /* 第 1 个质数 */
p[1]=3;                     /* 第 2 个质数 */
pindex=2;   /* 下一个质数在数组中的位置 */
for(n=5; pindex < pmax; n += 2)        /* 循环求剩余 48 个质数 */
```

```
{
    is_prime =1;                          /* 假定 n 为质数 */
    for(i =1; n/p[i] >= p[i]; i ++)       /* 判定 n 是否存在质因子 */
    {
        if( n % p[i] ==0)                 /* p[i]是 n 质数因子 */
        {
            is_prime =0;                  /* n 不是质数 */
            break;                        /* 终止循环 */
        }
    }

    if(is_prime)                          /* n 是质数 */
        p[pindex ++] =n;                  /* 存储 n 到质数数组中,递进下一个质数位置 */
}
```

continue 语句示例：公元 2014 年是农历甲午（马）年，在未来的 100 年中还有多少个马年？若以 2014 年为元年，每隔 12 年地支轮回一次，因而可对 12 求余，结果非 0 就不是马年，继续检查下一年。下面的程序片段完成了上述功能，注意，表达式 i % 12 != 0 值非 0 时执行语句：continue；其作用是结束本次循环，进入下一轮的循环。

```
int y =2014,i,n;
for(i =1,n =0; i <= 100; i ++)
{
    if(i % 12 != 0)
        continue;
    n ++;
}
```

用在 while，do-while，for 语句中的 break 语句用以终止其所在的循环；而用在 while，do-while，for 语句中的 continue 语句用以结束本轮循环，只要循环条件仍然满足，循环继续进行。

用 goto 语句解释 for 循环中的 break 语句和 continue 语句如下：

for 循环中的 break 语句	用 goto 语句替代 break 语句	for 循环中的 continue 语句	用 goto 语句替代 continue 语句

for（e1；e2；e3）
{
…
if（e）
break；
…
}
	for（e1；e2；e3）
	{
	…
	if（e）
	goto end_of_the_loop；
	…
	}
	end_of_the_loop：；
		for（e1；e2；e3）
		{
		…
		if（e）
		continue；
		…
		}
			for（e1；e2；e3）
			{
			…
			if（e）
			goto end_of_this_loop；
			…
			end_of_this_loop：；
			}

用 goto 语句解释 while 循环中的 break 语句和 continue 语句如下：

while 循环中的 break 语句	用 goto 语句替代 break 语句	while 循环中的 continue 语句	用 goto 语句替代 continue 语句

while (expr)
{
  …
  if (e)
    break;
  …
}
	while (expr)
	{
	  …
	  if (e)
	    goto end_of_the_loop;
	  …
	}
	end_of_the_loop: ;
		while (expr)
		{
		  …
		  if (e)
		    continue;
		  …
		}
			while (expr)
			{
			  …
			  if (e)
			    goto end_of_this_loop;
			  …
			  end_of_this_loop: ;
			}

用 goto 语句解释 do-while 循环中的 break 语句和 continue 语句如下：

do-while 循环中的 break 语句	用 goto 语句替代 break 语句	do-while 循环中的 continue 语句	用 goto 语句替代 continue 语句

do
{
  …
  if (e)
    break;
  …
} while (expr);
	do
	{
	  …
	  if (e)
	    goto end_of_the_loop;
	  …
	} while (expr);
	end_of_the_loop: ;
		do
		{
		  …
		  if (e)
		    continue;
		  …
		} while (expr)
			do
			{
			  …
			  if (e)
			    goto end_of_this_loop;
			  …
			  end_of_this_loop: ;
			} while (expr);

4.8 switch 语句

switch 语句是一种多分支结构，其语法为

```
switch(expr)
{
    case const-expr:
        statements
    case const-expr:
        statements
    …
    default:
        statements
}
```

其中表达式 expr 和常量表达式 const-expr 必须为整型，各 case 后 const-expr 的值必须不同。statements 表示若干语句，一般不止一条，最后常为 break 语句。

switch 语句的执行过程：计算表达式 expr，其值与 case 后的常数表达式 const-expr 进行比较，如果相匹配，则程序从该 case 开始执行到 break 语句，或直到 switch 语句结束；如果没有相匹配的，且存在 default 分支，则从 default 开始执行到 break 语句，或直到 switch 语句结束。

switch 语句中至少应存在一个 case 分支；default 分支是可选的；break 语句使 switch 语句立即结束，也是可选的。实际上 case const-expr 和 default 为特殊的语句标号。

例如，编写程序显示某日（如 2049 年 10 月 1 日）是星期几，显示格式为：yyyy-mm-dd is XXXday，如 2049-10-01 is Friday。

可用蔡勒（Zeller）公式计算某日为星期几（读者可在网上查阅相关资料），计算所得的值 w 对 7 求余，余 0 该日为星期天，余 1 为星期一，以此类推。星期的名称由表达式：w%7 的值确定，为 0 时显示：Sunday，为 1 时显示 Monday，…，为 6 时显示 Saturday，这是 switch 语句的典型应用。

```
#include <stdio.h>

int main(void)
{
    int year=2049,month=10,day=1;
    int c,y,m,d,w;

    c=year / 100;           /* 世纪,即年份前两位数 */
    y=year % 100;           /* 年的后两位数 */
    m=month;                /* 月 */
    d=day;                  /* 日 */

    if(m <= 2)              /* 1、2 月看做去年的 13、14 月 */
    {
        c = (year -1) / 100;
        y = (year -1) %100;
        m +=12;
    }

/* 蔡勒(Zeller)公式 */
w=y + y/4 + c/4 -2 * c + 26 * (m + 1) / 10 + d -1;

printf("%d -%02d -%02d is ",year,month,day);
switch(w % 7)
{
    case 0:printf("%s\n","Sunday");        break;
    case 1:printf("%s\n","Monday");        break;
    case 2:printf("%s\n","Tuesday");       break;
    case 3:printf("%s\n","Wednesday");     break;
    case 4:printf("%s\n","Thursday");      break;
    case 5:printf("%s\n","Friday");        break;
    case 6:printf("%s\n","Saturday");      break;
}
}
```

又如，有一字符串："My e-mail is jason1966@163.com. \n"，需统计其中不同的十进制数字各有多少个，空白字符（空格、制表符、回车）有多少个，其他字符有多少个，完整程序如下：

```
#include <stdio.h>

int main(void)
{
    char str[] ="My e-mail is jason1966@163.com. \n";
    int i,nwhite,ndigit[10],nother;

    for(i =0; i <10; i ++)              /* 十进制数字 0 ~ 9 个数清零 */
        ndigit[i] =0;
    nwhite = nother =0;                 /* 空白字符数、其他字符数清零 */

    for(i =0; str[i] != '\0'; i ++)
        switch(str[i])
        {
        case '0': case '1': case '2': case '3': case '4':
        case '5': case '6': case '7': case '8': case '9':
            ndigit[str[i] -'0'] ++;     /* 十进制数字 0 ~ 9 个数递增 */
            break;
        case ' ':
        case '\t':
        case '\n':
            nwhite ++;                  /* 空白字符数递增 */
            break;
        default:
            nother ++;                  /* 其他字符数递增 */
            break;
        }

    printf("字符串:\"%s \"\n",str);
    printf("其中十进制数:");
    for(i =0; i< 10; i ++)
        printf("\'%d\':%d 个,",i,ndigit[i]);
    printf("空白字符:%d 个,其他字符:%d 个\n",nwhite,nother);
}
```

break 语句用在 switch 语句中，用以结束其执行。若多个 case 值需做相同处理时，则应在处理之后安排 break 语句，如 str[i]为'0' ~ '9'中任何一个数字时均使十进制数字 0 ~ 9 个数递增。上述程序的 switch 语句等效于：

```
if(str[i] =='0'||str[i] =='1'||str[i] =='2'||str[i] =='3'||str[i] =='4'
|| str[i] =='5'||str[i] =='6'||str[i] =='7'||str[i] =='8'||str[i] =='9')
```

```
    ndigit[str[i]-'0']++;/* 十进制数字0~9个数递增 */
else if(str[i] ==' ' || str[i] == '\t' || str[i] == '\n')
    nwhite++;        /* 空白字符数递增 */
else
    nother++;        /* 其他字符数递增 */
```

读者可仔细体会上述程序代码。

习　题

一、单项选择题

1. 与 else 配对的是(　　)。

A. 缩排位置相同的 if　　B. 其之前最近的 if

C. 其之后最近的 if　　D. 同一行上的 if

2. 下列语句段中非无限循环的是(　　)。

A.
```
int i=100;
while(1){
        i=i%100+1;
        if(i>00)
            break;
}
```

B.
```
for(;;);
```

C.
```
int k=0;
do{
    ++k;
} while(k>=0);
```

D.
```
int s=3379;
while(s++ %2+s %2)
    s++;
```

3. 有程序段如下:

```
for(i=1,x=1; i<= 50; i++)
{
    if(x>=10)break;
    if(x% 2==1){x+=5; continue;}
    x -= 3;
}
```

执行之后 x 和 i 的值分别是(　　)。

A. 8 和 4　　B. 5 和 5　　C. 10 和 6　　D. 7 和 7

4. continue 语句不能出现在语句(　　)中。

A. for　　B. while　　C. do-while　　D. switch

5. 在语句 for(e1;e2;e3){...}中,(　　)。

A. 不能省略表达式 e1　　B. 不能省略表达式 e2

C. 不能省略表达式 e3　　D. 表达式 e1、e2、e3 都能省略

6. 执行 goto 语句后可转移到的语句是(　　)。

A. 其所在的函数中的任意语句　　B. 其他函数中的任意语句

C. 其他源文件中的任意语句　　　　D. 不能确定的

7. 有程序段如下：

```
int x =1;
switch(x)
{
    case 0: printf("0"); break;
    case 1: break; printf("1");
    case 2: printf("2");
}
```

执行之后的输出是（　　）。

A. 0　　B. 1　　C. 2　　D. 空白，即没有输出

8. 有程序段如下：

```
int i =10;
switch(i)
{
    case 9: i  += 1;
    case 10: i  += 1;
    case 11: i  += 1;
    default: i  += 1;
}
```

执行之后 i 的值是（　　）。

A. 10　　B. 11　　C. 12　　D. 13

二、填空题

1. 一个语句至少应有一个________。

2. 语句“for (x =0, y =0; y! =99 && x <4; x ++);”最多可执行________次。

3. 有程序段如下：

```
char s[] ="Convert lower case to upper case. ",i;
for(i =0;s[i] != '\0'; i ++)
    if(s[i] >= 'a' && s[i] <= 'z')
        s[i] += 'A'-'a';
```

执行之后，数组 s 中的元素为________。

4. 求 2 ×4 矩阵中最大值的函数如下，补充完整。

```
int max_val(int m[2][4])
{
    int i,j,max;
    max =m[0][0];
    for(i =0;________;i ++)
        for(j =0;________;j ++)
            if(________ >max)max =________;
    return max;
}
```

5. 下面的函数 fib 实现了数学函数 $f(n)=\begin{cases}0 & n=0\\1 & n=1\\f(n-1)+f(n-2) & n>1\end{cases}$，补充完整。

```
int fib(int n)
{
    switch(n)
    {
        ________0: return 0;
        ________1: return 1;
        ________:
        {
            int i,a=0,b=1,r;
            for(i=2; i<= n; i++)
            {
                r=a + b;
                a=________;
                b=________;
            }
            return r;
        }
    }
}
```

三、应用题

1. 若两个正整数 u 和 v 的最小公倍数记为 lcm，最大公约数记为 gcd，则 lcm = uv/gcd，编写求 u 和 v 最小公倍数的函数：unsigned lcm(unsigned u, unsigned v)。

2. 编写函数判断给定的正整数是否为质数，若是，返回 1，否则返回 0。函数原型为 int is_prime(unsigned x)。

3. 编写函数判断给定的字符是否为十进制数字 0 ~ 9，若是，返回 1，否则返回 0。函数原型为 int is_digit(char c)。

4. 编写函数判断给定的字符是否为十六进制数字 0 ~ 9，A ~ F 或 a ~ f，若是，返回 1，否则返回 0。函数原型为 int is_hexdigit(char c)。

5. 编写函数判断给定的字符是否为字母 A ~ Z 或 a ~ z，若是，返回 1，否则返回 0。函数原型为 int is_alpha(char c)。

第5章 函数和程序结构

函数是构成C语言源程序的基本单位，C程序通常由若干功能单一、短小的函数组成，良好的函数设计隐藏了其实现的细节，这些细节无须被函数的使用者所知晓，例如数学函数：double sin（double x），作为使用使用者，只需知道如何调用即可。

5.1 函数的定义

函数可以看做程序员定义的操作，用以完成一系列计算，然后生成一个计算结果。这一点类似于运算符，所不同的是函数有自己的名称，参与计算的操作数无数量限制。若有函数如下：

```
int add(int a,int b){int c;c=a+b;return c;}
```

且变量x、y、z为int型，则表达式z=add（x，y）与z=x+y的功能相同。

函数定义的语法为

```
rtype-specifier fname(ptype-specifier pname,...)compound-statement
```

其中：

fname为函数名，函数名是标识符的一种，其命名规则参见3.1节，如add。

rtype-specifier为类型说明符，用来说明函数返回值的类型，如int。

pname为形式参数名，简称形参，形参名也是一种标识符，如a和b。

ptype-specifier为类型说明符，用来说明形参的类型，如int。

函数可以有零个或多个形参，称为函数的形参列表，形参列表置于小括号对中，各形参用逗号分隔，如（int a，int b）。注意，此处的逗号不是逗号运算符，仅仅是语法的规定。

compound-statement为复合语句，在此称为函数体，如{int c；c=a+b；return c;}。

函数可以没有形参，此时形参列表为空白或关键字void，语法为

```
rtype-specifier fname()compound-statement
```

或

```
rtype-specifier fname(void)compound-statement
```

函数也可以没有返回值，此时返回值类型应为void，语法为

```
void fname(ptype-specifier pname,...)compound-statement
```

既无形参也无返回值的函数定义形式为

```
void fname(void)compound-statement
```

在函数体中结束函数的执行并生成计算结果的语句为return语句，其语法为

```
return expr;
```

其中 expr 为表达式，其值为函数的返回值，表达式的类型应与函数返回值类型一致，若不一致，返回时将自动地执行转换：（rtype-specifier） expr。对于无返回值的函数，则应省略表达式 expr。

在 4.8 节中用蔡勒公式计算了某日为星期几，这样的计算可通过定义一个函数完成。

```
int day_of_week(int year,int month,int day)
{
    int c,y,m,d,w;

    c=year / 100;         /* 世纪,即年份前两位数 */
    y=year % 100;         /* 年的后两位数 */
    m=month;              /* 月 */
    d=day;                /* 日 */

    if(m<=2)              /* 1、2 月看做去年的 13、14 月 */
    {
        c=(year-1)/ 100;
        y=(year-1)% 100;
        m+=12;
    }

    /* 蔡勒(Zeller)公式 */
    w=y+y/4+c/4-2 * c+26 * (m+1)/ 10+d-1;
    return w % 7;
}
```

该函数名为 day_of_week，其返回值为 int 型，计算时需表示年、月、日的 3 个 int 型形参，复合语句为其函数体，完成了蔡勒公式的计算，并将计算结果对 7 求余数，作为函数的返回值。

5.2 函数的调用

函数调用的语法为

```
postfix-expr(arg-expr,...)
```

其中 postfix-expr 为后缀表达式，可以是函数名，这是函数调用最为常见的形式，也可以是函数的指针（参见 6.1 节）；arg-expr 称为实际参数表达式，简称实参，各实参间用逗号分隔以形成实参列表，置于小括号对中。注意，此处的逗号不是逗号运算符，仅仅是语法的规定。

小括号对为函数调用运算符，是最高优先级的运算符，与数组元素引用运算符同级。函数调用表达式的值为所调用函数的返回值，类型为返回值的类型。如：day_of_week（2049，10，1）为对函数 day_of_week 的调用表达式，小括号对中为实参列表，整型常数 2049 赋值给该函数的形参 year，10 赋值给形参 month，1 赋值给形参 day。调用函数时的实参应与该函数的形参一一对应，才能正确地完成参数传递，参数传递就是实参向形参赋值，即所谓的“值传递”。

结合 4.8 节和 5.1 节，显示某日（如 2049 年 10 月 1 日）是星期几的程序如下：

```
#include <stdio.h>
int day_of_week(int year,int month,int day)
{
    …
}
int main(void)
{
    int year =2049,month =10,day =1;

L1:printf("%d-%02d-%02d is ",year,month,day);          /* 函数语句 */
L2:switch(day_of_week(year,month,day))                 /* 函数表达式 */
    {
        …
    }
}
```

函数调用表达式可以出现在任何允许存在表达式的地方。函数调用表达式后置分号形成的表达式语句也称为函数语句，如标号为 L1 的语句。函数调用表达式 day_of_week（year，month，day）出现在标号为 L2 的 switch 语句中，这种函数的调用形式称为函数表达式。

5.3 函数的声明

与使用变量一样，在调用函数前，应先声明之。在 5.2 节示例程序的 main 函数中调用了函数 printf 和 day_of_week，对于 printf 函数的声明是通过预处理命令：#include <stdio.h>完成的，参见 5.9 节。而调用 day_of_week 函数前未进行声明，这是因为函数 day_of_week 的定义位于 main 函数之前，函数的定义本身就含有对函数的声明。若将 main 函数和 day_of_week 函数的定义调换位置后，再编译该程序将出现错误提示，不同编译器给出的提示不尽相同，大致为“未知的标识符 day_of_week”。这就是由于未对函数先做声明所致，声明函数的语法为

```
rtype-specifier fname(ptype-specifier pname,...);
```

与函数定义语法的区别是声明时用分号替代了函数体。函数声明中的函数返回值类型、函数名和函数的形式参数列表称为函数原型（Function Prototype）。函数原型描述了函数的外在特性，即函数的接口。

应切记：*函数只能定义一次，但可以声明多次。*

尽管函数的定义中含有函数的声明，但这对函数定义的位置有限制，良好的编程习惯是

先声明函数再调用函数，如：

```
# include < stdio.h >
int main(void)
{
    int year =2049,month =10,day =1;                /* 变量声明 */
    int day_of_week(int year,int month,int day);   /* 函数声明 */

    printf("%d-%02d-%02d is ",year,month,day);
    switch(day_of_week(year,month,day))
    {
        …
    }
}
int day_of_week(int year,int month,int day){…}
```

声明函数时形参列表中的形参名是可以省略的，将上述程序中 day_of_week 函数的声明改为："int day_of_week (int, int, int);"，不会影响程序的编译和执行，但这不是好习惯。

5.4 外部变量和内部变量

外部变量是指在所有函数之外声明的变量，也就是说，变量的声明既不在函数体中，也不在函数参数列表中。所谓外部，是相对内部而言的，在函数体中定义的变量仅在该函数中使用，故此，这类变量也称为内部变量，即其有效范围局限于函数内部，其他函数不能使用另一函数中定义的变量。函数被调用时，调用函数将实参表达式的值赋值给对应的形参，交由被调用函数来处理，这是函数间交互信息的一种方式，因此，在函数形参列表中声明的参数也视为该函数的内部变量。

因为内部变量都只能在函数内部使用，其有效范围有限，所以也称为局部变量。与之相对，声明在所有函数之外的外部变量可以被定义在其声明之后的任意函数访问，其有效范围不仅局限于某一函数内部，所以也称为全局变量。外部变量是函数间交互信息的另一种方式。

注意：定义外部变量时未赋初值，其值为0；定义内部变量时未赋初值，其值为任何可能的值。

示例：某公交线路有10个车站，各站均有乘客上下车，当公交车抵达终点站后，计算此次运行共搭载了多少乘客，载客最多时有多少乘客。程序如下：

```
#include < stdio.h >

#define Nbof_Station 10/* 公交站数量 */

/*** 外部变量定义 ***/
int m_number_in_bus;/* 当前乘客数量 */
int m_total_capacity;/* 总载客量 */
int m_busload[Nbof_Station];/* 公交车从每站驶出后的乘客数量 */
```

```
/*** 函数声明 ***/
/* 乘客上下车后更新:当前乘客数量、每站乘客数量、总载客量 */
void get_on_off(int station,int nbof_on,int nbof_off);
/* 计算最大载客量 */
int max_busload(void);

int main(void)
{
    int i;
    /* 每站乘客数量清零 */
    for(i =0;i < Nbof_Station;i ++)
        m_busload[i] =0;
    m_number_in_bus =0;/* 当前乘客数量清零 */
    m_total_capacity =0;/* 总载客量清零 */

    get_on_off(1,22,0);     /* 始发站 */
    get_on_off(2,13,5);     /* 第 2 站 */
    get_on_off(3,16,15);    /* 第 3 站 */
    get_on_off(4,31,18);    /* 第 4 站 */
    get_on_off(5,24,12);    /* 第 5 站 */
    get_on_off(6,11,8);     /* 第 6 站 */
    get_on_off(7,14,23);    /* 第 7 站 */
    get_on_off(8,4,28);     /* 第 8 站 */
    get_on_off(9,11,9);     /* 第 9 站 */
    get_on_off(10,0,m_number_in_bus); /* 终点站 */

    printf("共运载 %d 名乘客,最多时车上有 %d 名乘客。",m_total_capacity,max_busload());
    return 0;
}

/*** 函数定义 ***/
void get_on_off(int station /* 车站 */
    ,int nbof_on /* 上车乘客数 */
    ,int nbof_off/* 下车乘客数 */)
{
    int i;/* 数组下标号,即元素编号 */
    m_number_in_bus += nbof_on;     /* 加上上车乘客数量 */
    m_number_in_bus -= nbof_off;    /* 减去下车乘客数量 */

    i =station -1;/* 数组元素从 0 开始,因而必须减 1 */
    m_busload[station -1] =m_number_in_bus;  /* 记录驶出后的乘客数量 */
```

```
    m_total_capacity += nbof_on;       /* 上车乘客数累计到总载客量 */
    return;
}
int max_busload(void)
{
    int i;
    int max =0;/* 最大载客量初值置 0 */
    for(pi =0;i < Nbof_Station;i ++)
        if(m_busload[i] >max)          /* 若第 i 站乘客数量大于最大载客量 */
           max =m_busload[i];          /* 则更新最大载客量 */
    return max;
 }
```

该程序中的 int 型变量 m_number_in_bus、m_total_capacity 和 int 型数组 m_busload 是在所有函数之外定义的，是外部变量，函数 main、get_on_off 和 max_busload 均可访问这些变量。

函数 get_on_off 的形参 station、nbof_on、nbof_off 以及内部定义的 int 型变量 i 仅能在该函数体中使用，是内部变量。函数 main、get_on_off 和 max_busload 中都有一个 int 型变量 i，尽管名字相同，却是各不相同的变量。

函数 max_busload 的形参列表为关键字 void，表示该函数不需要形参。函数 get_on_off 的返回值类型为 void，表示该函数无返回值。

5.5 作用域

通常来说，一段程序代码中的标识符（如变量名、函数名、标号等）并不总是有效的，标识符有效的代码范围就是其作用域（Scope），标识符在其作用域内是可见的。作用域可提高程序逻辑的局部性，增强程序的可靠性，减少名字冲突。在复合语句内声明的标识符，其作用域范围始于其声明之处，止于其所在块的右大括号“}”；在所有函数之外，亦可说是所有语句块之外，声明的标识符，其作用域范围始于其声明之处，止于其所在程序源文件末尾。具有相同作用域的标识符不能重名，同名标识符可以出现在不同的作用域中。

在 5.4 节所示的程序中，外部变量 m_number_in_bus、m_total_capacity 和 m_busload 作用域为自定义处开始直到源文件末尾，换言之，外部变量自定义之后即为可见的。而内部变量的作用域仅局限于其所在的函数内部。

复合语句内部声明的变量，其作用域范围仅限于该语句块内部，如：

```
if(n >0)
{
    int i;/* 此处声明的 i 仅在 if 语句块内有效 */
    for(i =0;i <n;i ++)
        …
}
```

又如：

```
switch(…)
{
    case 1:
    {
        int i;/* 此处声明的 i 仅在 case 1 的语句块内有效 */
        …
    }
    break;
    case 2:
    {
        int i;/* 此处声明的 i 仅在 case 2 的语句块内有效 */
        …
    }
    break;
    …
}
```

函数中的语句标号（参见 4.6 节）的作用域仅限于该函数内部，语句标号不是声明，而是其所标识语句的地址，因此，无论函数内部有多少层嵌套的语句块，还是标号在 goto 语句之前或之后，均能通过 goto 语句转移至其处。

同名变量的作用域如果重叠，则处于内层的变量遮蔽外层的变量。

程序示例	输出	可见性		作用域	
`int x = 100;`					
`void f(double x);`					
`int main(void)`					
`{`					
`    printf("x = %d\n", x);`	x=100	int x	外层的 int x		
`    f(123.45);`					
`    x += 10;`					
`    printf("x = %d\n", x);`	x=110				
`}`					
`void f(double x)`					
`{`		double x		中间的 double x	
`    printf("x = %f\n", x);`	x=123.450000				
`    {`					
`        char x = 'A';`		char x	double x 遮蔽了 int x	char x 遮蔽了 double x	内层的 char x
`        printf("x = %c\n", x);`	x=A				
`    }`					
`    x += 10;`					
`    printf("x = %f\n", x);`	x=133.450000	double x		中间的 double x	
`}`					
`...`		int x	外层的 int x		

上述的程序中有 3 个名为 x 的变量，外层 int x 的作用域为整个源文件，函数 f 形参 double x 的作用域为函数体，位于复合语句中 char x 的作用域为其所在的语句块。在函数 f 内，形参 double x 遮蔽了 int x，使之不可见，此处起作用的是 double x；在复合语句内，char x 遮蔽了 double x，使之不可见，同时也遮蔽了 int x，此处起作用的是 char x。

5.6 存储类别

5.6.1 变量的存储类别

变量的存储类别（Storage Class）是指程序运行过程中变量的存储位置。存储位置分为动态区（Automatic）和静态区（Static）。存储类别决定了变量在程序运行过程中的生存期（Lifetime）。存储类别分为以下几类：

- 外部的，用 extern 说明。
- 静态的，用 static 说明。
- 自动的，用 auto 说明。
- 寄存器中的，用 register 说明。

外部变量的存储类别可以是：

- extern，变量存储在静态存储区中，生存期从程序运行开始一直持续到程序运行结束，作用域为所有源文件。
- static，变量存储在静态存储区中，生存期从程序运行开始一直持续到程序运行结束，作用域为本源文件。

内部变量可以位于静态存储区中，也可以位于动态存储区中。除内存中的某一区域可作为动态存储区外，CPU 中的寄存器也可作为动态存储区来使用。因此，内部变量的存储类别可以是：

- auto，变量存储在动态存储区中。
- register，变量存储在 CPU 内部的寄存器中。
- static，变量存储在静态存储区中。

若在某函数体中有声明："auto int x;"，当函数被调用时，将在内存中的动态存储区中分配 4 字节以创建变量 x；而当函数返回时，变量 x 占用的 4 字节将被回收，即被销毁。创建与销毁过程是"自动的"。

在语句块内部声明的变量，如：

```
{
    auto int t;
    x = t;x = y;y = t;
}
```

当程序运行进入该语句块时变量 t 被自动创建，当程序离开该语句块时，变量 t 被自动销毁。

在 C 程序中大多数变量声明在函数或语句块中，因而，auto 是变量的默认存储类别，即声明“auto int x;”与“int x;”意义相同。

可以指定内部变量的存储类别为寄存器：“register int x;”，CPU 访问其内部寄存器的速度远快于访问内存，当变量的存储类别指定为 register 时，是希望提高程序运行的效率，但变量能否如预期的那样存储于寄存器中取决于编译器，编译器决定何种以及何时将变量置于寄存器中，程序设计时将存储类别指定为 register，仅仅能起到“建议”编译器使用寄存器来存储变量而已。register 变量与 auto 变量的生存期一样，都是随进入语句块而“生”，随离开语句块而“亡”。

当内部变量的存储类别指定为 static 时，如：“static int x;”，变量位于静态存储区中。静态存储区是编译器所分配的，当运行程序时随着程序代码一同加载到内存中，程序运行结束时由系统释放。位于静态存储区的变量，其生存期等同于程序运行的时间，换言之，静态区中的变量持续存在到程序运行结束。

函数内部的静态变量是该函数私有的、持久存储的、持续存在的；函数外部的变量，即全局变量，是各函数公有的、持久存储的、持续存在的。函数内部的自动或寄存器变量是该函数私有的、暂时存储的、断续存在的。有如下程序：

```
void delay(int milliseconds){...}
void demo_static_auto(void)
{
    static int sv =0;  /* 局部静态变量,编译时初始化 */
    auto int av =0;  /* 局部自动变量,进入函数时初始化 */

    delay(1000);  /* 延时1s */
    printf("sv =%d,av =%d \n", ++sv, ++av);  /* 显示 */
}
int main()
{
    int i;
    for(i =0;i <3;i ++)
    {
        delay(10000);  /* 延时10s */
        demo_static_auto();
    }
    return 0;
}
```

函数 demo_static_auto 中声明的 sv 为静态的 int 型变量，初值为 0，其初始化是在编译时完成的，av 为自动的 int 型变量，初值为 0，其初始化是在进入函数时完成的。进入函数后延时 1s，然后显示各自增 1 的值。在主函数中循环地调用了该函数 3 次，每次调用前延时 10s。该程序执行的时间为 33s，局部静态变量 sv 的生存期为 33s，局部自动变量 av 的生存期为 3s。该程序执行结果为：

```
sv =1,av =1
sv =2,av =1
sv =3,av =1
```

5.6.2 函数的存储类别

与变量一样，函数也可指定其存储类别，所不同的是，函数的存储类别仅有 extern 和 static 两种。由于 C 语言不允许在函数体中定义另一个函数，因而，各个函数都是彼此单独定义的，即函数是在其他函数之外定义的，换言之，所有的函数都是外部的。未指定存储类别的函数默认为 extern。指定为 static 的函数仅能在其所在的源文件中使用。函数的存储类别用于指明函数的可见性。

5.6.3 存储类别总结

对于变量，指定其存储类别就是指明了它的生存期，声明的时机和位置就是指明了它的作用域，或称可见性。对于函数，指定存储类别为 static，意味着该函数仅可在其所在的源文件中使用，其他源文件中的函数不能调用它，指定为 extern，意味着该函数可以在任意的源文件中使用，使用前予以声明即可。

表 5-1 总结了变量和函数的存储类别与作用域。

表 5-1 存储类别和作用域

声明位置	对象	存储类别	生存期		作用域(可见性)
			始于	止于	
外部的 在所有{ }之外	变量	static	程序开始	程序结束	所在源文件内
		extern	程序开始	程序结束	所有源文件
内部的 在{ }内部		auto 或 register	进入所在的{ }	离开所在的{ }	所在的{ }
		static 或 extern	程序开始	程序结束	所在的{ }
外部的 在所有{ }之外	函数	static	程序开始	程序结束	所在源文件内
		extern	程序开始	程序结束	所有源文件

5.7 初始化

存储类别为 extern 和 static 的变量在定义性声明时未给定初始值，则其初值为 0。存储类别为 auto 和 register 的变量在定义时未给定初始值，则其初值为随机数，通常编译后会产生警告信息，如：使用未初始化的局部变量“…”。如果直接使用未经初始化的变量，那么将可能导致不可预知的结果。

定义变量时可用一个表达式为其设定初值，如：

```
int x =1;
char new_line ='\n';
long milliseconds_per_day =24L * 60L * 60L * 1000L;
```

只能用常量表达式来初始化 extern 和 static 变量，初始化是在程序编译时完成的，即仅初始化一次。对于 auto 和 register 变量则不然，可以使用任意表达式为其赋初值，每当进入函数或语句块时，定义于其中的变量即被初始化。如可用：

```
int binsearch(int x,int v[],int n)
{
    int low=0,high=n-1,mid;/* 定义时设定初值 */

    …
}
```

替代：

```
int binsearch(int x,int v[],int n)
{
    int low,high,mid;/* 定义 */
    low=0;          /* 使用前赋值 */
    high=n-1;       /* 使用前赋值 */
    …
}
```

实际上，对 auto 和 register 变量的初始化是其定义与赋值的简化。

定义数组时可用初始化列表来为数组元素赋初值。初始化列表是大括号对（{}）中的一组用逗号分隔的表达式，如：

```
int days[12]={31,28,31,30,31,30,31,31,30,31,30,31};
```

或

```
int days[]={31,28,31,30,31,30,31,31,30,31,30,31};
```

当省略了数组大小值时，数组元素的数量为初始化列表中所列举的数量。

特别需要注意的是，数组元素的数量不能少于列表中初始值的数量，否则将会产生诸如“初始值设定项太多”的编译错误，但可以多于初值的数量，未被初始化的元素其值为0，如：

```
int a[20]={1,2,3,4,5,6,7,8,9,10};    /* 数组 a 有 20 个元素,前 10 个元素为列表值,
                                        后 10 个元素为 0 */
```

如果数组的元素是字符型，初始化列表可以是字符常数，如：

```
char weekday[]={'M','o','n','d','a','y'};
```

数组 weekday 有 6 个元素，占用 6 字节的存储空间；也可以使用字符串来初始化字符数组，如：

```
char weekend[]={"Sunday"};
```

亦可：

```
char weekend[] =  "Sunday";
```

数组 weekend 有 7 个元素，注意这两者的差异，数组 weekend 比 weekday 多 1 个元素，这个元素就是字符串的结束标志：'\0'。如果数组 weekday 也希望以'\0'结尾，则应这样声明：

```
char weekday[]={'M','o','n','d','a','y','\0'};
```

声明时在 type 前加上 const 的数组为常量数组，必须在声明的同时赋以初值。

5.8 递归函数

C 语言程序的函数中一般总会有函数调用，若被调用的函数是其自身，则称为递归（Recursion）。

一个简单递归函数的例子是计算阶乘：

$$n! = \begin{cases} 1 & n = 1 \\ n(n-1)! & n > 1 \end{cases}$$

程序如下：

```
#include <stdio.h>

int main(void)
{
        int n=5;
        unsigned int factorial(unsigned int n);
        for(n=1;n<=10;n++)
            printf("%u! =%u \n",n,factorial(n));
        return 0;
}
/* 递归计算 n! */
unsigned int factorial(unsigned int n)
{
        if(n>1)
            return n * factorial(n -1)  /* 递归调用 factorial */;
        return 1;
}
```

快速排序是一个递归的佳例，要求排序的场合非常多，排序的方法也很多，如 4.4 节中的冒泡法排序。快速排序算法是由查尔斯·安东尼·理查德·霍尔（Charles Antony Richard Hoare）于 1962 年设计的，算法的基本思想是：从数列中选取一个元素作为基准值，重新排序数列，所有比基准值小的排在基准值的前面，比它大的排在后面，这样基准值的位置就是其在有序数列中的位置。基准值位置之前和之后的两个子数列仍是无序的，将同样的处理应用于这两个子数列，当子序列中仅有一个元素时停止。

如图 5-1 所示，数组 v 有 10 个整数，取其中间位置的元素 v［（left + right）/2］为基准值，如图 5-1 中的①所示，以 v［4］的值 7 为基准，比 7 小的排在前面，比 7 大的排在后面，这样 7 就有了其次序。对其之前的 v［0］～v［6］和之后的 v［8］～v［9］依同法处理，分别如图 5-1 中的②和⑤所示。

在处理 v［0］～v［6］时，基准值为 5，排在其后的仅有一个值 6，此时只需处理 5 前面的 v［0］～v［4］，如图 5-1 中的③所示。

然后处理 v[2]～v[4]，以 3 为基准，如图 5-1 中的④所示。

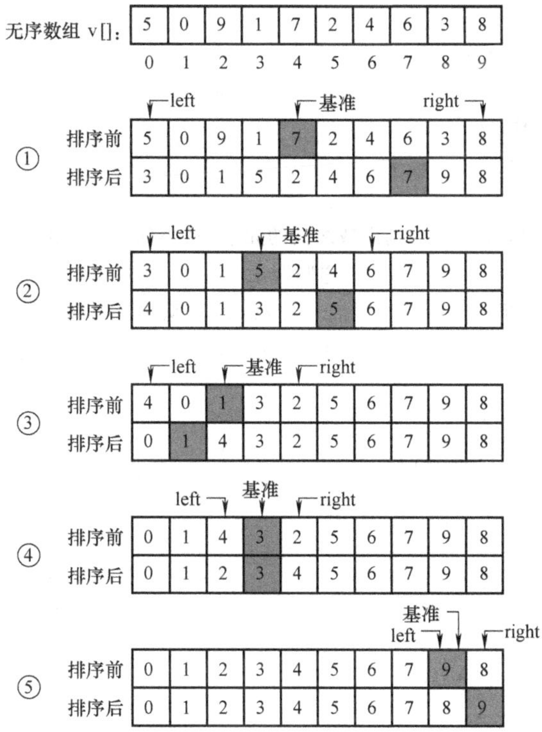

图 5-1　快速排序示例

该算法并非是最优和最快的，仅是最简单的排序算法之一。快速排序函数如下：

```
/* qsort：将 v[left]...v[right] 从小到大进行排序 */
void qsort(int v[],int left,int right)
{
    int i,last;
    void swap(int v[],int i,int j);

    /* 当数组中剩余少于 2 个元素时不排序 */
    if(left >= right)
        return;

    /* 以 left 和 right 之间的中间元素为基准数 */
    /* 并将其置于序列 v[left]...v[right]之首 */
    swap(v,left,(left + right)/ 2);
    /* last 为最后一个小于基准数元素的下标 */
    last = left;

    /* 基准数之后的元素小于基准数，*/
    /* 则最后一个小于基准数元素下标后移,交换这两个元素 */
```

```
    for(i=left+1;i<=right;i++)
        if(v[i]<v[left])
            swap(v, ++last,i);

    /* 调整基准数到其位置 */
    swap(v,left,last);

    /* 将 v[left]...v[last-1](基准数之前的元素)从小到大进行排序 */
    qsort (v,left,last-1);        /* 递归调用 */
    /* 将 v[last+1](基准数之后的元素)...v[right]从小到大进行排序 */
    qsort (v,last+1,right);       /* 递归调用 */
}
/* 交换 v[i]和 v[j] */
void swap(int v[],int i,int j)
{
    int temp;

    temp=v[i];
    v[i]=v[j];
    v[j]=temp;
}
int main()
{
    int unsortedInt[]={5,0,9,1,7,4,6,3,8};
    qsort(unsortedInt,0,sizeof(unsortedInt)/sizeof(int)-1);
}
```

递归时，再次进入函数后，其内部变量，包括形参和内部声明的变量，将再次被创建，这些新创建的变量与调用函数中的那些是彼此独立的，相互不会干扰。如主函数中调用 qsort 时传入的 left 为 0，right 为 9；在第 1 次递归调用时传入的 left 为 0，right 为 9；在第 2 次时，left 为 0，right 为 6；在第 3 次时，left 为 0，right 为 4；在第 4 次时，left 为 2，right 为 4；在第 5 次时，left 为 8，right 为 9。

5.9 预处理命令

C 语言中的预处理器（Preprocessor）是一种文本处理器，主要目的是在编译程序之前对源文件进行整理，所谓的“预”即在编译之前，整理的工作主要有引入要包含的文件和宏替换。预处理命令指示预处理器如何工作。预处理命令包括#include、#define、#undef、#if、#ifdef、#ifndef、#else 和#endif。

预处理命令可以出现在程序中的任何位置，通常在源文件的最前面。#必须是该行除任何空白字符外的第一个字符，#之后是预处理命令，在命令和#号之间允许存在任意个数的空白字符。预处理命令通常仅占一行，若行末为反斜线（\），则表示下一行仍是该预处理命令，这里的反斜线（\）称为续行符。

5.9.1 文件包含

文件包含预处理命令有两种格式：

```
#include <filename>
```

或

```
#include "filename"
```

源文件中#include预处理命令所在行将被名为filename的文件内容替换，如果filename在尖括号对中，预处理器仅在特定的目录中寻找该文件；如果filename是用双引号引起来的，预处理器在源文件所在的目录中寻找，未找到时再在特定的目录中寻找。

在图5-2中，左侧源文件main.c的前2行为#include预处理命令，该命令指示要在main.c中包含文件stdio.h和bus.h，右侧是预处理后的效果。源文件中允许有多个#include命令，在所包含的文件中亦可有#include命令。被包含的文件可以是系统提供的，用尖括号对括起来，如<stdio.h>，也可以是自定义的，用双引号引起来，如“bus.h”。

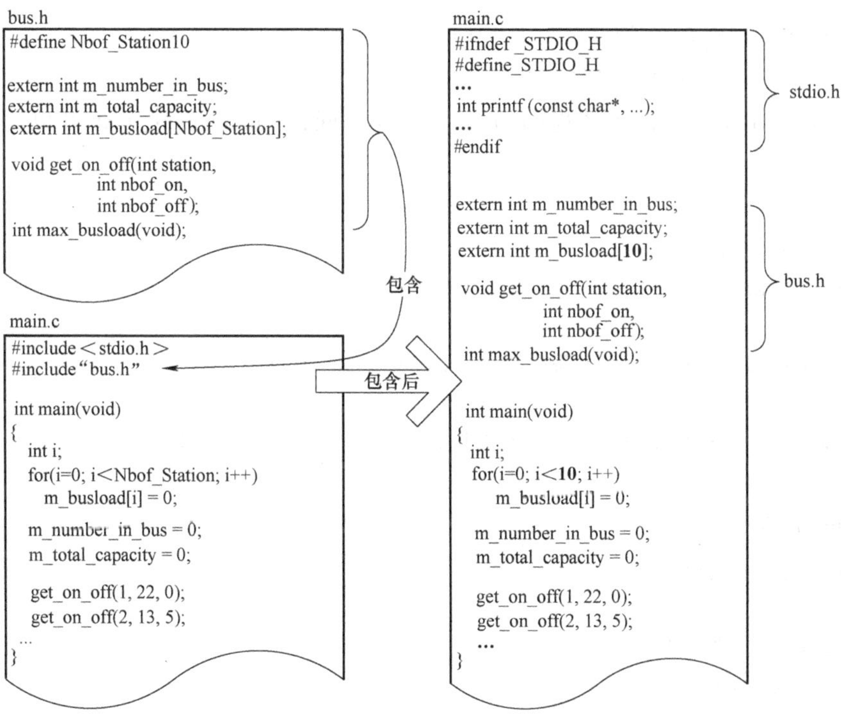

图5-2 #include命令示例

#include命令通常出现在源文件开始的部分，因而#include命令中的文件也称为头文件（Header File），以“.h”为扩展名。实际上#include命令中的文件名并非一定是头文件，也可以是“.c”文件。“.c”和“.h”文件都是组成源程序的源文件。

5.9.2 宏替换

宏替换预处理命令的格式为

```
#define name   replacement_text
```

称 name 为宏名（Macro），简称为宏，它在源文件中代表 replacement_text。上述的预处理命令也称为宏定义，故名 define。

预处理器扫描源文件，将其中的 name 替换为 replacement_text。如图 5-2 所示，bus. h 中第 1 行的宏定义：

```
#define Nbof_Station 10
```

预处理器完成宏替换后，Nbof_Station 被替换为 10，见图 5-2 中右侧 main. c 中粗体字。又如：

```
   #define PI  (3.1415926535897932)
   ...
   double r =1.5 /* 半径*/,c /* 圆的周长*/,s /* 圆的面积*/;
line1:  c =2* PI* r;
line2:  s =PI* r* r;
```

预处理器完成宏替换后，标号为 line1 和 line2 的语句如下：

```
line1:  c =2* (3.1415926535897932)* r;
line2:  s = (3.1415926535897932)* r* r;
```

#define 命令中 name 的命名规则与命名变量相同，replacement_text 可以是任意的文本，如：

```
#define AND     &&
#define OR     ||
#define EQUALS   ==
...
if(x >0 AND x <10)       /* 替换后：if(x >0 && x <10)*/
  ...
if(y EQUALS 0 OR x EQUALS y)   /* 替换后：if(y ==0  || x == y)*/
  ...
```

如有#define 命令：

```
   #define YES    (1)
   ...
line3:char str[] ="YES";
line4:int YESMEN =0;
```

标号为 line3 和 line4 行中的 YES 未被替换，宏替换不会替换字符串以及变量名中与 name 相同的部分。

#define 命令中 name 可以有参数，如：

```
   #define MAX(A,B)   ((A) >(B)? (A):(B))
   ...
line5:  x =MAX(p +q,r +s);
```

预处理器完成宏替换后，标号为 line5 的语句如下：

```
line5:  x=((p+q)>(r+s)? (p+q):(r+s));
```

MAX(p+q, r+s)貌似函数调用，实则为预处理的宏替换命令。宏替换是在编译之前进行的，而函数调用是在程序运行期间发生的。

要特别注意带参数的宏替换可能产生的副作用，如：

```
int i=1,j=2,x;
line6:  x=MAX(i++,j++);
```

预处理器完成宏替换后，标号为 line6 的语句如下：

```
line6:  x=((i++)>(j++)? (i++):(j++));
```

x 的值为 3，而不是所期望的 2，因为条件表达式首先计算（i++）>(j++)，其结果为 0，i 和 j 各自增 1，然后以表达式 j++ 的值赋给了 x，求解条件表达式时 j 被自增了 2 次。

又如：

```
#define SQUARE(X)    X* X
...
line7:  x=SQUARE(z+1);
```

预处理器完成宏替换后，标号为 line7 的语句如下：

```
line7:  x=z+1* z+1;
```

这显然不是在求 z+1 的平方。

当一行不足以写完 replacement_text 时，可以使用反斜线（\）来续行，如：

```
#define IS_LEAP_YEAR(y)      ( \
                             (y)% 4 ==0 \
                             &&  (y)% 100 !=0 \
                             ||  (y)% 400 ==0 \
                             )
```

#define 命令中 name 习惯用大写字符，并非是规定如此。name 的作用域从其定义处开始直到源文件的末尾，除非遇到取消宏的#undef name 命令，如：

```
...
#undef AND
...
if(x>0 AND x<10)              /* 错误,因为所定义的宏 AND 被取消了*/
  ...
if(y EQUALS 0 OR x EQUALS y)  /* 替换后: if(y==0 ||x==y)*/
  ...
```

如果宏名 name 后未给定替换文本，表示仅仅定义了该名称而已，预处理表达式 defined(name)可以检测到 name 是否已经定义，若已定义，则 defined(name)的值非 0，否则为 0。

5.9.3 条件编译

使用条件编译预处理命令可以控制源文件中的某些部分被编译或不被编译，命令格式为

```
#if const_expr_1
  contents_1
#elif const_expr_2
  contents_2
#elif ...
  ...
#elif const_expr_n
  contents_n
#else
  contents_other
#endif
```

在#if 和#elif之后的是整型常量表达式，const_expr_i （i = 1，2，…，n）为非 0 时，程序段 contents_i 将被编译，否则 contents_other 将被编译。#elif 和#else 是可选部分。如根据已定义的宏 SYSTEM 来确定应包含何种头文件：

```
#if SYSTEM == SYSV
  #define HDR "sysv.h"
#elif SYSTEM == BSD
  #define HDR "bsd.h"
#elif SYSTEM == MSDOS
  #define HDR "msdos.h"
#else
  #define HDR "default.h"
#endif
#include HDR
```

最为常见的条件编译命令用于防止同一头文件被多次包含，如：

```
/* Constants.h*/
#if !defined(CONSTANTS_H)
#define CONSTANTS_H
  ...
#endif
```

预处理命令#if defined(name)等效于#ifdef name，#if! defined(name)等效于#ifndef name，其中 name 为标识符。

5.10 程序结构

按照 C 语言规范编写的、可读的文本文件称为源程序。一个 C 语言源程序可以由一个或多个源文件组成。一个源程序无论包含多少个文件，只能有且仅有一个 main 函数，即主函数。C 语言源文件可用任何的文本编辑软件编写，扩展名为“.c”或“.h”。

单一源文件组织形式适用于简单任务的程序设计，而复杂任务的程序往往有几千、几万乃至更多行语句，组织成单一文件过于庞大，且不便于修改、扩充和完善，因而多组织为多个源文件形式。

尽管5.4节中的计算公交车载客量的示例并不复杂，但为了说明多个源文件组成源程序的形式，特将该源程序分为4个源文件：main.c、bus_vd.c、bus_fn.c和bus.h。bus_vd.c中声明了当前载客量、总载客量和每站载客量，这些都是全局变量；bus_fn.c中定义了乘客上下车后更新载客量和计算最大载客量的函数；main.c中定义了main函数；而符号常量定义、外部变量和函数原型的声明等集中于一个名为bus.h的文件中。单一源文件和多源文件组织形式如图5-3所示。

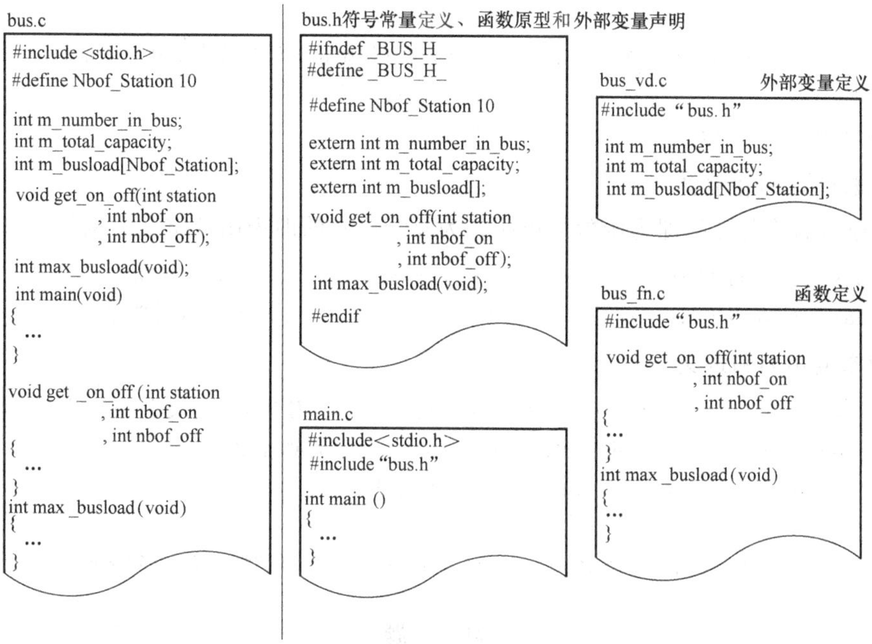

a)程序的单一源文件组织形式　　b)程序的多个源文件组织形式

图5-3　程序结构

5.11 声明与定义

如3.4.1节所述，声明是对标识符特性的说明。声明有对标识符的定义性声明和引用性声明。作为标识符定义的声明有：

- 对一个变量，导致为之分配存储空间。
- 对一个函数，含有函数体。
- 对一个枚举（参见3.3.5节）或自定义的类型名（参见7.4节），仅声明了标识符。

除此之外，对标识符的声明为引用性声明。

应切记的是：*任何标识符，必须且仅能定义一次，在使用前必须定义或声明之。*

1. 内部变量的声明和定义

内部变量的声明和定义是合二为一的，换言之，内部变量的定义就是声明，或内部变量的声明即是定义。例如：

```
{
  int x =100,y; /* 定义(声明)了 int 型变量 x 和 y,x 的初值为 100,y 未赋初值*/
  ...
}
```

2. 外部变量的声明和定义

与内部变量不同，外部变量的声明和定义是有区别的。例如：

```
int i;        /* 定义 int 型变量 i,未赋初值,默认为 0*/

extern double pi =3.1415926;  /* 定义,含有初始化过程被认为是外部变量的定义*/
double pi;                    /* 错误:重定义了 pi*/
extern double pi;             /* 声明*/
```

3. 函数的声明和定义

函数原型后为分号的即为函数的声明，为复合语句的即为函数定义。例如：

```
int day_of_week(int year,int month,int day);        /* 函数声明*/
int day_of_week(int year,int month,int day){...}   /* 函数定义*/
```

4. 枚举的声明和定义

```
enum weeks{SUN,MON,TUE,WEN,THR,FRI,SAT};  /* 枚举类型定义,
      其中 SUN、MON 等为枚举常数,enum weeks 为枚举类型名*/
enum weeks w; /* 定义 enum weeks 枚举类型变量 w*/

enum weeks{SUN、MON,TUE,WEN,THR,FRI,SAT}w; /* 枚举类型定义,并定义该类型变量 w*/
```

习　题

一、单项选择题

1. 若有定义："char s1[ ] ="ABCDEF", s2[ ] = {'A', 'B', 'C', 'D', 'E', 'F',};"，则下述正确的是（　　）。

A. 数组 s1 和 s2 完全相同　　　　B. 数组 s1 和 s2 的元素数量相同

C. 数组 s1 和 s2 的定义是错误的　　　D. 数组 s1 比 s2 多一个元素

2. 对于函数，下面描述正确的是（　　）。

A. 函数不能嵌套定义但能嵌套调用

B. 函数能嵌套定义但不能嵌套调用

C. 函数既不能嵌套定义也不能嵌套调用

D. 函数既能嵌套定义也能嵌套调用

3. 下面描述正确的是（　　）。

A. 预处理是指完成宏替换和文件包含指定文件的调用

B. 预处理命令只能在源程序开始的位置

C. 行首为#的行是预处理命令

D. 预处理是为编译的词法分析和语法分析做准备

4. 调用函数时，实参向形参传递的是（　　）。

A. 实参的值　　B. 实参的地址　　C. 实参的类型　　D. 实参的值及其地址

5. 对于函数内部未指定存储类别的变量，其存储类别默认为（　　）。

A. auto　　B. register　　C. static　　D. extern

6. 在一个源文件中定义的全局变量的作用域为（　　）。

A. 本文件的全部范围　　B. 本程序的全部范围

C. 本函数的全部范围　　D. 从定义之处开始至文件结束

7. 下面描述中不正确的是（　　）。

A. 在函数之外定义的变量称为外部变量，外部变量是全局变量

B. 在函数中既可使用函数内部定义的局部变量，也可使用全局变量

C. 外部变量定义与声明的含义不同

D. 在同一源文件中，若外部变量与局部变量同名，在局部变量的作用范围内外部变量不起作用

8. 在任何情况下都没有副作用的宏为（　　）。

A. #define SQUARE(x)　x * x　　B. #define SQUARE(x)　(x) * (x)

C. #define SQUARE(x)　(x * x)　　D. #define SQUARE(x)　((x) * (x))

二、填空题

1. #define SUM3（length，width，height）　length + width + height

...

postage = rate * SUM3（l，w，h）;

上述宏替换后为 postage = ________；若该宏有副作用，则应修改为________。

2. 有程序如下：

```
int f(int x)
{
  int y=0;
  static int z=3;
  y++; z++;
  return x+y+z;
}
int main()
{
  int w=2,k;
  for(k=0; k<3; k++)
    w=f(w);
  printf("%d",w);
}
```

执行之后的输出为________。

3. 求 x^n 的函数如下，补充完整。设 x 和 n 为 int 型，且 n≥0。

```
__________power(int x,int n)
{
```

```
  int p;
  for(p=1;_______;_______)
    p*=x;
  return p;
}
```

4. 求 n! 的递归函数如下，补充完整。

```
int factorial(int n)
{
  if(n==1)
    return _______;
  else
    return _______;
}
```

三、应用题

1. 求$\sqrt{x}$的牛顿-拉夫森算法如下。

步骤 1：$\sqrt{x}$的猜测值记为 r，置 r 为 1。

步骤 2：如果$|r^2/x-1|<\varepsilon$,则转步骤 4。

步骤 3：置 r 为$(x/r+r)/2$，转步骤 2。

步骤 4：r 为$\sqrt{x}$的近似值，算法结束。

编写程序求 2.0、144.0、17.5 的平方根。设 ε 为 0.000001。

2. 编写非递归函数和递归函数完成$\sum_{i=1}^{n} i$的计算。

3. 编写一个宏替换的预处理命令 IS_UPPER_CASE(X)，使之当 X 为大写字母时给出非 0 值。

4. 编写一个宏替换的预处理命令 IS_LOWER_CASE(X)，使之当 X 为小写字母时给出非 0 值。

5. 编写一个宏替换的预处理命令 IS_ALPHA(X)，使之当 X 为字母时给出非 0 值，要求该宏中使用前面习题中定义的宏 IS_UPPER_CASE 和 IS_LOWER_CASE。

第6章 指针和数组

6.1 指针的概念

若有定义：

```
char c ='A';
int x =1000;
```

在某次运行时，c 在内存中所占用的那个字节编号为 0x0028FEEF，x 在内存中所占用的 4 字节编号为 0x0028FEE0 ~ 0x0028FEE3，如图 6-1 所示，变量在内存中所占第 1 个字节的编号称为该变量的地址，c 的地址为 0x0028FEEF，x 的地址为 0x0028FEE0。若将变量的地址作为整型值存储在另一变量中，如变量 pc 的值为 0x0028FEEF，px 的地址为 0x0028FEE0，这样的变量称为指针。

所谓指针（Pointer）是指一组内存单元（通常为 4 字节），其中存储了某个内存单元的编号，即地址。由于任何内存单元均有可能成为存储某个变量的第一个字节，因而，内存单元的编号常称为地址。

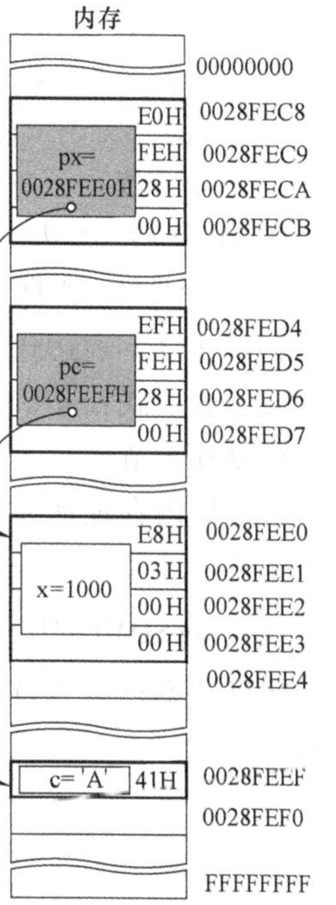

图 6-1 指针及其所指向的对象

如图 6-1 所示，变量 px 存储的是变量 x 的地址，故称 px 为指向 x 的指针，如何定义作为指针的变量呢？如何使指针指向某个特定的变量呢？

指针是一种不同于基本数据类型（char、int、float、double）的一种新类型。除基本数据类型之外的其他类型称为导出数据类型，前面介绍的数组、枚举和这里讲述的指针，以及后续的结构、联合等都属于导出数据类型。定义一个指针类型变量的语法为

```
type * name;
```

或

```
type * name = &object;
```

其中 name 为标识符，标识符前面的“ * ”表示其为指针，所指向目标的类型为 type 型，表达式：&object 为的 object 地址，可作为 name 指针的初值。

作为一元运算符时，“&”为取地址运算符，其操作数必须是左值表达式（参见 3.8 节），若 object 的类型为 type，表达式：&object 的值为 object 的地址，类型为“type 型指针”。如：

```
char * pc = &c;     /* pc 为 char 型指针，指向 char 型变量 c*/
int * px = &x;      /* px 为 int 型指针，指向 int 型变量 x*/
```

无论指针指向何种对象，基本的或导出的，指针本身在内存中占 4 字节，如图 6-1 所示。定义指针使之指向某个对象的目的是通过指针来操作这个对象，在表达式 y = x + 10 中使用变量名来获取其中的值，这是一种对变量的直接操作形式，而使用指针则是间接的，一元的“ * ”为间接引用运算符，其操作数为指针，如 * px，间接引用表达式的值和类型与被引用对象相同。

一元的取地址运算符 & 和一元的间接引用运算符 * ，与算术“反”、逻辑“反”、逐位“反”、增量、减量、sizeof、类型转换运算符的优先级相同，也是从右向左结合的。

```
int x =1,y =2,z[10] = {1};
int *ip,*iq;/* ip 和 iq 为 int 型指针*/
ip = &x;       /* 为 ip 赋值,使之指向 x*/
y = *ip;       /* 表达式* ip 是对 x 的间接引用,y 赋值为 1*/
*ip =0;        /* 间接使 x 赋值为 0*/
ip = &z[0];    /* 为 ip 赋值,使之指向 z[0]*/
iq = ip;       /* 为 iq 赋值,亦使之指向 z[0]*/
++*ip;         /* 使 z[0]的值为 2*/
  /* 运算符 ++ 和* 是同优先级且从右向左结合的,++*ip 等效于 ++(*ip)*/
(*ip)++; /* 使 z[0]的值为 3*/
  /* 运算符 ++和* 是同优先级且从右向左结合的,小括号是必须的*/
```

特别注意：表达式 * ip ++ 的含义，运算符 * 和 ++ 是同优先级且从右向左结合的，因而等效于表达式： * (ip ++)，先使指针 ip 自增 1，再间接引用，这实际上是对 z[1]的引用，详见 6.3 节。

若已知内存地址为 0x56000010 处存放着一个 unsigned int 型数据，有宏定义如下：

```
#define regSOMETHING   (* (unsigned int* )0x56000010)
```

则表达式 regSOMETHING &= ~(3 << 10)使该处数据的 D11 和 D10 位置为 0。

注意 未赋值的指针其所指向的对象是未知的，在赋值之前使用指针将产生不可预知的后果。

6.2 指针和函数参数

在调用函数时，实参表达式赋值给函数的形参，形参实际上是函数内部的变量，改变其值不会影响到调用函数。例如：

```
int main()
{
    int a =10,b =20;
    void swap(int x,int y);
    swap(a,b);
}
void swap(int x,int y) /* 错误版本的交换函数*/
{
    int t;
```

```
    t = x; x = y; y = t;
}
```

在主函数中，内部变量 a 和 b 的值传递给了函数 swap 的形参 x 和 y，换言之，形参 x 和 y 是实参 a 和 b 的副本，在函数 swap 内部确实交换了 x 和 y 的值，所交换的是 a 和 b 的副本，主函数中的 a 和 b 仍然是 10 和 20，并未实现它们的交换操作。若将 a 和 b 的地址传递给函数 swap，其内部通过指针间接访问两个需要交换的对象，则可实现对 a 和 b 的交换操作，正确交换函数的定义如下：

```
int main()
{
    int a =10,b =20;
    void swap(int * px,int * py);
    swap(&a,&b);  /* 向交换函数传递 a 和 b 的地址*/
}
void swap(int * px,int * py)/* 正确版本的交换函数*/
{
    int t;
    t = *px;      /* 临时存储指针 px 所指向对象的值*/
    *px = *py;    /* 指针 px 所指向对象的值赋值为指针 py 所指向对象的值*/
    *py = t;      /* 指针 py 所指向对象的值赋值为原指针 px 所指向对象的值*/
}
```

形参 px 和 py 仍是实参 &a 和 &b 的副本，所不同的是，形参是被交换对象的指针，而非其本身，函数 swap 中交换的是指针指向的对象。

6.3 地 址 运 算

如图 6-1 所示，若有表达式：pc +1，已知指针 pc 的值为 0x0028FEEF，则表达式的值应该是 0x0028FEF0，事实上，该表达式的值的确如此。对于表达式：px +1，指针 px 的值为 0x0028FEE0，则该表达式的值不是 0x0028FEE1，而是 0x0028FEE4，之所以不同，是因为两个指针指向的对象类型不同。指针加 1 意味着使指针指向下一个同类对象，pc 指向的是 char 型对象，该对象在内存中占据 1 字节，下一个 char 型对象的地址为 0x0028FEF0；而 px 指向的是 int 型对象，该对象占 4 字节，下一个 int 型对象的地址为 0x0028FEE4。

若有定义：“type ＊pt;”，则表达式 pt + n 的值等效于表达式：

```
(type*)((int)ip +n* sizeof(type))
```

的值，n 为 int 型，表达式的类型为“type 型指针”。

若有定义：

```
type a[10],*p = &a[5],*p1 = &a[1],*p2 = &a[9],v;
int n =3;
```

则 p 指向数组元素 a[5]，p1 指向数组元素 a[1]，p2 指向数组元素 a[9]，type 为已知的某种数据类型。

表达式：++p 使指针 p 指向数组元素 a[6]（后一个元素），为“type 型指针”。

表达式：--p 使指针 p 指向数组元素 a[4]（前一个元素），为“type 型指针”。

表达式：*++p 先使指针 p 指向数组元素 a[6]，然后引用之，为“type 型”。

表达式：*--p 先使指针 p 指向数组元素 a[4]，然后引用之，为“type 型”。

表达式：*p++ 先引用数组元素 a[5]，然后使指针 p 指向 a[6]，为“type 型”。

表达式：*p-- 先引用数组元素 a[5]，然后使指针 p 指向 a[4]，为“type 型”。

表达式：p+n 指向数组元素 a[8]（p 所指向元素之后的第 n 个元素），为“type 型指针”。

表达式：p-n 指向数组元素 a[2]（p 所指向元素之前的第 n 个元素），为“type 型指针”。

表达式：*(p+n)=v 将 v 的值赋给数组元素 a[8]（p+n 所指向的元素），为“type 型”。

表达式：p1<p2 的值为 1，即检测 p1 指向的元素是否在 p2 指向元素之前，为 int 型。p1>p2 的值为 0。

表达式：p2-p1 的值为 8，即 p2 指向元素与 p1 指向元素之间的元素数，为 int 型。p1-p2 的值为 -8。

若 p=&a[0]，则表达式 *p 与 a[0] 等效，*(p+n)与 a[n]等效，由此可见，指针和数组有着密切的关系，实际上，数组名 a 就是指向数组第一元素的指针，也称数组的地址，与指向数组元素指针 p 不同的是，数组名 a 不是变量，可以理解为指向数组第一元素的常量指针，表达式 a=p 和 a++ 是非法的，而 p=a 是合法的，如此，则 a[n]与 p[n]以及 *(p+n)和 *(a+n)都是等效的。数组名作为 a 表达式时，其类型为“type 型指针”，指向数组首元素。

6.4 字符串操作

在程序中，字符串是一种经常使用的数据形式，不幸的是，C 语言中没有专门的字符串类型数据。C 语言中的字符串实际上就是字符数组，以一个特殊的字符“\0”来标志字符串的结尾，但 C 语言中有字符串常量，可用来初始化字符数组，如：

```
char array[] ="Hello! ";/* 用字符串常量初始化数组,数组有 7 个元素,末元素为'\0'*/
```

字符串常量作为表达式时其值是该字符串首字符的地址，类型为 char * 型。

常见的字符串操作有：

- 计算字符串长度。
- 比较两个字符串是否相等。
- 将一个字符串复制到另一个字符串。
- 将一个字符串拼接到另一个字符串的尾部。
- 在一个字符串中搜索是否存在指定的字符。
- 在一个字符串中搜索是否存在指定的字符串。

1. 计算字符串长度

设置字符串长度 n 的初值为 0，使指针 s 指向第一个字符。若指针 s 所指的字符不是字符串的结束符'\0'，使 n 增 1，然后使指针 s 指向下一个字符，重复该过程直到检测到字符'\0'为止。计算字符串长度的函数为

```
/* 计算字符串 s 长度*/
int str_len(char* s)/* 等同于:int str_len(char s[])*/
{
    int n;
    for(n=0; *s++ !='\0'; n++)
      ;
    return n;
}
```

调用形式：

```
str_len("Hello!");   /* 实参为字符串常量*/
str_len(array);      /* 实参为数组名*/
char* ptr=array;
str_len(ptr);        /* 实参为字符指针*/
```

函数 str_len 中 for 语句的循环体仅仅是一个分号，这是因为使指针 s 指向下一个字符和使 n 增 1 已在 for 语句循环条件和循环表达式中完成了，循环体无工作可做，因此以空语句为 for 语句的循环体。

当函数的形参为指针时，亦可使用数组的形式，如 char s[ ]，与 char * s 是等价的，习惯上使用指针的形式。

2. 比较字符串

当两个字符串中含有相同数量的字符，且对应位置的字符相同时，两个字符串相等，否则不同。比较两个字符串是否相等的函数为

```
/* 字符串 s 与 t 相等返回 0;s<t 时返回为负数;s>t 时返回为正数*/
int str_cmp(char * s,char * t)
{
    for(;*s==*t; s++,t++)
      if(*s=='\0')
        return 0;
    return *s-*t;
}
```

若两个字符串不同，指针 s 所指向的字符不同于指针 t 所指向的字符，表达式 * s - * t 的值为这两个不同字符 ASCII 码值的差，差为负数表示字符串 s 小于字符串 t，差为正数时表示字符串 s 大于字符串 t。

3. 复制字符串

将一个字符串复制到另一个字符串的函数为

```
/* 将字符串 t 复制到字符串 s*/
void str_cpy(char *s,char *t)
{
```

```
    while(*s ++ = *t ++);
}
```

函数中唯一的 while 语句与下面的 while 语句等效：

```
while(1)            /* 无限循环,因为不知道源字符串 t 中有多少字符*/
{
  *s = *t;          /* 复制指针 t 所指的字符到 s 所指的位置*/
  if(* s =='\0')    /* 复制的是'\0',说明已将源字符串中所有字符复制完成*/
    break;          /* 结束循环*/
  s ++;             /* 使指针 s 指向下一个位置*/
  t ++;             /* 使指针 t 指向下一个待复制的字符*/
}
```

作为复制的目标字符串，必须有足够的空间以容纳源字符串的所有字符，否则将产生不可预知的错误，指针 s 指向的应是一个已定义的字符数组，循环中递进指针却不受数组大小限制的，C 语言本身不做数组的越界检查，这是程序员的任务，切记！

4. 拼接字符串

将一个字符串拼接到另一个字符串的尾部的函数为

```
/* 将字符串 t 拼接到字符串 s 尾部*/
void str_cat(char *s,char *t)
{
    while(*s ++);                   /* 找到字符串 s 的结尾,即指针指向字符'\0'*/
    s--;                            /* 使指针 s 回退一个位置*/
    while(*s ++ = *t ++);           /* 复制字符串 t 到指针 s 指向的位置*/
}
```

思考一下为什么要使指针 s 回退一个字符的位置？被拼接的字符串也必须有足够的容量。

5. 查找字符

如果指定的字符出现在被查找的字符串中，搜索函数返回指向该字符的指针，否则返回一个值为 0 的指针，表示未找到。指针作为一种类型可以是函数的返回值类型。在一个字符串搜索是否存在指定的字符的函数为

```
/* 在字符串 s 中查找字符 c,找到则返回指向首次发现 c 的指针,否则返回空指针*/
char* str_chr(char *s,char c)
{
    while(*s !=c          /* 指针 s 所指的字符是不指定的字符*/
      && *s != '\0'       /* 指针 s 所指的字符不是结尾*/
      )
      s ++;
    return *s =='\0' ? 0 : s;/* 指针 s 所指的字符是结尾,未找到返回 0,否则返回指针 s*/
}
```

指针的值为 0 时称为空指针，对空指针的引用将产生错误，导致程序崩溃，慎之！在引

用指针前应进行检测，如某字符串含有字符'X'，则将其改为'Z'的程序片段：

```
char str[] ="Extreme caution",* pc;
if(pc = str_chr(str,'X'))
  * pc ='Z';
```

分析一下表达式 pc = str_chr（str，'X'）的值，语句“ * pc ='Z';”是否被执行。

6. 查找字符串

在一个字符串中搜索是否存在指定的字符串，如有字符串“The quick brown dog jumps over the lazy fox”，其中是否含有字符串“the”，若有则使指针指向其首次出现的位置，否则使指针为空。函数的定义为

```
/* 在字符串 s 中查找字符串 t,找到返回指向首次发现 t 的指针,否则返回空指针*/
char* str_str(char s[],char t[])
{
    int i,j,k;
    for(i =0; s[i] !='\0'; i ++)
    {
      for(j =i,k =0; t[k] !='\0' && s[j] ==t[k]; j ++,k ++);
      if(k >0 && t[k] =='\0')
        return &s[i];
    }
    return 0;
}
```

调用示例：

```
char *p = str_str("The quick brown dog jumps over the lazy fox","the");
```

函数的形参为数组形式，函数内部也使用了数组元素引用的形式，可将其改写为使用指针的形式。

6.5 指针数组和指向指针的指针

问题：将 5 个名字：Rocky、Jason、Edward、George 和 John，按字母顺序排列。

5 个名字都是字符串，C 语言中的字符串实际上是字符数组，这 5 个名字可以这样定义：

```
char name1[] ="Rocky",name2[] ="Jason",name3[] ="Edward",
   name4[] ="George",name5[] ="John";
```

定义中使用了字符串常量来初始化字符数组，而字符串常量作为表达式时其类型为 char 型指针，上述的定义可改写为：

```
char *name1 ="Rocky",*name2 ="Jason",*name3 ="Edward",
  *name4 ="George",*name5 ="John";
```

这两种定义是等价的。若能定义一个元素类型是 char 型指针的数组，则可借鉴在 5.8 节中介绍的一种对数组排序算法——快速排序，不同的是数组元素非整型而是 char 型指针，

即字符串。当数组的元素为指针型时，该数组为指针数组，char 型指针数组的定义如下：

```
char* names[ ] = {name1,name2,name3,name4,name5};
```

数组名 names 前面的“char *”是数组元素的类型，该定义的含义为：names 是一个含有 5 个 char 型指针的数组，或称含有 5 个字符串的数组，定义还可写成：

```
char* names[ ] = {"Rocky","Jason","Edward","George","John"};
```

这种定义形式更为常见。图 6-2 的左侧显示了该定义在某次运行时的情形。

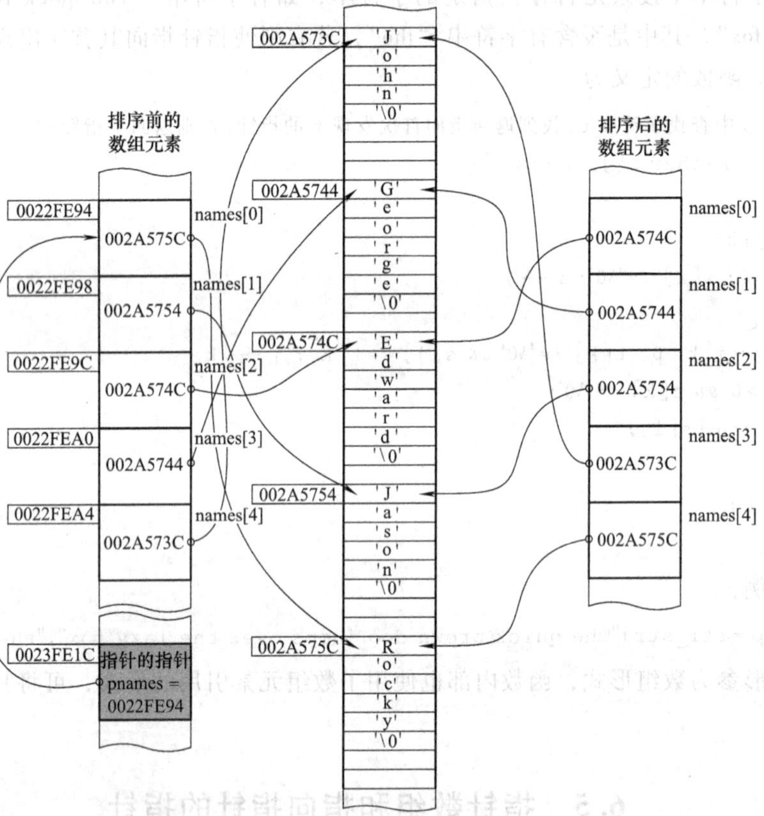

图 6-2　字符串数组排序

在 5.8 节中，函数 qsort 的第一个参数为：int v[ ]，为了对字符串数组排序，该参数应为：char * v[ ]，函数 swap 的第一个参数也相应地改为 char * v[ ]，其内部用于临时存储的变量 temp 应改为“char *”型。函数 qsort 中比较两个整型元素的操作应改为比较两个字符串（参见 6.4 节），修改后的程序如下：

```
/* 字符串 s 与 t 相等返回 0;s < t 时返回为负数;s > t 时返回为正数*/
int str_cmp(char* s,char* t){...}

/* qsort: 将 v[left]...v[right] 从小到大进行排序*/
void qsort(char* v[],int left,int right)
{
  int i,last;
  void swap(char* v[],int i,int j);
```

```
    /* 当数组中剩余少于 2 个元素时不排序*/
    if(left >= right)
      return;

    /* 以 left 和 right 之间中间的元素为基准数*/
    /* 并将其置于序列 v[left]...v[right]之首*/
    swap(v,left,(left + right)/ 2);
    /* last 为最后一个小于基准数元素的下标*/
    last = left;

    /* 基准数之后的元素小于基准数,*/
    /* 则最后一个小于基准数元素下标后移,交换这两个元素*/
    for(i = left +1; i <= right; i ++)
      if (str_cmp(v[i],v[left]) <0)
        swap(v, ++ last,i);

    /* 调整基准数到其位置*/
    swap(v,left,last);

    /* 将 v[left]...v[last-1](基准数之前的元素)从小到大进行排序*/
    qsort(v,left,last-1);
    /* 将 v[last +1](基准数之后的元素)...v[right] 从小到大进行排序*/
    qsort(v,last +1,right);
}
/* 交换 v[i]和 v[j]*/
void swap(char* v[],int i,int j)
{
    char* temp;

    temp = v[i];
    v[i] = v[j];
    v[j] = temp;
}
```

调用示例：

```
qsort(names,0,sizeof(names)/sizeof(char*)-1);
```

图 6-2 的右侧显示了排序后的情形，注意，排序后改变的是字符指针数组中元素的顺序，而实际存储字符串的位置并未改变。

字符指针数组 names 存储了 5 个字符指针，分别指向 5 个不同字符数组，而其本身也可被另一个指针所指向，一个指针指向的对象为另一个指针时，该指针称为指针的指针，定义形式为：

```
char ** pnames = names;
```

如图 6-2 的左侧的下部所示。数组名为表达式时的类型为指向其元素类型的指针，数组 names 的元素类型为“char 型指针”，names 的类型则为“char 型指针的指针”。该定义可理解为：char *（ * pnames）= names;，(* pnames)表示标识符 pnames 是一个指针，指向 char * 型的对象。

表达式：* pnames 是对其所指对象的间接引用，为“char 型指针”，与 names[0]等效。

表达式：** pnames 是对其所指向指针再指向对象的间接引用，为“char 型”，与 * names[0]等效。

设 n = 2，表达式：*（pnames + n)为“char 型指针”，与 names[2]等效。

6.6 多维数组

数组、指针属于导出数据类型。数组的元素为 int 型时称为整型数组，为 char 型时称为字符数组，或字符串，为指针时称为指针数组，为数组时则称为多维数组，即数组中的数组。如 3 ×3 的九宫格：

$$\begin{pmatrix} 4 & 9 & 2 \\ 3 & 5 & 7 \\ 8 & 1 & 6 \end{pmatrix}$$

定义二维数组的形式为

```
int sudoku[3][3] = {{4,9,2},{3,5,7},{8,1,6}};
```

标识符 sudoku 后面的第 1 个［3］表示它是一个数组，有 3 个元素，第 2 个［3］表示数组的元素是含有 3 个 int 型元素的数组，初值列表为 3 个子列表，分别用于初始化 sudoku 的 3 个元素：sudoku［0］、sudoku［1］和 sudoku［2］，如图 6-3 所示。

九宫格的横、竖、斜线上的数相加均等于 15，如计算第 0 行和的表达式为

```
sudoku[0][0] + sudoku[0][1] + sudoku[0][2];
```

计算右上到左下斜线上各数之和的表达式为

```
sudoku[0][2] + sudoku[1][1] + sudoku[2][0];
```

若“int(* px)[3] = sudoku;”定义 px 是一个指针，指向的对象是一个有 3 个 int 型元素的数组，即“int [3]型指针”，或“int [3] *”，初始化使之指向了二维数组 sudoku 的第 0 行，即 sudoku[0]。而“int * py[3];”定义 py 是一个有 3 个 int 型指针的数组，两者的区别在于小括号的使用。关于声明的解读参见 6.8 节。

如上面那样定义了 px 后，可使用该指针来引用数组 sudoku，如计算第 1 行和的表达式为：

```
*(*(px +1)) + *(*(px +1) +1) + *(*(px +1) +2);
```

计算左上到右下斜线上各数之和的表达式为

```
** px + *(*(px +1) +1) + *(*(px +2) +2);
```

表达式 *（ *（px + i）+ j)等效于 sudoku[i][j]，分析如下：

px + i 为“指向具有 3 个 int 型元素数组的指针”，指向数组 sudoku 的第 i 行，等效于

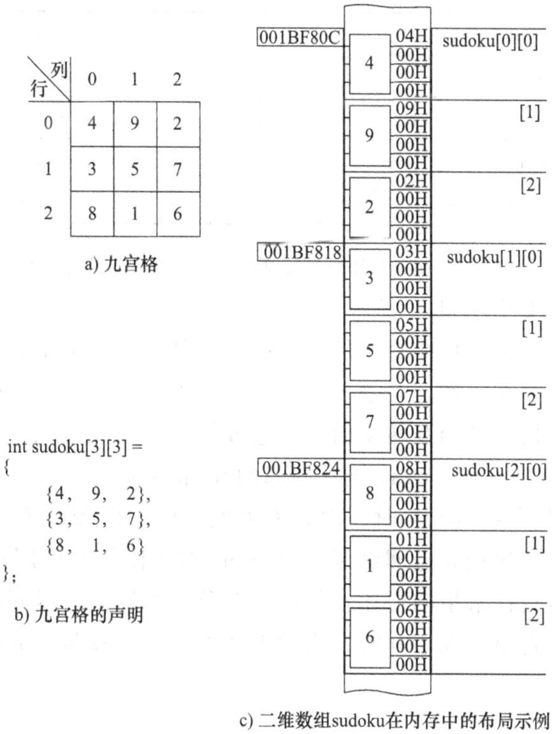

图 6-3　九宫格及其声明和内存布局示例

&sudoku [i]。

*(px+i)为“有 3 个 int 型元素的数组”等效于 sudoku[i]。

*(px+i)+j 为“int 型指针”，等效于 &sudoku[i][j]。

((px+i)+j)为“int 型”，等效于 sudoku[i][j]。

甚至可以将 px 当做 sudoku 来用，如计算第 0 列和的表达式为

```
px[0][1]+px[1][1]+px[2][1];
```

三维、四维以及更多维数组的声明类似于二维数组，如：

```
double p[3][4][5];  /* 三维数组*/
```

6.7　指向函数的指针

函数本身不是变量，但可以定义一个指针来指向函数，因为函数由一系列语句构成，在内存中占据若干存储空间，函数的第一条语句在内存的位置实际上和变量在内存中的位置一样，都是地址，这个地址作为值置于指针中，指针便指向了函数。指向函数的指针可以被赋值，可作为数组的元素，可以是传递给函数的参数，可以是函数的返回值等。

在 5.8 节中介绍的快速排序适用于整型数组，在 6.5 节中的快速排序适用于字符串数组，两个版本的差异见表 6-1。若要排序的是字符数组或浮点数数组，或更复杂的其他类型数组，则排序函数均要做相应的修改才能适应。

表 6-1 int 型数组和 char * 型数组快速排序的差异

	int 型数组	char * 型数组
1	void qsort(int v[ ],...)	void qsort(char * v[ ],...)
2	if(v[i] < v[left])	if(str_cmp(v[i] ,v[left]) <0)
3	void swap(int v[ ],...)	void swap(char * v[ ],...)
4	int temp;	char * temp;

从表 6-1 中可见，传入函数 qsort 和 swap 的数组元素类型不同；比较元素的方法不同；交换时临时存储的变量类型不同。

数组元素的比较和交换是排序算法的必要操作，都与元素类型相关，导致了要求不同的形参或内部变量。是否存在一种“任意的”类型呢？C 语言中有一种通用指针：“void *”，任何类型的指针与通用指针可相互转换而不会造成损失。因而，函数 qsort 和 swap 的第一个形参可以这样定义：void * v[ ]。swap 函数内部的 temp 声明为：void * temp。

函数 qsort 内比较两个数组元素时，因元素类型不同，比较的方法也相异，若将比较委托给一个函数，由其完成比较并返回结果，则 qsort 内部比较时调用这个函数即可。完成比较的函数需要两个通用指针来指向要比较的两个对象，并约定：返回值为 0 时，表示两者相等，小于 0 时，表示前者小，大于 0 时，表示前者大。如比较两个 int 型数据的函数为

```
int int_cmp(void *x,void *y)
{
  return *(int*)x -*(int*)y;    /* (int*)x:将通用指针 x 转换为指向 int 型指针*/
}
```

比较两个字符串的函数为

```
int string_cmp(void *x,void *y)
{
  return str_cmp(*(char ** )x,*(char **)y);
}
```

例如，三个同学的语文、数学、外语成绩分别见表 6-2，按总分排序。

表 6-2 语文、数学、外语成绩表

姓名	学号	语文	数学	外语
徐霓(Nicole)	1	90	85	88
贾德(Jasmine)	2	82	78	65
杜篆(Duke)	3	71	80	54

学号和成绩可用一个二维数组表示：

```
int scores[][4]={{1,90,85,88},{2,82,78,65},{3,71,80,54}};
```

比较两个同学总成绩的函数为

```
int score_cmp(void *x,void *y)
{
    int sum_x=0,sum_y=0,i;
```

```
    for(i =1; i <4; i ++)/* 数组的 1 ~3 号元素为成绩*/
    {
          sum_x  += *((int* )x +i);
          sum_y  += *((int* )y +i);
    }

    return sum_x - sum_y;
}
```

这三个函数各自的函数名和比较方法虽然不同，但共同之处是函数的形参列表和返回值类型均相同，具有相同形参列表和返回值类型的函数是同类型的函数。函数名作为表达式时的类型为该类函数的指针，一个指向该函数的常量指针，如表达式 int_cmp、string_cmp 和 score_cmp 的类型均为“int(void＊,void＊)型函数指针”，或“int(void＊,void＊)＊”，即指向有两个通用指针为参数、返回值为 int 型的函数。此类函数指针的定义为

```
int (* pf)(void* ,void* );  /* 变量 pf 的类型为:"int(void* ,void* )* "*/
```

与函数原型声明的差异是小括号括起来的带“＊”标识符出现在函数名的位置，此处的 pf 就是“int(void＊,void＊)型函数指针”。函数名 int_cmp、string_cmp 或 score_cmp 可作为 pf 的初值，也可用于给 pf 赋值，若 pf = score_cmp，则

```
int result = (*pf)(scores[0],scores[1]);
```

或

```
int result =pf(scores[0],scores[1]);
```

等价于

```
int result =score_cmp(scores[0],scores[1]);
```

后者使用函数名调用函数，称为函数的直接调用，前者通过指向该类函数的指针调用函数，称为函数的间接调用。(＊pf)(...)比 pf(...)更容易理解，也更规范些。

将“int(void＊,void＊)型函数指针”作为函数 qsort 的参数，则其内部的比较就委托给了函数指针指向的函数。修改后的快速排序函数如下：

```
/* qsort: 将 v[left]...v[right] 从小到人进行排序*/
void qsort(void* v[],int left,int right
    ,int(* comp)(void *,void *))
{
    int i,last;
    void swap(void *v[],int i,int j);

    if(left >=right)
      return;

    swap(v,left,(left +right)/ 2);
    last =left;

    for(i =left +1; i <=right; i ++)
```

```
        if((* comp)(v[i],v[left])<0)  /* 或:comp(v[i],v[left])*/
          swap(v, ++last,i);

    swap(v,left,last);

    qsort(v,left,last-1,comp);
    qsort(v,last+1,right,comp);
}
void swap(void* v[],int i,int j)
{
    void* temp;

    temp=v[i];
    v[i]=v[j];
    v[j]=temp;
}
```

若有 int 型数组："int ints[ ] = {3,7,8,5,2,1,9,5,4};"，为了排序，应声明一个同样大小的"int *"数组，并为其元素赋值：

```
int* pints[sizeof(ints)/sizeof(ints[0])],i;
for(i=0; i<sizeof(ints)/sizeof(ints[0]); i++)
  pints[i]=&ints[i];
```

快速排序：

```
qsort((void **)pints,0,sizeof(ints)/sizeof(ints[0])-1,int_cmp);
```

为三个同学的总成绩排序：

```
int(* pscores[3])[4];
for(i=0; i<3; i++)
  pscores[i]=&scores[i];
qsort((void **)pscores,0,sizeof(pscores)/sizeof(pscores[0])-1,score_cmp);
```

为了排序，总是需要有一个同样大小的指针数组，被排序的是指针数组，而非原数组。若排序原数组，则可节省指针数组。如何能对原数组排序，可参见 7.3 节。

6.8 声明的解读

不难理解下面的变量定义：

```
int i,*p,ints[10]; /* i 是 int 型变量,p 是 int 型指针,ints 是 int 型数组*/
```

而定义：

```
int(*px)[3],*py[3];
```

怎样解读呢？解读声明的步骤如下：首先找到标识符，然后进行如下处理。

1）向右，遇到：

- 逗号、分号或等号，折返向左。
- 方括号 [ ]，理解为数组。
- 左小括号（，理解为函数，其后直到右小括号）前的部分为函数的形参。
- 右小括号)，折返向左。

2）向左，遇到：

- 星号 *，理解为指针变量。
- 左小括号（，与先前所遇到的右小括号）形成了小括号对，其中的声明部分已分析完，将其作为整体视同于标识符，该标识符的类型或为数组元素的类型，或为指针指向的类型，继续向右。
- 标识符或分析完的部分继续向左。
- 类型名，变量为此类型，指针指向该类型，函数返回该类型，解读完毕。

1. 基本类型变量

- `int i;`

从 i 开始向右遇到分号，折返向左再次遇到 i，继续向左，遇到类型名 int，i 是 int 型变量。

2. 数组

- `int ints[10];`

从 ints 开始向右遇到 [10]，ints 是有 10 个元素的数组，再向右遇到分号后折返向左，遇到 int，ints 是含有 10 个 int 的数组。

```
• int scores[][4]={
  {1,90,85,88},
  {2,82,78,65},
  {3,71,80,54}
};
```

从 scores 开始向右遇到 [ ]，为数组，元素数量由初值列表确定，再向右遇到 [4]，为数组，再向右遇到等号折返向左，遇到 int，数组有 4 个 int 型元素，这样的数组是前一个数组的元素，即 scores 是一个有 3 个元素的数组，这些元素也是数组。

3. 指针

- `int* p;`

从 p 开始向右遇到分号，折返向左遇到 *，p 是指针，再向左遇到 int，p 是指向 int 的指针。

4. 指针数组

- `int* py[3];`

从 py 开始向右遇到 [3]，为数组，再向右为分号，折返向左遇到 *，数组的元素为指针，再向左遇到 int，指针指向 int 型，py 是含有 3 个“int *”型元素的数组。

- `int(* pscores[3])[4];`

从 pscores 开始，向右遇到 [3]，为数组，再向右遇到右小括号)，折返向左遇到 *，数组元素为指针，再向左遇到左小括号（，把(* pscores[3])看做标识符，该标识符的类型为指针指向的类型。向右遇到［4］，为数组，再次折返遇到 int。含有 4 个 int 型元素的数组是指针指向的类型，指针又是数组 pscores 的元素。

pscores 是一个含有 3 个指针的数组，指针指向一个有 4 个 int 型元素的数组。

- `int *(*(*arr[5])())();`

(* arr[5])是一个含有 5 个指针的数组，指向对象的类型：int *(* X())()，X 是无参的、返回指针的函数，指向对象的类型：int * Y ()，Y 是无参的、返回 int 型指针的函数。

- `float (*(*d[10])(int))[5];`

d 是一个有 10 个元素的指针数组，元素类型为 float (* X(int))[5]，X 是一个函数，参数为 int 型，返回值类型为：float Y[5]，即返回有 5 个 float 型元素的数组。

5. 数组指针

- `int (*px)[3];`

从 px 开始向右遇到右小括号)，折返向左遇到 *，px 是指针，向左遇到左小括号（，把(* px)看做标识符，该标识符的类型为指针 px 指向的类型，继续向右，遇到[3]，为数组，再向右为分号，折返向左遇到 int，即含有 3 个 int 型元素的数组，该数组是 px 指向的对象。

6. 函数指针

- `int (*pf)(void *,void *);`

从 pf 开始向右遇到右小括号)，折返向左遇到 *，pf 是指针，向左遇到左小括号（，把（ * pf）看做标识符，该标识符的类型为指针 pf 指向的类型，继续向右，遇到左小括号（，理解为函数，函数的参数为两个通用指针，遇到分号后折返向左，遇到 int，函数返回值为 int 型，pf 是函数指针，指向的函数类型为“int (void * ,void *)”。

- `int *(*(*fp1)(int))[10];`

(* fp1)是指针，指向对象的类型：int * (* X(int))[10]，X 是函数，参数为一个 int 型，返回一个指针，指向对象的类型：int * Y[10]，Y 是一个有含有 10 个 int * 型的数组。

- `void **(*b)(int,char **(*)(char *,char **));`

b 是一个函数指针，指向的函数类型为：void ** X(int,char **(*)(char * ,char **))，X 是一个函数，返回值类型为通用指针的指针，第一个参数为 int 型，第二个参数为函数指针，指向的函数类型为：char ** Y(char * ,char **)，Y 是一个函数，参数依次为 char 型指针和 char 型指针的指针，返回值类型为 char 型指针的指针。

7. 函数

- ```
  void qsort(void *v[],int left,int right,
          int (*comp)(void* ,void* ));
  ```

qsort 是一个无返回值的函数，其参数 v 为通用指针数组，left 和 right 为 int 型，comp 为函数指针，指向一个有两个通用指针参数、返回 int 型的函数。

- `float (*(*func())[])();`

func 是一个无参函数，返回为指针，指针的类型为：float (*X[ ])()，X 是指针数组，
  ```

其元素类型为：float Y( )，Y 是无参的、返回 float 型的函数。

习　题

一、单项选择题

1. 若变量 a 为 int 型，使指针 p 指向 a 的定义为（　　）。

A. int * p = a　　B. int * p = * a　　C. int p = &a　　D. int * p = &a

2. 数组名作为函数的实参时，传递给函数的是（　　）。

A. 该数组的长度　　B. 该数组的所有元素

C. 该数组的第一个元素　　D. 该数组的首地址

3. 若有定义："char s [ ] ="AB", * p = s; "，则表达式 *（p+2）的值是（　　）。

A. '\ 0'　　B. 'B'　　C. 字符'B'的地址　　D. 不确定的

4. 若有定义："char * s = "\t\'c\\language\n";"，则指针 s 所指字符串的长度是(　　)。

A. 13　　B. 14　　C. 17　　D. 18

5. 函数 func 的功能是（　　）。

```
int func(char *s)
{
  char *p = s;
  while(*p ++);
  return p-s;
}
```

A. 比较两个字符串　　B. 求字符串长度　　C. 复制字符串　　D. 拼接字符串

6. 若有定义："int i, x[3][4];"，不能将 x[1][1]的值赋给 i 的表达式是（　　）。

A. i =*(*(x +1) +1)

B. i = x[1][1]

C. i =*(*(x +1))

D. i =*(x[1] +1)

7. 语句 "int (*ptr)[3];" 定义了（　　）。

A. ptr 是一个指针数组

B. ptr 是一个指针，指向有 3 个 int 型元素的数组

C. ptr 是一个指针，指向 int 型数据

D. 与 int * ptr[3]等价

8. 语句 "int (*ptr)(void);"，定义了（　　）。

A. ptr 是指向一维数组的指针变量　　B. ptr 是指向 int 型数据的指针变量

C. ptr 是函数指针，所指函数返回值为 int 型　　D. ptr 是函数，该函数返回 int 型指针

9. 若有函数声明："double sin(double x); double cos(double x); double ln(double x);"，函数 draw_curve 用于绘制这些函数的曲线，函数 draw_curve 的形参应为（　　）。

A. double x　　B. double f (double x)

C. double * f (double x)　　D. double (* f)(double x)

二、填空题

1. 求一组数据中最大值和最小值的程序如下，请完善之。

```
void find_max_min(int a[],int n,int* pmax,int* pmin);
int main(void)
{
  int x[]={1,2,3,4,5,6,7,8,9,0},max,min;
  find_max_min(x,10,_______,_______);
}
void find_max_min(int a[],int n,int* pmax,int* pmin)
{
  int i;
  * pmax=* pmin=a[0];
  for(i=0; i<n; i++)
  {
   if(_______)* pmax=a[i];
   else if(_______)* pmin=a[i];
  }
}
```

2. 有程序段如下：

```
int a[4]={2,4,6,8};
int* p[4]={&a[0],&a[1],&a[2],&a[3]};
int**q=p;
```

表达式 **(q+2)的值为________，*(q+3) 的值为________元素的地址。

3. 下面的程序将“Hello!”逆向显示出来，补充完整。

```
_______;
int main(void)
{
  rprint("Hello! ");
}
void rprint(char* s)
{
  char* p=s;
  while(*p)_______;
  do
   printf("%c",_______);
  while(_______!=s);
}
```

三、应用题

1. 编写求一组数据中最大值的函数，函数原型为：int find_max (int * p,int n)。

2. 6.4 节中查找字符串函数的原型为 char * str_str(char s[],char t[])，按 char * str_str (char * s,char * t)的原型重写该函数，函数中使用指针而不是使用数组。

第7章　结　　构

7.1　结构的概念

结构（Structure）是一个或多个变量的集合，有一个统一的名字，目的是便于使用，这些变量的类型可以相同也可以不同。结构中的变量称为成员（Member），成员可以是基本数据类型或导出数据类型。与数组、指针一样，结构也是一种导出数据类型。定义结构类型的语法为

```
struct sname {type-specifier mname; ... };
```

其中 struct 为定义结构的关键字；sname 为结构名（Structure Tag），结构名是可选的；mname 为成员名，type-specifier 为其类型，结构可以有多个成员，成员的定义由大括号对括起来，此处的大括号对不是复合语句，仅是语法的规定；struct sname 为结构类型名，可作为定义变量时的类型说明符。

例如，用来表示平面上点的坐标值的结构类型定义为

```
struct point {double x,y; };
```

该结构名为 point，其中有两个 double 型成员，分别为 x 和 y。在定义了结构类型后就可以定义该结构类型的变量了，如：

```
struct point a,b,c;        /* 结构类型变量定义,三角形的 3 个顶点*/
strcut point p1,p2;        /* 结构类型变量定义,平面上的两个点*/
```

a、b、c、p1 和 p2 均为 struct point 型变量。又如，定义一个表示平面直角坐标系原点的变量为

```
struct point o = {0.0,0.0}; /* 平面直角坐标系原点*/
```

o 为 struct point 型变量，定义时赋以了初值。结构类型变量的初始化与数组的初始化类似，初值列表的顺序必须和成员的顺序一致。再如，定义一个 struct point 型指针：

```
strcut point *p = &a;        /* 结构类型指针,初始指向结构 a*/
```

在定义结构类型的同时亦可定义该类型的变量，上述的各定义可用如下的定义代替：

```
struct point {double x,y; } a,b,c,o = {0.0,0.0},*p = &a,p1,p2;
```

引用结构变量成员的运算符为小数点“.”，这是一个二元运算符，左边为结构变量，右边为结构成员，如 a.x。由二元运算符“.”构成的表达式称为结构成员引用表达式，其值和类型与成员的值和类型相同。

通过结构指针引用结构成员的运算符为“->”，这是一个二元运算符，左边为结构指针，右边为结构成员，如 p->x。由运算符“->”构成的表达式称为结构成员间接引用表达式，其值和类型与成员的值和类型相同。表达式 p->x 与(*p).x 等效。

直接或间接的成员引用表达式为左值表达式。

结构变量名作为表达式时,其类型为所定义的结构类型,如表达式 p1 = p2,p2 赋值给 p1,为 struct point 型,结构变量赋值操作是将右值表达式中成员的值赋给左值表达式中对应的成员,表达式 p1 = p2 相当于表达式:“p1. x = p2. x,p1. y = p2. y;”。

结构的成员亦可是结构类型,如一个矩形可以以其左上角和右下角两点来表示,如:

```
struct rect /* 左上角和右下角表示的矩形*/
{
    struct point left_top;
    struct point right_bottom;
} rect;
```

结构名、该结构内的成员名和其他普通变量名不会冲突,因而可以同名,正如该例中的结构名为 rect,一个 struct rect 型的变量名也为 rect,尽管名称不会冲突,建议还是避免为好。表达式 rect. left_top. x 中有两个成员引用运算符,该运算符是从左向右结合的,等效于(rect. left_top). x,其类型为 double 型。运算符“ -> ”与“. ”以及数组元素引用运算符“[]”和函数调用运算符“()”的优先级相同,从左向右结合。

屏幕上的区域可以用左上角坐标以及其宽、高表示,如:

```
struct screen_area /* 左上角坐标以及宽、高表示的屏幕区域*/
{
    struct{int x,y; }left_top;
    int width,height;
} r2 = {10/* left_top.x*/, 20/* left_top.y*/, 150/* width*/, 100/* height*/};
```

该结构的成员 left_top 为匿名结构,定义该结构时可以省略结构名,这种方式仅可以用于定义结构变量。因为匿名,所以不能再用于他处,常见于结构内成员的定义。

7.2 结构和函数

日期是经常需要处理的数据,如计算 2014 年 2 月 14 日与 2013 年 11 月 20 日相差多少天,今天之后 100 天是何年何月何日等。可以使用 3 个整型变量来表示一个日期,如:

```
int year =2014,month =2,day =14;   /* 2014 年 2 月 14 日*/
```

计算两个日期之间间隔天数的函数需要 6 个 int 型参数,返回值为 int 型,原型为:

```
int date_diff(int year1,int month1,int day1,int year2,int month2,int day2);
```

计算一个日期若干天之前或之后是哪一天的函数需要 4 个参数:给定日期的年、月、日,以及间隔的天数,该函数应返回另一个日期,但 C 语言的函数只能有一个返回值,不能返回年、月、日这样多个值。

可以定义一个结构来表示一个日期:

```
struct date {int year,month,day; };
```

结构类型可以是函数的参数,也可作为函数的返回值。这样计算两个日期之间间隔天数的函数原型为

```
int date_diff(struct date date1,struct date date2);    /* 参数为结构类型*/
```

计算一个日期若干天之前或之后是哪一天的函数原型为：

```
struct date date_add(struct date date,int interval);  /* 返回结构类型*/
```

可见，使用结构为参数或返回值要方便得多，逻辑性也更强，更易于理解。

公元纪年的闰年和非闰年各月的天数是日期运算中频繁使用的，可以声明一个外部数组供各函数引用：

```
int m_daytab[2][13] = {  /* 一年各月的天数*/
    /* 月份从 1 开始,数组下标从 0 开始,声明 13 个元素便于计算*/
    {0,31,28,31,30,31,30,31,31,30,31,30,31},/* 非闰年各月的天数*/
    {0,31,29,31,30,31,30,31,31,30,31,30,31}/* 闰年各月的天数*/
};
```

判定指定年份是否为闰年的函数为

```
/* 判断指定的年份是否是闰年,是闰年则为 1,否则为 0*/
int is_leap(int year)
{
    return year % 4 ==0 && year % 100 !=0 || year % 400 ==0;
}
```

有两个日期：2014 年 2 月 14 日和 2014 年 3 月 14 日，2014 年 2 月 14 日是 2014 年的第 45 天，2014 年 3 月 14 日是 2014 年的第 73 天，它们间隔了 73 - 45 = 28 天。若是 2012 年 2 月 14 日和 2014 年 3 月 14 日呢？2012 年 2 月 14 日到 2012 年底有 321 天，2013 年有 365 天，2014 年 3 月 14 日是 2014 年的第 73 天，它们间隔了 321 + 365 + 73 = 759 天（2012 年 2 月 14 日 ~2014 年 2 月 14 日，两年共 731 天，2014 年 2 月 14 日和 2014 年 3 月 14 日间隔了 28 天）。两个日期在同一年和跨年的计算方法不同，此处列举了计算方法，计算两个日期之间间隔天数的函数为

```
/* 从日期 date1 到 date2 相隔的天数*/
int date_diff(struct date date1,struct date date2)  /* 参数为结构类型*/
{
    int date_cmp(struct date date1,struct date date2);
    int day_of_year(struct date date);
    int is_leap(int year);

    /* 若 date2 小于 date1,则交换*/
    if(date_cmp(date2,date1) <0)
    {
      struct date t =date1;
      date1 =date2;
      date2 =t;
    }
```

```
    if(date1.year == date2.year)  /* date1 在 date2 同一年中*/
      return day_of_year(date2)-day_of_year(date1);

    int days =
      (is_leap(date1.year)? 366 : 365)
       - day_of_year(date1)    /* date1 到年底的天数*/
         + day_of_year(date2)    /* 去年底到 date2 的天数*/
      ;
    /* 累加 date1 和 date2 相差整年的天数*/
    int i;
    for(i = date1.year + 1; i < date2.year; i ++)
      days += (is_leap(i)? 366 : 365);

    return days;
}
```

该函数中需要比较两个日期的大小、计算日期是当年的第几天，相关函数为

```
/* 比较,date1 < date2: <0; date1 = date2: 0; date1 > date2: >0*/
int date_cmp(struct date date1,struct date date2)
{
    int y = date1.year - date2.year;
    if(y == 0)
    {
      int m = date1.month - date2.month;
      if(m == 0)
        return date1.day - date2.day;
      return m;
    }

    return y;
}
/* 日期 date 是这一年的第几天*/
int day_of_year(struct date date)
{
    int is_leap(int year);

    int i,leap = is_leap(date.year),day = date.day;
    for(i = 1; i < date.month; i ++)
      day += m_daytab[leap][i];
    return day;
}
```

下面介绍如何计算一个日期若干天之前或之后是哪一天。给定间隔的天数为正数时，计

算未来日期，为负数时，计算过去的日期。一个简单算法是：循环计算明天或昨天的日期，循环给定间隔数。

```
/* 计算与日期 date 相隔 interval 天的日期*/
struct date date_add(struct date date,int interval)  /* 返回结构类型*/
{
    struct date tomorrow(struct date today);
    struct date yesterday(struct date today);

    /* 按天递增/递减*/
    if(interval >0)  /* 未来的日期*/
      for(; interval >0; interval--)
        date = tomorrow(date);
    else         /* 过去的日期*/
      for(; interval <0; interval ++)
        date = yesterday(date);

    return date;
}
/* 明天的日期*/
struct date tomorrow(struct date today)
{
    int is_leap(int year);

    if(today.day != m_daytab[is_leap(today.year)][today.month])/* 月中*/
    {
      today.day ++;
    }
    else if(today.month ==12)/* 年底*/
    {
      today.year ++;
      today.month =1;
      today.day =1;
    }
    else /* 月底*/
    {
      today.month ++;
      today.day =1;
    }
    return today;
}
/* 昨天的日期*/
struct date yesterday(struct date today)
```

```
{
    int is_leap(int year);

    if(today.day !=1)/* 月中*/
    {
      today.day--;
    }
    else if(today.month ==1)/* 元旦*/
    {
      today.year--;
      today.month =12;
      today.day =31;
    }
    else /* 月初*/
    {
      today.month--;
      today.day =m_daytab[is_leap(today.year)][today.month];
    }
    return today;
}
```

若给定天数是个很大的值，则必须循环很多次，这个算法的效率不高，另一个版本函数定义为

```
/* 计算与日期 date 相隔 interval 天的日期*/
struct date date_add2(struct date date,int interval)  /* 返回结构类型*/
{
    struct date tomorrow(struct date today);
    struct date yesterday(struct date today);
    int is_leap(int year);

    int leap,days;
    int sign =interval >=0 ? 1 : -1;
    /* 递增到次月初/递减到本月初*/
    while(1)
    {
      if(date.day ==1)
        break;

      date =sign >0 ? tomorrow(date): yesterday(date);
      interval -=sign;
    }
    /* 按年递增/递减*/
```

```
    while(1)
    {
      leap = is_leap(date.year);
      days = leap ? 366 : 365;

      if(days > sign*interval)
        break;

      date.year += sign;
      interval -= sign*days;
    }
    /* 按月递增/递减*/
    while(1)
    {
      days = m_daytab[leap][date.month];

      if(days > sign* interval)
        break;

      date.month += sign;
      if(sign > 0 && date.month == 13)
      {
        date.year += sign;
        date.month = 1;
      }
      else if(sign < 0 && date.month == 0)
      {
        date.year += sign;
        date.month = 12;
      }
      interval -= sign* days;
    }
    /* 按天递增/递减*/
    if(sign > 0)
      for(; interval > 0; interval--)
        date = tomorrow(date);
    else
      for(; interval < 0; interval ++)
        date = yesterday(date);

    return date;
}
```

7.3 结构数组和指向结构的指针

数组的元素可以是结构类型，结构的成员亦可是数组。指针可以指向一个结构类型的变量，结构的成员也可以是指针。6.7 节中的表 6-2 列举了 3 个学生的语文、数学、外语成绩，可定义一个结构来表示学生的成绩：

```
struct score
{
  int sid;  /* 学号*/
  int chinese,math,english; /* 语文、数学、外语的成绩*/
};
```

则 3 个学生的成绩可声明为

```
struct score scores2[] = {{1,90,85,88},{2,82,78,65},{3,71,80,54}};
```

这个数组元素的类型为：struct score。表达式：scores2 [1] .math 引用了第 2 个学生的数学成绩。这样，6.7 节中比较两个学生总成绩的函数为

```
int score_cmp2(void *x,void *y)
{
  return(((struct score*)x)->chinese
       +((struct score*)x)->math
       +((struct score*)x)->english)
     -(((struct score*)y)->chinese
       +((struct score*)y)->math
       +((struct score*)y)->english);
}
```

该函数的参数为通用指针，只能在将其转换为“struct score”型指针后才能引用结构的成员，类型转换运算符“(struct score *)”的优先级低于间接引用结构成员运算符“->”，因而要用小括号来改变运算次序，即((struct score *)x)->chinese。

结构的成员也可以是数组，在前述表示学生成绩的结构中可添加一个字符数组，用来表示学生的姓名。

```
struct score
{
  char name[8];  /* 姓名*/
  int sid;       /* 学号*/
  int chinese,math,english; /* 语文、数学、外语的成绩*/
}scores2[] = {
    {"Nicole",1,90,85,88},
    {"Jasmine",2,82,78,65},
    {"Duke",3,71,80,54}
  };
```

该结构数组在内存中的布局如图 7-1 所示。结构 struct score 的第一个成员为 8 个 char 型

元素的数组，此外还有 4 个 int 型成员，结构成员在内存中按定义时的先后顺序布局，字符

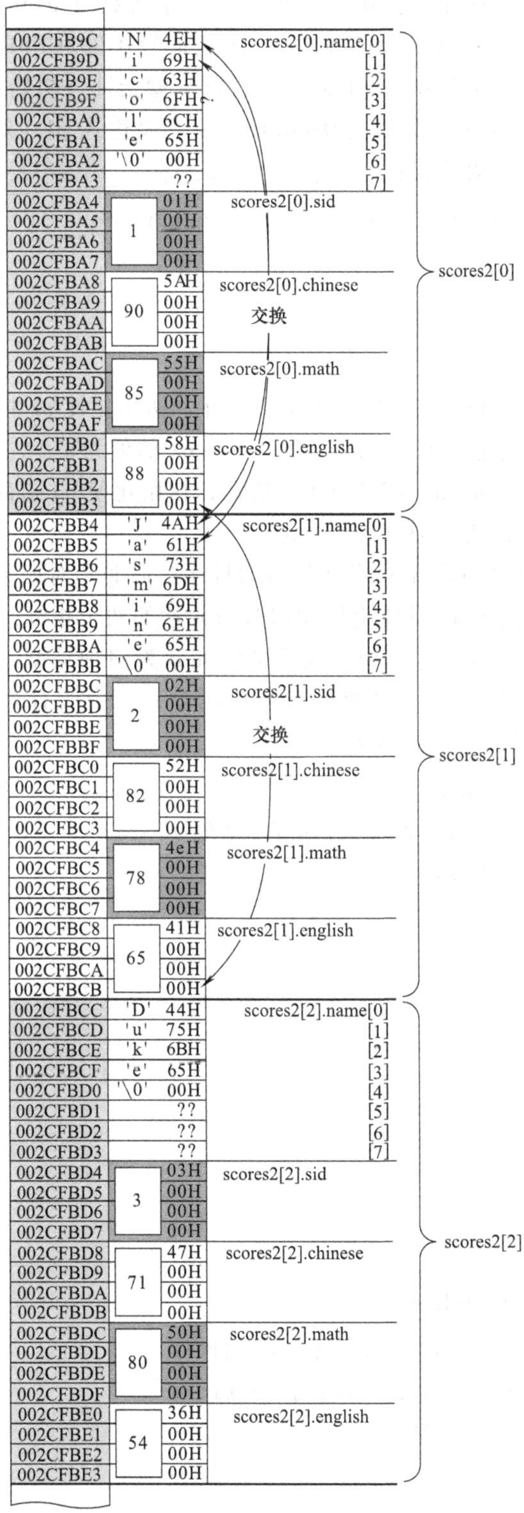

图 7-1 结构数组 scores2 在内存中的布局示例

数组成员 name 占 8 字节，随后是 int 型成员 sid，占 4 字节，成员 chinese 占 4 字节，成员 math 占 4 字节，成员 english 占 4 字节，共 24 字节。结构数组 scores2 在内存中共占据 72 字节，如图 7-1 所示，其首地址为 0x002CFB9C，末地址为 0x002CFBE3。

struct score ＊p1 = &scores2[0]，p1 为 struct score 型指针，初始化使 p1 指向了结构数组的第一个元素，如图 7-1 所示，其值为 0x002CFB9C。表达式 p1 +2 是指向 scores2[2]的指针，值为 0x002CFBCC，与表达式：

```
(struct score* )((char* )p1 +2* sizeof(struct score))
```

或

```
(struct score* )(0x002CFB9C +2* 24)
```

等效。

char ∗ p2 = scores2[1]. name，p2 为 char 型指针，初始化使 p2 指向了结构数组的第二个元素的数组成员 name。表达式 ∗ p2 的值为'J'；∗ ++ p2 的值为'a'。

int ∗ p3 = &scores2[1]. math，p3 为 int 型指针，初始化使 p3 指向了结构数组的第二个元素的 int 型成员 math。表达式 ∗ p3 的值为 78。

在 6.7 节中介绍的快速排序是对指针数组的排序，而非是对原数组的排序，这是因为函数 qsort 中调用的交换函数 swap 只能交换指向数组元素的两个指针，如果能直接交换两个元素，则可实现排序原数组。观察图 7-1，无论数组元素为何种类型，每个元素都占用相同的字节数，每个字节都可看做 char 型数据，交换完两个元素中所有对应字节的内容，则相当于交换了两个元素，这样的交换函数为

```
/*   交换两个相同类型的数据对象
    x 和 y 分别指向两个对象的首字节,对象占据的字节数为 width*/
void swap(char *x,char *y,int width)
{
    char temp;

    for(int i =0; i <width; i ++)
    {
      temp =x[i];
      x[i] =y[i];
      y[i] =temp;
    }
}
```

排序原数组的快速排序函数为

```
/* qsort: 将 v[left]...v[right] 从小到大进行排序*/
void qsort(void* v,int width,int left,int right
    ,int(* comp)(void* ,void* ))
{
    int i,last;
    void swap(char *x,char *y,int width);
```

```
    if(left >= right)
      return;

    swap((char* )v + left* width,(char* )v + ((left + right)/ 2)* width,width);
    last = left;

    for(i = left +1; i <= right; i ++)
      if((* comp)((void* )((char* )v + i* width),
              (void* )((char* )v + left* width)) <0)
        swap((char* )v + ( ++last)* width,(char* )v + i* width,width);

    swap((char* )v + left* width,(char* )v + last* width,width);

    qsort(v,width,left,last-1,comp);
    qsort(v,width,last +1,right,comp);
}
```

排序结构数组调用为

```
qsort((void* )scores2,sizeof(struct score),0,2,score_cmp2);
```

先前的排序函数 qsort 的第一参数为 void * [ ] 型，或 void * * 型，所排序的数组为指针数组，而此处函数 qsort 的第一参数为 void * 型，是待排序数组的首地址，调用时实参表达式（void *） scores2 的值为结构数组的首地址。第二个参数为数组元素以字节为单位的大小，数组 scores2 元素的类型为 struct score，表达式 sizeof（struct score）的值为此类结构占据的字节数。与快速排序指针数组的主要差异见表 7-1。

表 7-1　快速排序指针数组和排序数组本身的差异

	排序指针数组	排序数组本身
1	void qsort(void * v[ ],...)	void qsort(void * v,int width ,...)
2	v[x]	(void *)((char *)v + x * width)
3	void swap (void * v[ ],int i,int j)	void swap (char *x,char *y,int width)

7.4　类型名定义

C 语言的关键字 typedef 可以用来定义一个新的类型名，例如：

```
typedef int student_id_t;
```

即将定义 student_id_t 为 int 的同义词，类型 student_id_t 可用于声明、类型转换等处，凡是可以用 int 之处均可用 student_id_t。类型名定义实际上是为已有的类型另起一个别名，目的是为了使源程序更易于阅读和理解。例如：

```
typedef int  student_id_t;   /* 定义学号的类型*/
typedef int  mark_t;         /* 定义分数的类型*/
typedef char name_t[8];      /* 定义姓名的类型*/
```

```
typedef struct score
{
  name_t         name;   /* 姓名*/
  student_id_t   sid;    /* 学号*/
  mark_t       chinese,math,english; /* 语文、数学、外语的成绩*/
}score_t;           /* 成绩的类型*/
score_t scores2[]={
  {"Nicole",1,90,85,88},
  {"Jasmine",2,82,78,65},
  {"Duke",3,71,80,54}
};
```

这样的声明是不是比先前的声明好理解一些呢？

C 语言标准中 int 型所占的字节数与系统相关，一般与机器的数据总线宽度一致，short 型至少 16 位，long 型至少 32 位，int 型既可是 16 位也可是 32 位，具体是多少由编译器决定，这就给程序从一种平台到另一种平台的迁移带来一些问题。在 32 位 int 型系统中声明的变量在 16 位 int 型系统中缩减了一半，运行时必定产生错误。通过使用 typedef 则可避免之。在 32 位 int 型系统中：

```
typedef int   int32_t;   /* 32 位有符号整数*/
...
int32_t x,y,z;
```

当需要迁移到 16 位 int 型系统中时，进行如下修改即可。

```
typedef long  int32_t;   /* 32 位有符号整数*/
```

类型名定义与声明变量的存储类别很相似，从纯语法的角度看，二者语法结构一样，带有存储类别的变量声明的含义是：声明标识符为某类型的变量；类型名定义的含义为标识符是某类型的别名。事实上，和 static、extern、auto、register 一样，typedef 的确被当做一种存储类别，尽管它不是真正意义上的存储类别，而仅具有语法上的相同意义而已。

前述的变量定义："name_t name;"，意味着变量 name 的类型是 name_t 型的，而 name_t 是一个有 8 个字符元素的数组的别名。若有类型名定义为

```
typedef int(* fp_comp_t)(void*,void*);
```

则快速排序函数的原型声明为

```
void qsort(void* v,int width,int left,int right
  ,int(* comp)(void* ,void* ));
```

可改写为

```
void qsort(void* v,int width,int left,int right
  ,fp_comp_t comp);
```

该函数最后一个参数 comp 的类型为 fp_comp_t，即一个指向有两个通用指针为形参、返回 int 型的函数指针。类型名定义使源程序更具逻辑性。

不要混淆了类型名定义和宏替换，如：

```
typedef char* string_ptr_t;
#define string_ptr_m char*
...
string_ptr_t ps1,ps2;  /* 等效于:char *ps1,*ps2;*/
string_ptr_m ps3,ps4;  /* 替换后:char *ps3,ps4;*/
```

变量 ps1 和 ps2 都是字符指针，变量 ps3 也是字符指针，而变量 ps4 是字符型，而非字符指针。

7.5 结构的应用

7.5.1 链表

数组的元素在内存中是连续存放的，通过下标可以很方便地引用任何一个元素。试想一下，在数组中插入或删除一个元素时应该如何操作呢？插入时，首先要找到插入的位置，然后将其后的各元素依次后移一个位置，最后将新元素赋值到空出来的位置中；删除时，先找到删除的位置，然后将其后的元素依次前移。数组元素的添加、删除操作很是费时，优势是引用方便。在很多应用场合，需要频繁地添加和删除数据，数组就很难胜任了。

由 n 个数据元素组成的有限序列称为线性表。数组是线性表的一种，称为顺序表，即元素连续存储在内存中。而非连续存储的形式称为链表（Linked List）。链表通常由一系列节点组成，每个节点包含任意类型的数据，称为数据域，以及一个或两个用来指向前一个（前驱）或后一个（后继）节点的位置的链接（Links），称为指针域，如图 7-2 所示。总有一个称为“头指针”的指针指向链表的某个节点，对于单向链表，头指针指向链表的第一个节点，沿着后继节点指针可以遍历整个链表；对于双向链表，头指针可以指向任何一个节点，沿着后继节点指针可以向后遍历，沿着前驱节点指针可以向前遍历。

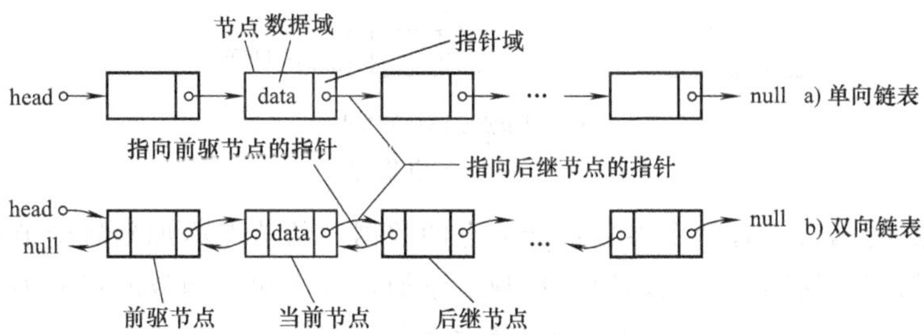

图 7-2 链表示意图

当单向链表末节点的后继指针不是空指针，而是指向首节点，则构成了单向循环链表。当双向链表的末节点的后继指针不是空指针，而是指向首节点，首节点的前驱指针不是空指针，而是指向末节点，则构成了双向循环链表。

可用结构来表示单向链表的节点，若有节点数据域的类型名定义为

```
typedef ... list_data_t;          /* 节点数据的类型*/
typedef ... list_data_ptr;        /* 指向节点数据的指针类型*/
```

“...”可以是任何类型（如 int 等，暂时省略，后文再做介绍），则节点的结构为

```
typedef struct list_item            /* 链表节点的结构*/
{
    struct list_item *next;         /* 指向后继节点的指针*/
    int inuse;                      /* 节点的存储空间状态*/
    list_data_t data;               /* 节点的数据*/
} list_item_t,*list_item_ptr;
```

有关节点的存储空间状态成员 inuse 的作用和用法，在后文中做介绍。

向链表中添加新节点和删除链表中既有节点，以及查找指定节点是链表的基本操作。

如图 7-3 所示，添加节点时，若新节点将成为链表的首节点，步骤（见图 7-3a）为：

1）为新节点分配存储空间，并复制数据到新节点。

2）新节点的后继指向原首节点。

3）头指针指向新节点。

若在链表中间或尾部添加新节点，步骤（见图 7-3b）为：

1）为新节点分配存储空间，并复制数据到新节点。

2）从首节点开始查找指定的节点，新节点将添加在该节点之后。

3）新节点的后继指向指定节点的后继节点。

4）指定节点的后继指向新节点。

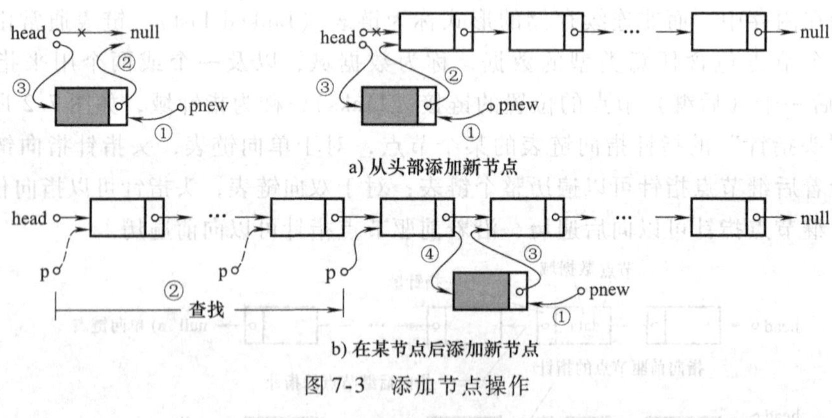

图 7-3　添加节点操作

实现添加节点的函数应有两个参数：新节点的数据、新节点添加到哪个节点之后，返回值指示添加操作的错误代码，以便调用函数判断添加是否成功。函数的定义为

```
typedef int error_code_t;         /* 错误代码类型名定义,0 表示无错误*/
/* 在指定的节点后添加,指定节点为空指针时从头部添加*/
error_code_t                      /* 返回错误的代码*/
insert(list_data_ptr pdata        /* 指向新节点数据的指针*/
    ,list_item_ptr pitem)         /* 指向指定节点的指针*/
{
    if(!pdata)
        return 1;   /* 新节点数据指针为空*/

    /* 1)为新节点分配存储空间*/
```

```
    list_item_ptr pnew = alloc_item();
    if(! pnew)
      return 2;   /* 无存储空间*/

    /* 复制数据*/
    if(bytcpy((char* )&pnew->data,(char* )pdata,sizeof(pnew->data)))
    {
      free_item(pnew);
      return 3;   /* 复制数据错误,释放节点,返回错误代码*/
    }

    if(!pitem)  /* 指定节点为空指针,新节点将成为链表的首节点*/
    {
      pnew->next = m_phead;   /* 2)新节点的后继指向原首节点*/
      m_phead = pnew;         /* 3)头指针指向新节点*/
    }
    else    /* 链表中间或尾部添加新节点*/
    {
      list_item_ptr p = find_item(pitem);   /* 2)查找指定的节点*/
      if(!p)
        return 4;       /* 找不到指定节点,不能完成添加操作*/
      pnew->next = p->next;   /* 3)新节点的后继指向指定节点的后继节点*/
      p->next = pnew;         /* 4)指定节点的后继指向新节点*/
    }

    return 0;   /* 无错误*/
}
```

函数中调用的查找指定节点的函数 find_item 定义为

```
/* 查找指定节点*/
list_item_ptr find_item(list_item_ptr pitem)
{
    list_item_ptr p;
    for(p = m_phead; p && p != pitem; p = p->next);
    return p;
}
```

函数的参数为指定节点的指针，链表中存在指定的节点时，返回值与参数的值相同；不存在时，返回空指针，这是为了确保能成功添加。

变量定义时已确定了变量在内存中应占用的字节数，根据其生存期变量创建和销毁。而链表中节点的数量是动态变化的，可利用标准库函数：

```
    void* malloc(unsigned int size)     /* 在动态数据区中分配 size 字节的内存区域,
                                           成功返回指向该区域的通用指针,失败返回一个空指针*/
```

在程序运行过程中动态申请内存来存放链表的节点，函数的原型声明在头文件 stdlib. h 中。如果不希望或为了避免动态地申请内存，可事先定义一个 list_item_t 类型的数组来存放链表节点，数组的大小根据程序需要而定。

```
/* 链表节点最大数量*/
#define LIST_SIZE  20
list_item_t m_list[LIST_SIZE];     /* 用数组存储链表的节点*/
```

结构 list_item_t 中的成员 inuse 为 1 时，表示数组的该元素已被征用来存放链表节点；为 0 时，表示该元素目前未被使用。添加节点时函数 alloc_item 在数组寻找一个 inuse 为 0 的元素，找到则置 inuse 为 1 并返回该元素的指针。alloc _ item 函数的定义为

```
/* 分配一个可用节点*/
list_item_ptr alloc_item(void)
{
    int i;
    for(i =0; i <LIST_SIZE; i ++)
    {
      if(!m_list[i].inuse)   /* inuse 为 0,可用*/
      {
        m_list[i].inuse =1;
        return &m_list[i];
      }
    }
    return 0;   /* 无错误*/
}
```

bytcpy 函数实现了向新节点的数据域赋值的操作。

```
/* 按字节复制*/
error_code_t bytcpy(char* pdst,char* psrc,int size)
{
    if(!pdst || !psrc)
      return 1;  //无效的参数;

    int i;
    for(i =0; i <size; i ++)
      *pdst ++ = *psrc ++;
    return 0;   /* 无错误*/
}
```

若复制节点数据时发生错误，则应释放已分配的节点，即置 inuse 为 0，该函数的定义为

```
/* 释放节点*/
void free_item(list_item_ptr p){p ->inuse =0; }
```

如图 7-4 所示，删除节点时，若删除的是首节点，步骤（见图 7-4a）如下：

1）使头指针指向首节点的后继节点。

2）释放被删除的节点。

若删除的不是首节点，步骤（见图7-4b）如下：

1）从首节点开始查找指定节点的前驱节点。

2）使找到的前驱节点的后继指针指向被删除节点的后继节点。

3）释放被删除的节点。

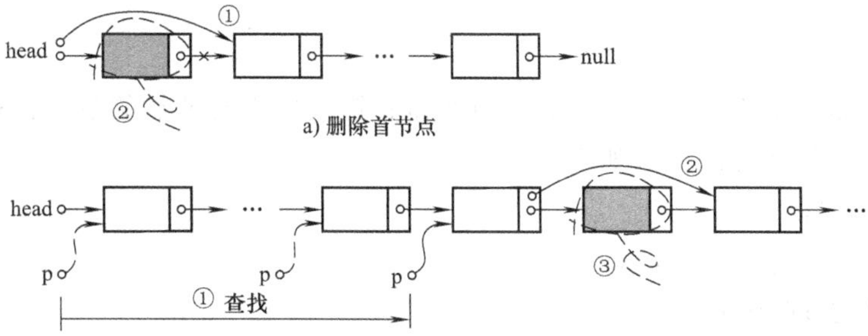

图7-4　删除节点操作

实现删除节点函数的参数为指向被删除节点的指针，返回值为指示操作的错误代码，函数的定义如下：

```
/* 删除指定节点*/
error_code_t erase(list_item_ptr pitem)
{
    if(!pitem)
      return 1;   /* 指定节点无效*/

    if(!m_phead)
      return 0;   /* 空链表*/

    if(m_phead == pitem)   /* 删除首节点*/
      m_phead = pitem -> next;   /* 1)使头指针指向首节点的后继节点*/
    else
    {
      list_item_ptr p = find_prev_item(pitem); /* 1)查找指定节点的前驱节点*/
      if(!p)
        return 2;   /* 找不到指定前驱节点,不能完成删除操作*/

      p -> next = pitem -> next; /* 2)使前驱节点的后继指针指向被删除节点的后继节点*/
    }

    /* 2)/3): 释放被删除的节点*/
    free_item(pitem);

    return 0;   /* 无错误*/
}
```

查找指定节点的前驱节点的函数如下：

```
/* 查找指定节点的前驱节点*/
list_item_ptr find_prev_item(list_item_ptr pitem)
{
    list_item_ptr p;
    for(p=m_phead; p && p->next !=pitem; p=p->next);
    return p;
}
```

最多可以有多少链表节点，即链表节点容量；链表中现有节点的数量；存储节点的数组元素是否已经用完等状态的函数如下：

```
/* 获取链表节点容量*/
int get_capacity(void){return LIST_SIZE; }
/* 获取链表中现有节点的数量*/
int get_size(void)
{
    int n;
    list_item_ptr p;
    for(n=0,p=m_phead; p; n++,p=p->next);
    return n;
}
/* 获取存储节点的数组元素是否已经用完的状态*/
int is_use_up(void){return get_size()==get_capacity(); }
```

获取指定位置节点指针，以及获取指定位置节点数据指针的函数如下：

```
/* 获取指定位置节点*/
list_item_ptr get_item_at(int pos)
{
    list_item_ptr p;
    int i;
    for(p=m_phead,i=0; p && i<pos; p=p->next,i++);
    return p;
}
/* 获取指定位置节点的数据*/
list_data_ptr get_data_at(int pos)
{
    list_item_ptr p=get_item_at(pos);
    if(p)
      return &p->data;
    return 0;
}
```

函数 get_item_at(i)和 get_data_at(i)有点类似于通过下标访问数组元素，但比起来要复杂得多。

获取首、末节点指针，以及获取首、末节点数据指针的函数如下：

```
/* 获取首节点*/
list_item_ptr get_begin(void){return m_phead; }
/* 获取末节点*/
list_item_ptr get_end(void){return find_prev_item(0); }
/* 获取首节点的数据*/
list_data_ptr get_front(void)
{
    list_item_ptr p = get_begin();
    if(p)
      return &p -> data;
    return 0;
}
/* 获取末节点的数据*/
list_data_ptr get_back(void)
{
    list_item_ptr p = get_end();
    if(p)
      return &p -> data;
    return 0;
}
```

应用经常要求在首节点前或在末节点后添加新节点，删除首节点或末节点，这些函数的定义如下：

```
/* 添加新节点为首节点*/
void push_front(list_data_ptr pdata){insert(pdata,0); }
/* 添加新节点为末节点*/
void push_back(list_data_ptr pdata){insert(pdata,get_end()); }
/* 删除首节点*/
void pop_fornt(void){erase(get_begin()); }
/* 删除末节点*/
void pop_back(void){erase(get_end()); }
```

清空链表的函数定义如下：

```
/* 清空链表*/
void clear(void)
{
    int i;
    for(i =0; i <LIST_SIZE; i ++)
    {
        m_list[i].next =0;
        m_list[i].inuse =0;
```

```
    }
    m_phead = 0;
}
```

7.5.2 队列和堆栈

链表作为一种基础的数据结构，可以用来生成其他类型的数据结构，如队列和堆栈。

如图 7-5a 所示，队列（Queue）是一种先进先出（First-In-First-Out，FIFO）的线性表。它只允许在表的前端（Front）进行删除操作，在表的后端（Rear）进行插入操作。进行插入操作的端称为队尾，进行删除操作的端称为队头。队列中没有元素时，称为空队列。

如图 7-5b 所示，堆栈（Stack），或称栈，是一种先进后出（First-In-Last-Out，FILO）的线性表。它只允许在表的前端进行删除和插入操作。

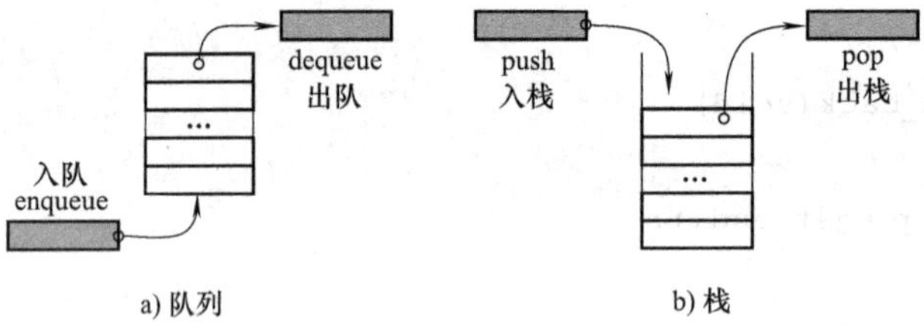

图 7-5 队列和栈及其操作

入/出队列和入/出栈的函数如下：

```
/* 入队*/
void enqueue(list_data_ptr pdata){push_back(pdata); }
/* 出队*/
void dequeue(void){pop_fornt(); }
/* 入栈*/
void push(list_data_ptr pdata){push_front(pdata); }
/* 出栈*/
void pop(void){pop_fornt(); }
```

前文中在定义节点数据域类型名时并未给出数据的具体类型，参见 7.4 节，可以将学生成绩作为节点的数据：

```
typedef score_t list_data_t, *list_data_ptr;
```

下列程序演示了入队/出队及入栈/出栈操作。

```
#include <stdio.h>
#include "LinkList.h"
void disp_list(void);
int main()
{
    score_t scores2[] = {
```

```
        {"Nicole",1,90,85,88},
        {"Jasmine",2,82,78,65},
        {"Duke",3,71,80,54}
    };

    /* 队列*/
    clear();
    enqueue(&scores2[0]);  /* 入队*/
    enqueue(&scores2[1]);  /* 入队*/
    enqueue(&scores2[2]);  /* 入队*/
    printf("\nafter Nicole,Jasmine,Duke enqueued:\n");
    disp_list();  /* 显示链表的各节点及链表状态*/
    dequeue();         /* 出队*/
    dequeue();         /* 出队*/
    printf("\nafter dequeue twice:\n");
    disp_list();

    /* 堆栈*/
    clear();
    push(&scores2[0]);     /* 入栈*/
    push(&scores2[1]);     /* 入栈*/
    push(&scores2[2]);    /* 入栈*/
    printf("\nafter Nicole,Jasmine,Duke push into stack\n");
    disp_list();
    pop();                   /* 出栈*/
    pop();                   /* 出栈*/
    printf("\nafter pop twice:\n");
    disp_list();
}
/* 显示链表的各节点及链表状态*/
void disp_list(void)
{
    list_item_ptr p=m_phead;
    while(p)
    {
      printf("{%d,%s}",p->data.sid,p->data.name);
      p=p->next;
    }
    printf("size:%d,capa:%d\n",get_size(),get_capacity());
}
```

执行该程序后的结果如下：

```
after Nicole,Jasmine,Duke enqueued:
```

```
{1,Nicole}{2,Jasmine}{3,Duke}size:3,capa:20

after dequeue twice:
{3,Duke}size:1,capa:20

after Nicole,Jasmine,Duke push into stack
{3,Duke}{2,Jasmine}{1,Nicole}size:3,capa:20

after pop twice:
{1,Nicole}size:1,capa:20
```

7.5.3 完整的源程序

前两个小节中所介绍的内容可组织为 7 个源文件：

- LinkList. h 中为类型定义、函数声明。
- LinkList. c 中为全局变量定义、函数定义。
- Queue. h 中为入队、出队的函数声明。
- Queue. c 为入队、出队的函数定义。
- Stack. h 中为入栈、出栈的函数声明。
- Stack. c 为入栈、出栈的函数定义。
- main. c 中为 main 函数和显示链表的各节点及链表状态函数的定义。

（1） LinkList. h

```
/* LinkList.h*/
#ifndef_LISTLINK_H
#define_LISTLINK_H

/* 错误代码类型名*/
typedef int error_code_t;

/* 链表节点最大数量*/
#define LIST_SIZE  20
/* 链表节点中的数据*/
typedef int   student_id_t;   /* 定义学号的类型*/
typedef int   mark_t;         /* 定义分数的类型*/
typedef char  name_t[8];      /* 定义姓名的类型*/
typedef struct score
{
   name_t         name;  /* 姓名*/
   student_id_t  sid;  /* 学号*/
   mark_t         chinese,math,english; /* 语文、数学、外语的成绩*/
} score_t;            /* 成绩的类型*/
```

```
typedef score_t list_data_t,*list_data_ptr;

/* 链表节点的结构*/
typedef struct list_item
{
    struct list_item* next;  /* 指向后继节点的指针*/
    int inuse;               /* 节点的存储空间状态*/
    list_data_t data;        /* 节点的数据*/
} list_item_t,* list_item_ptr;

/* 链表头指针声明*/
extern list_item_ptr m_phead;

/* 按字节复制*/
error_code_t bytcpy(char* pdst,char* psrc,int size);
/* 清空链表*/
void clear(void);
/* 分配一个可用节点*/
list_item_ptr alloc_item(void);
/* 释放节点*/
void free_item(list_item_ptr p);
/* 寻找指定节点*/
list_item_ptr find_item(list_item_ptr pitem);
/* 寻找指定节点的前驱节点*/
list_item_ptr find_prev_item(list_item_ptr pitem);
/* 在指定的节点后添加,指定节点为空指针时从头部添加*/
error_code_t insert(list_data_ptr pdata,list_item_ptr pitem);
/* 删除指定节点*/
error_code_t erase(list_item_ptr pitem);
/* 获取链表节点容量*/
int get_capacity(void);
/* 获取链表中现有节点的数量*/
int get_size(void);
/* 获取存储节点的数组元素是否已经用完的状态*/
int is_use_up(void);

/* 获取首节点*/
list_item_ptr get_begin(void);
/* 获取末节点*/
list_item_ptr get_end(void);
/* 获取指定位置节点*/
list_item_ptr get_item_at(int pos);
```

```
/* 获取首节点的数据 */
list_data_ptr get_front(void);
/* 获取末节点的数据 */
list_data_ptr get_back(void);
/* 获取指定位置节点的数据 */
list_data_ptr get_data_at(int pos);

/* 添加新节点为首节点 */
void push_front(list_data_ptr pdata);
/* 添加新节点为末节点 */
void push_back(list_data_ptr pdata);
/* 删除首节点 */
void pop_front(void);
/* 删除末节点 */
void pop_back(void);

#endif
```

（2） LinkList.c

```
/* LinkList.c */
#include "LinkList.h"

/* 用数组存储链表的节点 */
list_item_t m_list[LIST_SIZE];
/* 链表头指针 */
list_item_ptr m_phead = 0;

...(省略部分为函数定义,参见本节相关内容)
```

（3） Queue.h

```
/* Queue.h */
#ifndef_QUEUE_H
#define_QUEUE_H

#include "LinkList.h"

/* 入队 */
void enqueue(list_data_ptr pdata);
/* 出队 */
void dequeue(void);

#endif
```

（4） Queue. c

```
/*  Queue.c */
#include "Queue.h"
```

...（省略部分为函数定义,参见本节相关内容）

（5） Stack. h

```
/*  Stack.h */
#ifndef_STACK_H
#define_STACK_H

#include "LinkList.h"

/*  入栈 */
void push(list_data_ptr pdata);
/*  出栈 */
void pop(void);

#endif
```

（6） Stack. c

```
/*  Stack.c */
#include "Stack.h"
```

...（省略部分为函数定义,参见本节相关内容）

（7） main. c

```
/*  main.c */
#include "LinkList.h"
#include "Queue.h"
#include "Stack.h"
#include  <stdio.h>
void disp_list(void);
```

...（省略部分为函数定义,参见本节相关内容）

若节点的数据类型为 int 型，可将头文件 LinkList. h 中的

```
typedef score_t list_data_t, * list_data_ptr;
```

修改为

```
typedef int list_data_t, * list_data_ptr;
```

main. c 中的 main 函数和 disp_list 函数修改如下：

```
void disp_list(void)
{
```

```
    list_item_ptr p = m_phead;
    while(p)
    {
      printf("{%d}", p->data);
      p = p->next;
    }
    printf("size:%d, capa:%d\n", get_size(), get_capacity());
}
int main()
{
    list_data_t data;

    /* 队列 */
    clear();
    data = 1;  enqueue(&data);
    data = 2;  enqueue(&data);
    data = 3;  enqueue(&data);
    printf("\nafter 1, 2, 3 enqueued:\n");
    disp_list();
    dequeue();
    dequeue();
    printf("\nafter dequeue twice:\n");
    disp_list();

    /* 堆栈 */
    clear();
    data = 1;  push(&data);
    data = 2;  push(&data);
    data = 3;  push(&data);
    printf("\nafter 1, 2, 3 push into stack\n");
    disp_list();
    pop();
    pop();
    printf("\nafter pop twice:\n");
    disp_list();
}
```

执行该程序后的结果如下：

```
after 1, 2, 3 enqueued:
{1} {2} {3} size:3, capa:20
after dequeue twice:
{3} size:1, capa:20
```

```
after 1, 2, 3 push into stack
{3} {2} {1} size:3, capa:20

after pop twice:
{1} size:1, capa:20
```

7.6 联　　合

若有结构类型变量定义如下：

```
struct
{
  char  cval, carr[4];
  int   ival;
  float  fval;
} s;
```

有语句：

```
s.carr[0] = 0x41;
s.carr[1] = 0x42;
s.carr[2] = 0x43;
s.carr[3] = 0x44;
```

这些语句执行后，变量 s 在内存中的布局如图 7-6a 所示，其中的成员依定义的顺序连续排列，各自占据不同的存储空间，为某成员赋值不会影响到其他成员。

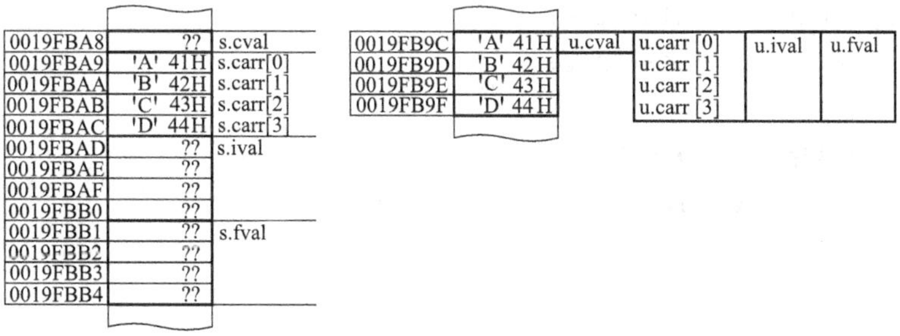

a) 结构类型变量在内存中的布局　　b) 联合类型变量在内存中的布局

图 7-6　结构类型变量和联合类型变量在内存中的布局示例

C 语言中的另一种导出数据类型与结构类型很相似，称为联合（Union），定义时使用关键字 union，如下列定义：

```
union
{
  char  cval, carr[4];
  int   ival;
  float  fval;
} u, *pu = &u;
```

变量 u 的定义与定义结构类型变量 s 的区别仅在于 union 和 struct，但二者在内存的布局不同，联合类型变量的成员在内存中共享同一存储空间，换言之，联合成员具有相同的地址，如图 7-6b 所示，联合类型的大小与其中最大者相同，char 型成员 cval 需要 1 字节，char 型数组成员 carr 需 4 字节，int 型成员 ival 和 float 型成员 fval 各需 4 字节，因此表达式 sizeof(u) 的值为 4，而表达式 sizeof(s) 的值为 13。

当执行如下语句：

```
u.carr[0] = 0x41;
u.carr[1] = 0x42;
u.carr[2] = 0x43;
u.carr[3] = 0x44;
```

后，表达式 u.cval 的值为'A'，表达式 u.ival 的值为 0x44434241（1145258561）。为联合的某成员赋值会影响到其他成员。通过联合类型变量引用其成员（如 u.ival）和通过联合类型指针间接引用成员（如 pu->ival）是等效的。

联合类型提供一种在同一存储区域操作不同类型数据的方法，如 u.cval、u.ival 和 u.fval。

一个 int 型变量在内存中占用连续的 4 字节，如果最低有效字节的地址在最高有效字节的前面，称为小端序（Little Endian），或小端模式，反之称为大端序（Big Endian），或大端模式。常用的 x86 采用小端模式，而 Keil C51 则为大端模式。很多的 ARM、DSP 为小端模式，而有些 ARM 处理器还可以由硬件来选择是大端模式还是小端模式。

可以用联合来测试系统采用的是哪种端序，测试的函数为

```
typedef unsigned char    uint8_t;
typedef unsigned short   uint16_t;
typedef unsigned int     uint32_t;

/* 返回值 = 1:小端序; = 0:大端序 */
int is_little_endian(void)
{
    union
    {
      uint8_t    ui8;   /* 8 位成员 */
      uint32_t   ui32;  /* 32 位成员 */
    } u;  /* 联合类型变量 u 占 4 字节 */

    u.ui32 = 0x01020304;
    return u.ui8 == 0x04;  /* 32 位成员的最低有效字节等于 8 位成员时为小端序 */
}
```

网络传输一般采用大端序，也称为网络字节序，或网络序。Internet 中的 IP 地址为一个 32 位二进制数，使用时习惯用点分十进制表示法，如 192.168.0.1、202.119.80.2 等。为了方便地按 32 位、16 位和 8 位使用 IP 地址，可声明如下类型的结构：

```
typedef struct
{
    union
    {
      struct{uint8_t s_b1,s_b2,s_b3,s_b4;} S_un_b;/*  4 字节形式的 IP 地址 */
      struct{uint16_t s_w1,s_w2;} S_un_w;          /*  2 个 16 位形式的 IP 地址 */
      uint32_t S_addr;                             /*  32 位形式的 IP 地址 */
    } S_un;
} ip_addr_t;
```

若

```
ip_addr_t ip_njust;
ip_njust.S_un.S_un_b.s_b1  = 202;  /*  0xca */
ip_njust.S_un.S_un_b.s_b2  = 119;  /*  0x77 */
ip_njust.S_un.S_un_b.s_b3  = 80;   /*  0x50 */
ip_njust.S_un.S_un_b.s_b4  = 2;    /*  0x02 */
```

则表达式 ip_njust. S_un. S_w. s_w1 的值为 0x77ca，表达式 ip_njust. S_un. S_w. s_w2 的值为 0x0250，表达式 ip_njust. S_un. S_addr 的值为 0x025077ca。

注意该结构的定义，结构的成员可以是联合类型，而联合的成员亦可是结构类型。

7.7 位　　域

一般一个整型数有以下三种形式：

• 8 位，1 字节的：char 型，取值范围为 $-2^8 \sim 2^7-1$；unsigned char 型，取值范围为 $0 \sim 2^8-1$。

• 16 位，2 字节的：short 型，取值范围为 $-2^{15} \sim 2^{15}-1$；unsigned short 型，取值范围为 $0 \sim 2^{16}-1$。

• 32 位，4 字节的：int 型，取值范围为 $-2^{31} \sim 2^{31}-1$；unsigned int 型，取值范围为 $0 \sim 2^{32}-1$。

实际应用中有许多的整型数的取值范围很小，如开关量仅需 1 位二进制数即可，某些状态可能的值不超过 8 种，用 3 位二进制数就可以了。如果有 16 个开关的启闭和 4 组值不超过 7 的状态需要表示，按最少字节数的整型声明，如 char sv [16]，state [4]，则占 20 字节，160 位，其中实际使用的仅有 28 位。若能按实际位数声明，则可节省存储，对于内存资源稀缺的应用而言尤为需要。C 语言提供一种满足此类需求的定义，即位域（Bit-field）。位域是一组相邻的二进制位，这些位位于由 C 编译器实际定义的单一的存储单元内。能按位数定义的变量仅能是结构的成员，定义的语法是成员名后跟随冒号（:），然后是成员的位数，例如：

```
struct packed_data
{
  unsigned short sv01:1, sv02:1, sv03:1, sv04:1;
```

```
  unsigned short sv05:1, sv06:1, sv07:1, sv08:1;
  unsigned short sv09:1, sv10:1, sv11:1, sv12:1;
  unsigned short sv13:1, sv14:1, sv15:1, sv16:1;
  unsigned short state1:3, state2:3, state3:3, state4:3;
} pd;
```

表达式 sizeof(pd) 的值为4，16 个开关量占用了 unsigned short 型的全部 16 位，4 个 3 位状态占用了 12 位，如图 7-7b 所示。若将 unsigned short 改为 unsigned char，sizeof(pd) 的值还是 4，如图 7-7a 所示，改为 unsigned int 时，sizeof(pd) 的值依然是 4，如图 7-7c 所示。

但是定义改为如下内容：

```
struct packed_data
{
  unsigned int sv01:1, sv02:1, sv03:1, sv04:1;
  unsigned int sv05:1, sv06:1, sv07:1, sv08:1;
  unsigned int sv09:1, sv10:1, sv11:1, sv12:1;
  unsigned int sv13:1, sv14:1, sv15:1, sv16:1;
  unsigned char state1:3, state2:3, state3:3, state4:3;
} pd;
```

表达式 sizeof(pd) 的值为6，即 1 个 unsigned int 型（4 字节）和 2 个 char 型（1 字节），如图 7-7d 所示。

注意： 不能定义位域数组，不能取位域的地址，位域不能作为指针所指向的对象。

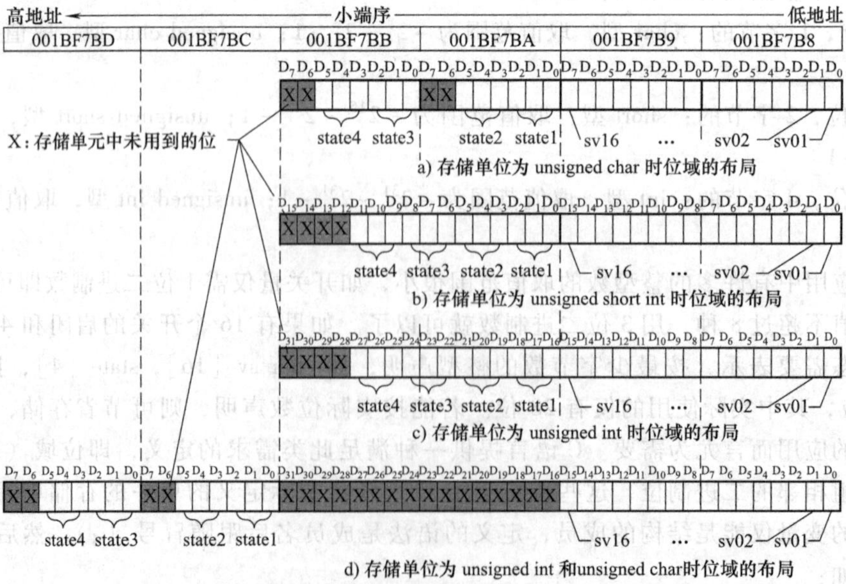

图 7-7 位域在不同存储单元中的布局示例

图 7-7 所示的为采用小端序系统的位域布局，各位域依序在存储单元内从最低有效位（D0）向最高有效位（D7、D15 或 D31）排列。当存储单元不足以容纳一个位域时，从下一

个同类型存储单元的最低有效位开始排，如图 7-7a 中的 state3。从图 7-7 中可见，为了使各位域能相邻排列，应采用较大的存储单元。

习　　题

一、单项选择题

1. 若有定义："struct { int i; char c; double f; } x;"，则变量 x 占用存储空间的字节数为（　　）。

A. 1　　B. 4　　C. 8　　D. 13

2. 若有定义："union { int i; char c; double f; } x;"，则变量 x 占用存储空间的字节数为（　　）。

A. 1　　B. 4　　C. 8　　D. 13

3. 若有定义："struct student { int num, age; } stu [ ] = { {1001, 20}, {1002, 19}, {1003, 20}}, *p = stu;"，则不正确的是（　　）。

A. (p ++) -> num　　B. p ++　　C. (* p). num　　D. p = &stu. age

4. 若有定义："union { char c [4]; int x; } u;" 及语句："u. x = 0x41424344;"，则 u. c [0] 的值是（　　）。

A. 'A'　　B. 'B'　　C. 'C'　　D. 'D'

5. 若有定义：

```
union reg
{
  unsigned int data;
  struct
  {
    unsigned int bit0       :1;
    unsigned int bit1_3     :4;
    unsigned int bit4_5     :2;
    unsigned int bit6       :1;
    unsigned int bit7       :1;
  } field;
} x;
```

与表达式 x. field. bit4_ 5 = 3 等价的是（　　）。

A. x. data = 3 << 5

B. x. data = (x. data & (~ (3 << 5))) | (3 << 5)

C. x. data = (x. data | (~ (3 << 5))) & (3 << 5)

D. x. data = (x. data & (3 << 5)) | (~ (3 << 5))

二、填空题

1. 有定义："struct { int x, y } t[2] = {{1, 2}, {3, 4}}, * p = t;"，则表达式 ++ p-> x的值为________，(++ p) -> x 的值为________。

2. 有定义："struct { int x; char * y } t[2] = {{1, "ab"}, {2, "cd"}}, * p = t;"，则表达式 * p-> y 的值为________，*(++ p)-> y 的值为________。

3. 有程序段如下：

```
union {
  struct { int x, y; } in;
  int a, b;
} e;
e.a = 1; e.b = 2;
e.in.x = e.a * e.b;
e.in.y = e.a + e.b;
```

执行该段程序之后，e.in.x 的值为________，e.in.y 的值为________。

4. 有定义："struct { int a, b; double f; } n = {1, 3, 5.0}, * p = &n;"，则表达式p->b/n.a * ++p->b 的值为________，(* p).a + p->f 的值为________。

5. 补充完整下面的程序段。

```
typedef struct node
{
  int data;               /* 数据域 */
  struct node * next;     /* 后继节点指针 */
} node_t;                 /* 链表节点的结构 */
/*
  在头指针为 head 的链表中查找第一个数据域为 x 的节点，
  存在则返回该节点的指针，否则返回 0
 */
node_t* find_node(node_t* head, int x)
{
      node_t *p;
      for(p = head;_______; p = p->_______)
        if(p->_______ == x)
          return p;
  return _______;
}
```

三、应用题

1. 说明结构和数组的不同之处。

2. 编写计算两个时间之间间隔秒数的函数，函数原型为 int time_diff（struct time t1, struct time t2）。时间的结构可自行定义。

3. 编写计算若干秒之后或之前时间的函数，函数原型为 int time_add（struct time t, int seconds）。时间的结构可自行定义。

4. 用结构中嵌套联合的方法描述学生的课程成绩，学生姓名和课程名称为字符数组，成绩分为百分制（0～100）和五级制（A、B、C、D、E）。

5. 某外设的控制命令为 8 位二进制数，其格式如下：

<table>
<tr><td>D7</td><td>D6</td><td>D5</td><td>D4</td><td>D3</td><td>D2</td><td>D1</td><td>D0</td></tr>
<tr><td colspan="2">counter</td><td colspan="2">rw</td><td colspan="3">mode</td><td>bcd</td></tr>
</table>

用位域定义该控制命令。

第二部分　LPC2138 微控制器

第 8 章　ARM 内核与 LPC2138 微控制器

ARM 既是一类微处理器的总称，也是一个体系结构。掌握了 ARM 体系结构很容易触类旁通地掌握众多的基于 ARM 的微控制器。

本章首先讲述了 ARM 体系结构的核心概念。随后，以 NXP 公司生产的 LPC2138 芯片为例，讲解了基于 ARMT7TDMI-S CPU 内核的微控制器。

8.1　ARM7TDMI-S CPU 内核

ARM 既是一个公司的名字，也是一类微处理器技术的统称。1990 年，ARM 公司在英国成立。与一般的半导体公司不同，ARM 公司本身不生产芯片，而是通过出售处理器设计技术授权，也称为 ARM 内核，由合作伙伴生产各种不同的芯片。目前，全世界大约有 100 多家芯片制造商与 ARM 公司签订了技术使用许可协议，其中包括 Intel、IBM、NEC、SONY、NXP 等主要的大公司。基于 ARM 内核的微控制器在工业控制、通信系统、网络系统以及消费类电子产品等领域得到广泛的应用。开发人员只要掌握一种基于 ARM 内核芯片的开发手段，就能够使用不同芯片公司生产的 ARM 芯片。

8.1.1　ARM 体系结构与内核版本

ARM 公司开发了很多系列的 ARM 处理器内核，见表 8-1。在控制领域应用比较多的是 ARM7TDMI 系列、Cortex-M3 系列。ARM7TDMI 是 ARM 公司 1995 年推出的处理器内核，其体系结构版本为 ARMv4T。请注意，内核并非芯片产品。芯片制造厂商获得 ARM 公司授权后，将 ARM 内核与其他部件，如 RAM、ROM 以及片内外设等集成到一起才能构成实际的芯片产品。

表 8-1　ARM 体系结构版本与内核版本

体系结构版本	位宽度	ARM 内核版本
ARMv1	32/26	ARM1
ARMv2	32/26	ARM2，ARM3
ARMv3	32	ARM6，ARM7
ARMv4	32	ARM8
ARMv4T	32	ARM7TDMI，ARM9TDMI
ARMv5	32	ARM7EJ，ARM9E，ARM10E
ARMv6	32	ARM11

（续）

体系结构版本	位宽度	ARM 内核版本
ARMv6-M	32	Cortex-M0，Cortex-M0+，Cortex-M1
ARMv7-M	32	Cortex-M3
ARMv7E-M	32	Cortex-M4
ARMv7-R	32	Cortext-R4，Cortext-R5，Cortext-R7
ARMv7-A	32	Cortext-A5，Cortext-A7，Cortext-A8，Cortext-A9，Cortext-A12，Cortext-A15，Cortext-A17

ARM7TDMI-S 扩展名字母的含义如下：

1）T：表示支持高密度 16 位 Thumb 指令。

2）D：表示支持片上调试。

3）M：表示支持 64 位乘法。

4）I：表示支持在线硬件仿真（In-Circuit Emulator，ICE）。

5）S：芯片生产制造商购买 ARM 公司的内核源代码（如 VHDL），即所谓的“软核”后，再对其进行裁剪，例如，NXP 公司的 LPC 微控制器系列经过裁剪后不支持大端模式。

8.1.2 精简指令集

所有 ARM 内核采用精简指令集计算机（Reduced Instruction Set Computer，RISC）体系结构。与复杂指令集计算机（Complex Instruction Set Computer，CISC）体系结构相比，RISC 要简单很多。

一般 CISC 所包含的指令多达 300 条以上，甚至超过 500 条。CISC 中的各种指令使用频率相差悬殊，其中约 20% 的指令被反复使用，占程序代码的 80%；余下 80% 的指令却不常使用，只占程序代码的 20%。显然，CISC 指令集的构成不太合理。1979 年，美国加州大学伯克利分校提出了 RISC 概念。RISC 的目标是设计一套能在高时钟频率下单周期执行且简单高效的指令集。ARM7TDMI 采用非常典型的 RISC 体系结构，其特点表现在以下几个方面：

1）所有 ARM 指令集中的指令长度均为 32 位（4 个字节）。此外，ARMTDMI 还包含 Thumb 指令集。Thumb 指令集是 32 位 ARM 指令集的功能子集。Thumb 指令的长度为 16 位（2 个字节）。

2）采用大量的通用寄存器。

3）通常，指令实现对数据的操作或处理。指令中被操作或处理的数据称为操作数。这些数据存放在存储器中，指令寻址方式就是指令从内存中找到操作数或操作数地址的方式。ARM 指令的寻址方式十分简单。待处理的数据通过专门的加载（Load）指令从存储器中载入到寄存器；处理完毕的数据通过专门的存储（Store）指令，从寄存器保存到存储器。处理器只处理寄存器中的数据。

8.1.3 指令流水线

计算机指令码与数据都以二进制格式存放在存储器中。指令码和数据的唯一区别是指令通过 PC（程序计数器）从内存读入 CPU 并执行。指令执行过程分为三个步骤，如图 8-1 所示。

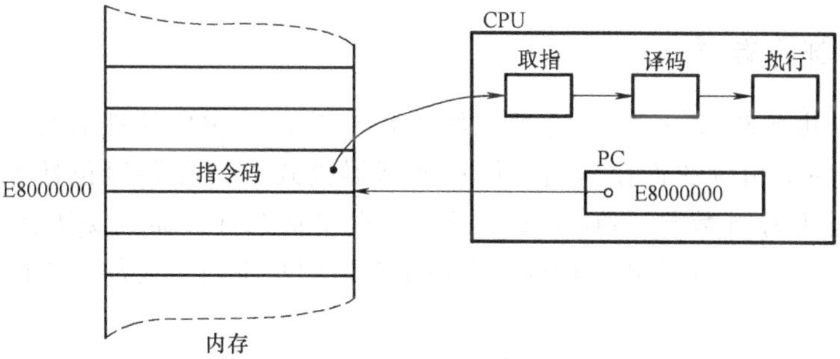

图 8-1　指令执行的三个步骤

1）获取指令（取指）：通过 PC 给定的地址，从内存中获取指令码。

2）解析指令（译码）：CPU 使用解码器分析指令，得出指令的功能。

3）执行指令（执行）：根据指令功能，调用 CPU 内部相应的部件执行指令。

ARM7TDMI 采用三级指令流水线机制，如图 8-2 所示。从图中可以看出，在执行指令 1 的同时对指令 2 进行译码，并将指令 3 从内存中取出。要注意的是，PC 总是指向正在取指的指令。

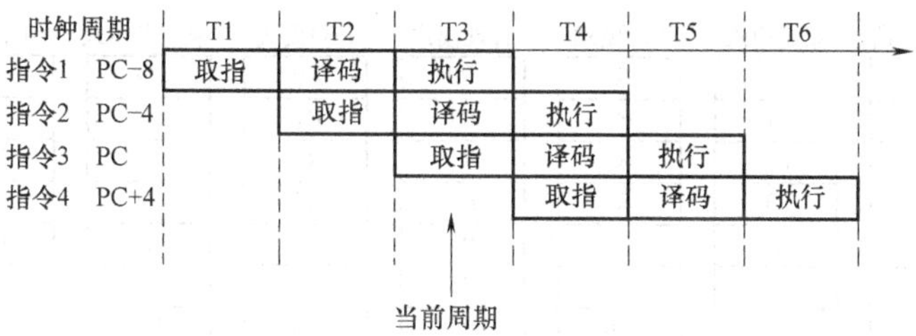

图 8-2　三级指令流水线结构及指令执行过程

8.1.4　处理器运行模式

ARM 处理器有 7 种不同的运行模式，见表 8-2。除了用户模式之外的其他 6 种模式称为特权模式。特权模式又分为系统模式和异常模式。其中异常模式包括管理模式、中止模式、未定义模式、中断模式和快速中断模式。在特权模式下，程序可以访问所有系统资源，也可以任意地进行处理器模式切换。

表 8-2　ARM 处理器的运行模式

<table>
<tr><th colspan="3">处理器模式</th><th>描　述</th></tr>
<tr><td colspan="3">用户模式(User,usr)</td><td>程序正常运行时的工作模式</td></tr>
<tr><td rowspan="6">特权模式</td><td colspan="2">系统模式(System,sys)</td><td>运行特权级操作系统任务</td></tr>
<tr><td rowspan="5">异常模式</td><td>管理模式(Supervisor,svc)</td><td>供操作系统使用的保护模式</td></tr>
<tr><td>中止模式(Abort,abt)</td><td>用于虚拟内存或存储器保护</td></tr>
<tr><td>未定义模式(Undefined,und)</td><td>支持软件仿真的硬件协处理器</td></tr>
<tr><td>中断模式(IRQ,irq)</td><td>中断请求处理</td></tr>
<tr><td>快速中断模式(FIQ,fiq)</td><td>快速中断请求处理,用于高速数据传输</td></tr>
</table>

8.1.5 内部寄存器

ARM 处理器共有 37 个 32 位寄存器，如图 8-3 所示。ARM 处理器有 7 种处理器模式，在每种模式下有一组相应的寄存器组。任意处理器模式下寄存器组包括 15 个通用寄存器（R0 ~ R14）、1 个程序计数器（PC）、1 个或两个程序状态寄存器。要注意的是在所有的寄存器中，有些寄存器是各个模式共用的；有些寄存器则是不同模式各自拥有的。

• 备份寄存器

每个寄存器对应两个不同的物理寄存器。例如当处理器处于 FIQ 模式下寄存器为 R8_fiq；在其他模式下寄存器为 R8，这两种情况下使用的是不同的物理寄存器。

• 未备份寄存器

在所有处理器模式下未备份寄存器都是同一个物理寄存器。处理器模式发生切换时，由于不同模式使用相同的寄存器，可能造成寄存器中数据被修改。例如，在用户模式下，假设寄存器 R0 的值为 00000000H，当发生中断而转入 IRQ 模式后，在中断处理过程中将 R0 的值修改为 000000FFH。当中断处理结束，处理器模式从 IRQ 模式转换到用户模式后，R0 寄存器的值已经被修改为 000000FFH。

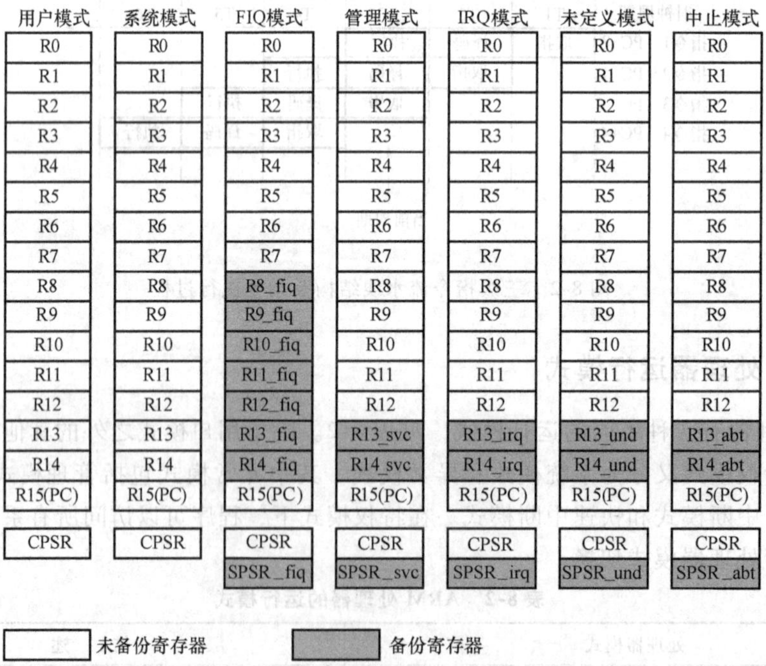

图 8-3 各种模式下的寄存器

1. 通用寄存器

通用寄存器 R0 ~ R14 中的 R0 ~ R7 称为一般通用寄存器。在任何一种处理器模式下 R0 ~ R7 这 8 个寄存器的每一个都是同一个物理寄存器。寄存器 R8 ~ R12 有 2 组不同的物理寄存器，见表 8-3。

2. 堆栈指针寄存器（SP）

堆栈是在内存中划出的一段连续空间，用于临时存放数据。将数据放入堆栈的操作称为

表 8-3 寄存器 R8 ~ R12 的两个分组

寄存器	用户	系统	管理	中止	未定义	IRQ	FIQ
R8	R8						R8_fiq
R9	R9						R9_fiq
R10	R10						R10_fiq
R11	R11						R11_fiq
R12	R12						R12_fiq

入栈操作；将数据从堆栈中取出的操作称为出栈操作。在程序中函数调用、异常发生时会发生堆栈操作。

堆栈指针寄存器 R13 又记为 SP，用于保存栈顶地址。ARM 处理器有 6 个堆栈指针寄存器，其中用户模式和系统模式共用一个；每种异常模式都有各自专用的堆栈寄存器，见表 8-4。

表 8-4 堆栈指针寄存器 R13

堆栈寄存器	用户	系统	管理	中止	未定义	IRQ	FIQ
R13	R13		R13_svc	R13_abt	R13_und	R13_irq	R13_fiq

3. 链接寄存器（LR）

链接寄存器 R14 又记为 LR，函数或子程序的返回地址自动地保存到 R14 中。ARM 处理器有 6 个链接指针寄存器，其中用户模式和系统模式共用一个；每种异常模式都有各自专用的链接寄存器，见表 8-5。

表 8-5 链接寄存器 R14

链接寄存器	用户	系统	管理	中止	未定义	IRQ	FIQ
R14	R14		R14_svc	R14_abt	R14_und	R14_irq	R14_fiq

4. 程序计数器（PC）

程序寄存器 R15 又记为 PC，虽然可以当成通用寄存器使用，但这个寄存器有特殊用途：PC 寄存器中的值是一条指令在内存中的地址。由于 ARM 采用了流水线机制，PC 指向当前正在取指的指令，而正在执行的指令为 PC-8。

5. CPSR 和 SPSR

CPSR（程序状态寄存器）中包含了条件标志位、中断禁止位、当前处理器运行模式标志以及其他一些控制和状态位。每种异常处理器模式下都一个专用的物理状态寄存器 SPSR（备份程序状态寄存器）。CPSR 与 SPSR 格式相同，当特定的异常中断发生时，这个寄存器用于保存当前程序状态寄存器中内容，在异常退出时，可以用 SPSR 恢复 CPSR。CPSR 与 SPSR 见表 8-6。

表 8-6 CPSR 与 SPSR

状态寄存器	用户	系统	管理	中止	未定义	IRQ	FIQ
CPSR	CPSR						
SPSR	—		SPSR_svc	SPSR_abt	SPSR_und	SPSR_irq	SPSR_fiq

6. 程序状态寄存器（CPSR）

ARM 内核包含一个程序状态寄存器（CPSR）和 5 个专供异常模式使用的 SPSR。所有模式共同使用一个 CPSR，因此处理器所有的状态全部保存在 CPSR 中。ARM 内核通过 CPSR 监视和控制内部操作。每种异常模式都有一个 SPSR，用于保存异常发生之前的 CPSR 的当前值。图 8-4 给出了 CPSR 的基本格式。

条件代码标志包括 N、Z、C 和 V 四个标志位，各标志位的含义如下：

- N：负标志，指示操作结果是负数还是正数。N = 1 表示结果为负数；N = 0 表示结果为正数；当两个补码表示的有符号整数运算时，运算结果的最高位（第 31 位）表示结果的正负号。负标志 N 其实就是运算结果的最高位的值。
- Z：零标志，指示运算结果是否为 0。Z = 1 表示结果为 0；Z = 0 表示结果非 0。例如执行比较两个数是否相等的指令后，Z = 1 表示两个数相等。
- C：进位标志，指示无符号数加法是否进位、减法是否借位。执行两个无符号数加法指令，如果发生了进位则 C = 1，否则 C = 0；执行无符号数减法指令，如果发生借位则 C = 0，否则 C = 1。进位和借位对 C 的影响如图 8-5 所示。
- V：溢出标志，指示有符号操作是否溢出。V = 1 表示符号位溢出。

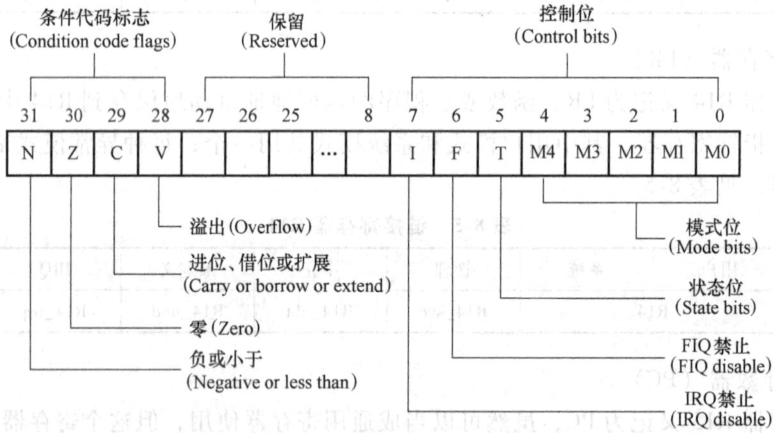

图 8-4 CPSR 的基本格式

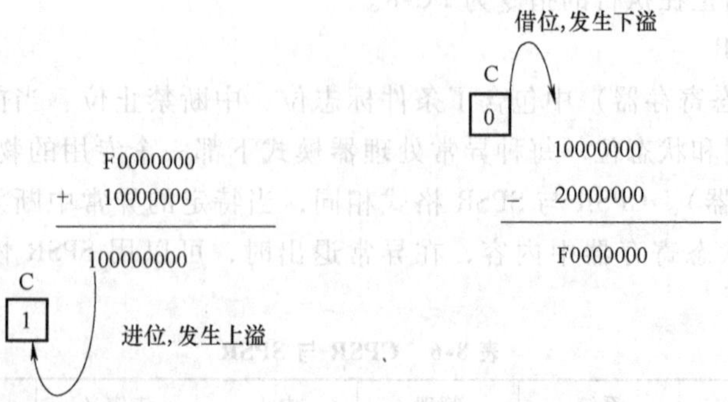

图 8-5 进位和借位对 C 的影响

CPSR 最低 8 位是控制位，各标志位的含义如下：

- I：中断禁止位，置位时，禁止 IRQ 中断；否则，允许 IQR 中断。

- F：快速中断禁止位，置位时，禁止 FIQ 中断；否则，允许 FIQ 中断。
- T：状态位，置位时，处理器处于 Thumb 状态；清零时，处理器处于 ARM 状态。
- M［4：0］：模式控制位，这些位决定处理器的操作模式，见表 8-7。

表 8-7　CPSR 模式位值

M[4:0]	模式	ARM 状态下可见的寄存器
10000	用户	R0 ~ R14,PC,CPSR
10001	快速中断 FIQ	R0 ~ R7,R8_fiq ~ R14_fiq,PC,CPSR,SPSR_fiq
10010	外部中断 IRQ	R0 ~ R12,R13_irq,R14_irq,PC,CPSR,SPSR_irq
10011	管理	R0 ~ R12,R13_svc,R14_svc,PC,CPSR,SPSR_svc
10111	中止	R0 ~ R12,R13_abt,R14_abt,PC,CPSR,SPSR_abt
11011	未定义	R0 ~ R12,R13_und,R14_und,PC,CPSR,SPSR_und
11111	系统	R0 ~ R14,PC,CPSR

8.1.6　异常中断

在 ARM7 中，只要正常的程序执行过程被中断，处理器就进入异常模式，这个过程称为异常中断（简称中断）。异常中断发生时，处理器执行完当前指令后立即转跳到异常中断处理程序执行；在异常处理程序执行完后，处理器返回发生中断的那条指令的下一条指令继续执行，如图 8-6 所示。

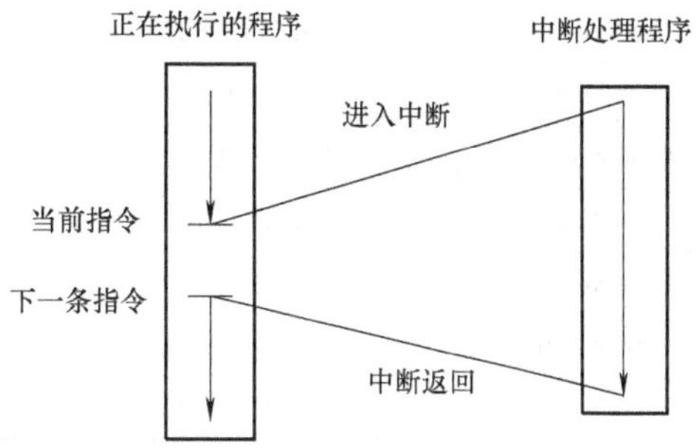

图 8-6　异常中断

1. 异常中断种类

ARM 异常中断类型见表 8-8。要注意的是各种异常中断具有各自的备份寄存器组。

表 8-8　ARM 异常中断类型

异常中断名称	含　义
复位	当复位引脚有效时处理器发生复位异常中断,程序跳转到复位异常中断处理程序执行。系统加电或系统复位都会导致复位异常中断
未定义指令	当处理器认为当前指令未定义时产生未定义指令异常中断
软件中断	这是一个用户定义的中断指令。可用于用户模式下程序调用特权操作指令
指令预取中止	如果处理器预取的指令的地址不存在或者该地址不允许访问,处理器产生指令预取中止异常中断
数据访问中止	如果数据访问指令的目标地址不存在或者该地址不允许访问,处理器产生数据访问中止异常中断
外部中断请求 IRQ	当处理器的外部中断请求引脚有效且 CPSR 寄存器 I = 0 时,处理器产生外部中断请求异常中断。系统中各个外设通过这个中断请求处理器的服务
快速中断请求 FIQ	当处理器外部快速中断请求引脚有效且 CPSR 寄存器 F = 0 时,处理器产生外部中断请求异常中断

2. 异常中断响应过程

（1）进入中断　如果异常导致处理器运行模式改变，ARM 处理器自动做如下处理：

1）将中断处理程序的返回地址保存到相应异常模式下的链接寄存器 LR（R14）中。中断处理程序完成后的返回地址可以通过将 LR 的值减去偏移量后写入 PC。

2）将 CPSR 的当前值保存到相应异常模式下的 SPSR，中断处理程序完成后，可以通过 SPSR 中的值来恢复 CPSR。

3）设置 CPSR 为相应的异常模式。

4）设置 PC 为相应异常模式的中断向量地址，然后跳转到中断处理程序中执行。

异常中断向量见表 8-9，表中 I 和 F 表示先前的值。ARM 处理器的每种模型都有一个中断向量。为了让处理器可以转移到中断服务程序中执行，必须在中断向量处放置跳转到中断处理程序的指令。当异常发生时，处理器将会改变模式并且将中断向量地址加载到 PC（R15）中，即强迫处理器执行中断向量地址处的指令，从而跳转到中断处理程序执行，如图 8-7 所示。

表 8-9　异常中断向量

中断向量地址	异常类型	进入时的模式	进入时 I 的状态	进入时 F 的状态
0x0000 0000	复位	管理	禁止	禁止
0x0000 0004	未定义指令	未定义	I	F
0x0000 0008	软件中断	管理	禁止	F
0x0000 000C	指令预取中止	中止	I	F
0x0000 0010	数据访问中止	中止	I	F
0x0000 0014	—	—	—	—
0x0000 0018	外部中断 IRQ	中断	禁止	F
0x0000 001C	快速中断 FIQ	快速中断	禁止	禁止

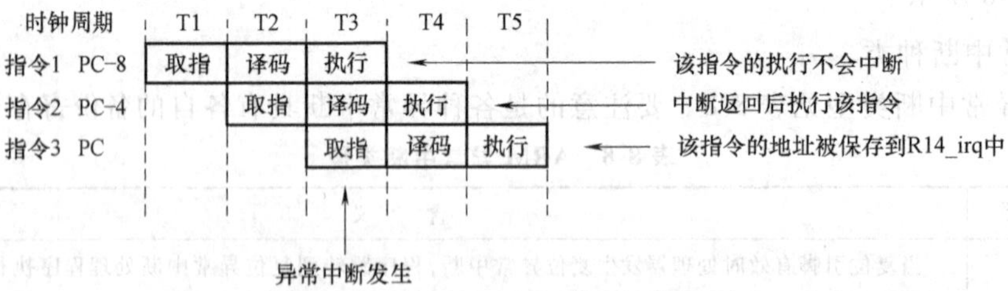

图 8-7　进入中断时的 PC 寄存器值

（2）中断返回　当中断处理程序执行完中断返回时，中断处理程序必须执行以下操作：

1）返回到发生中断的指令的下一条指令处执行。

2）将 SPSR 中的值复制到 CPSR。

3. 复位中断

发生复位后，ARM 处理器执行以下操作：

1）强制 CPSR 中 M［4:0］变为 10011B，即处理器进入管理模式。

2）将 CPSR 中的 I 位和 F 位置 1，即禁止 IRQ 和 FIQ 中断。

3）将 CPSR 中的 T 位清零，即处理器处于 ARM 状态。

4）强制 PC（R15）从地址 0x00000000 取指并执行，跳转到复位异常中断处理程序执行，完成系统初始化工作。

4. 外部中断请求（IRQ）

只有当 CPSR 中 I=0 时才可能发生外部中断请求（IRQ）异常。发生 IRQ 异常中断时，ARM 处理器切换到中断模式并执行以下操作：

1）将中断处理程序返回地址保存到 R14_irq 中。

2）将 CPSR 保存到 SPSR_irq 中。

3）将 CPSR 的 I 位置 1，禁止新的 IRQ 中断产生。

4）强制将 CPSR 中 M［4:0］变为 10010B，即将处理器切换到中断模式。此时用户模式下的寄存器 R13 和 R14 不可用，而 R13_irq 和 R14_irq 变成可操作。

5）强制 PC（R15）从地址 00000018H 取指并执行，跳转到外部中断异常处理程序中执行。

由于 ARM 处理器的三级流水线结构，异常中断发生时程序计数器（PC）总是指向返回位置的下一条指令，即第 3 条指令，所以，中断处理程序正确的返回地址为 PC-4。而中断发生时 R14_irq 中所保存的第 3 条指令的地址，即 PC 当前值。

5. 快速中断请求（FIQ）

当系统实时性要求高，需要快速响应中断时可以使用 FIQ。只有当 CPSR 中的 F=0 时才可能发生 FIQ 异常。在 ARM 处理器快速中断模式下有 8 个专用寄存器，用来满足寄存器的快速保护，降低处理器模式切换时间和开销。发生 FIQ 异常中断时，ARM 处理器完成以下操作：

1）将中断处理程序返回地址保存到 R14_fiq 中。

2）将 CPSR 保存到 SPSR_fiq 中。

3）将 CPSR 的 F 位置 1，禁止新的 FIQ 中断产生。

4）强制将 CPSR 中 M［4：0］变为 10001B，即将处理器切换到快速中断模式。此时用户模式下的寄存器 R13 和 R14 不可用，而 R13_fiq 和 R14_fiq 变成可操作。

5）强制 PC（R15）从地址 0x0000001CH 取指并执行，跳转到快速中断异常处理程序中执行。

6. 中断优先级

当有多个异常中断发生时，ARM 处理器按照一定次序来处理这些异常。在 ARM 处理中，每个异常中断都被赋予了相应的优先级，见表 8-10。当多个中断发生时，处理器首先响应优先级最高的异常中断请求。

表 8-10 异常中断优先级

异常中断类型	优先级(1 最高;6 最低)	异常中断类型	优先级(1 最高;6 最低)
复位	1	数据预取中止	2
未定义指令	6	外部中断请求(IRQ)	4
软件中断	6	快速中断请求(FIQ)	3
指令预取中止	5		

8.1.7 存储系统

1. 存储器基本单位

存储器基本的单位是字节（Byte），字节简写为 B；一个字节由 8 个二进制位（bit）

构成。

在计算机中常用的单位有

1）1KB = 1024B，K（Kilobyte）表示千，1KB 为 1024 字节。

2）1MB = 1024KB，M（Megabyte）表示兆，1MB 为 1024 × 1024 字节 = 1048576 字节。

3）1GB = 1024MB，G（Gigabyte）表示吉（十亿）。

4）1TB = 1024GB，T（Terabyte）。表示太（万亿）。

上面的换算不是以 1000 为倍数，而是以 1024 为倍数。之所以用 1024 为倍数，是因为 $1024 = 2^{10}$，很容易在二进制或十六进制下计算。

2. ARM 地址空间

ARM 体系使用单一地址空间对存储器进行编制。地址空间大小为 $4GB = 2^{32}$ 个字节。每个字节单元都有一个 32 位的地址。地址编号从 $0 \sim 2^{32}-1$，十六进制表示为 0x00000000 ~ 0xFFFFFFFF。

3. 字的存储顺序

1）在 ARM 体系的存储器空间中经常用到字和半字：

① 字：起始地址是 4 的倍数且地址连续的 4 个字节称为一个字。

② 半字：起始地址是 2 的倍数（即偶数）且地址连续的 2 个字节称为半字。

2）在 ARM 中，一个字（4 个字节）在存储器中的存放顺序有两种格式：

① 如图 8-8a 所示，小端字节顺序指的是一个字中最低地址字节被看做低字节，最高地址字节被看做高字节。

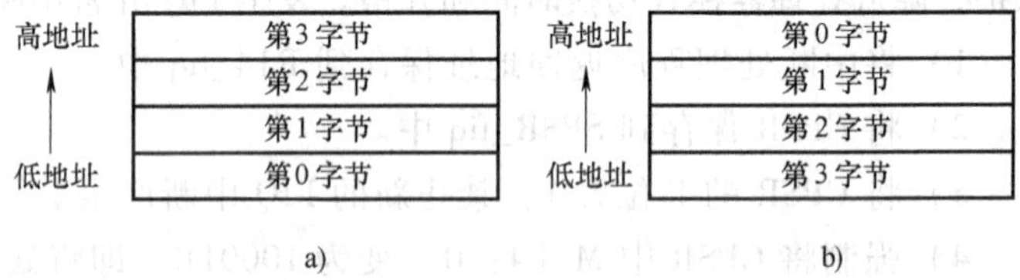

图 8-8　字的存放顺序

② 如图 8-8b 所示，大端字节顺序指的是一个字（4 个字节）中最高地址字节被看做低字节，最低地址字节被看做高字节。

8.2　LPC2138 微控制器

LPC2138 是 NXP 半导体公司生产的基于 ARM7TDMI-S CPU 内核的微控制器。它具有非常丰富的外围模块以及强大的处理和控制功能，非常易于构建嵌入式系统。LPC2138 不仅体积小、性价比高，而且还具有稳定可靠、开发周期短的优点。

LPC2138 的主要特性如下：

- 基于 ARM7TDMI-S 微控制器，32KB 片内静态 RAM，512KB 片内 Flash。
- 片内启动块（Boot Block）支持 ISP/IAP 编程。
- 带 Embedded ICE 和嵌入式跟踪接口，支持实时在线调试。
- 16 路 10 位 A/D 转换器；1 路 10 位 D/A 转换器。
- 2 个 32 位定时器/计数器，带 4 路捕获和 4 路比较通道。
- 6 路输出脉宽调制（PWM）单元。
- 实时时钟具有独立的电源和时钟源，在节电模式下极大地降低了功耗。

- 2 个符合工业标准的异步串行通信接口（UART）。
- 向量中断控制器，可配置优先级和向量地址。
- 多达 47 个 5V 的 GPIO 口。
- 9 个边沿或电平触发的外部中断输入引脚。
- 通过片内 PLL 可实现最大为 60MHz 的 CPU 操作频率，PLL 的稳定时间为 100μs。
- 片内晶振频率范围：1 ~30 MHz。
- 2 个低功耗模式：空闲和掉电。
- 可通过个别使能/禁止外部功能和降低外部时钟来优化功耗。
- 通过外部中断将处理器从掉电模式中唤醒。
- 单个电源供电，含有上电复位（POR）和掉电检测（BOD）电路。CPU 操作电压范围：3.0 ~3.6V（3.3V ×(1 ±10%)），I/O 口可承受 5V 的最大电压。

8.2.1 引脚定义

LPC2138 引脚分布图如图 8-9 所示。

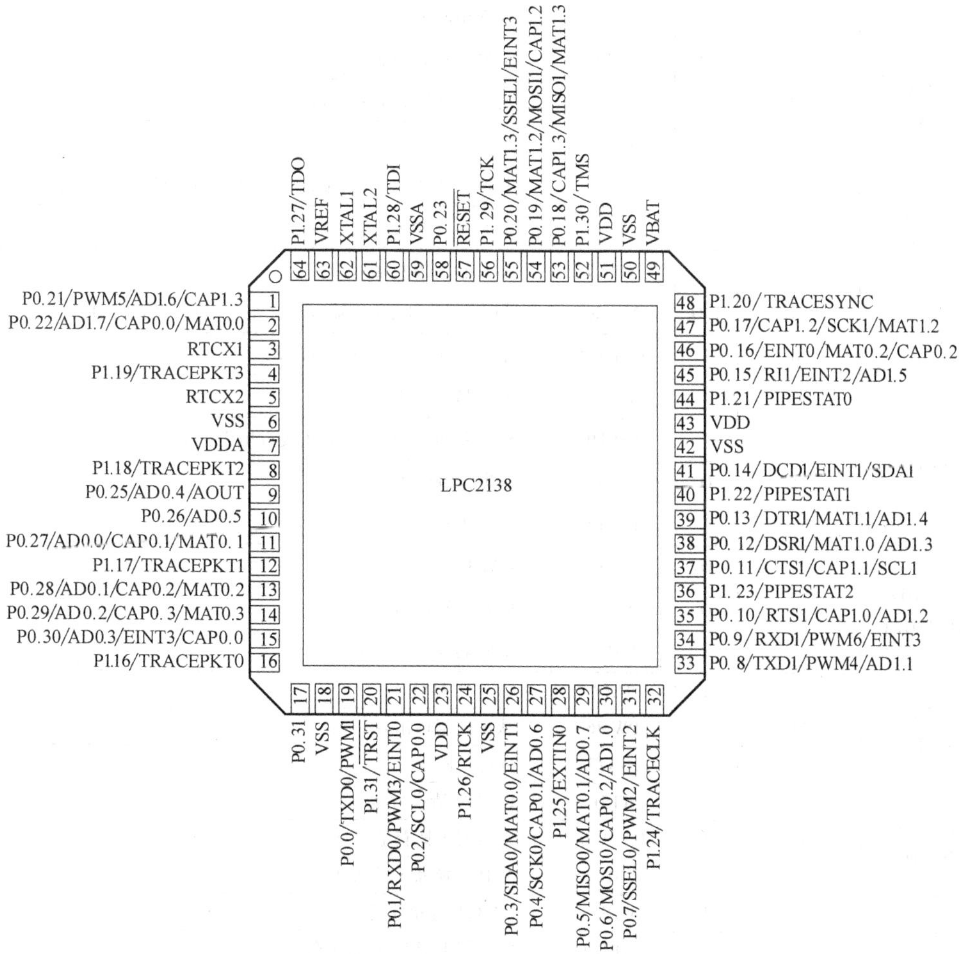

图 8-9 LPC2138 引脚分布图

LPC2138 引脚定义见表 8-11。

表 8-11 LPC2138 引脚定义

符号	引脚	类型	描述	
P0.0 ~ P0.31		I/O	P0 口。32 位双向 I/O 口，每个的方向可单独控制。P0 口共有 31 个引脚，可用作通用双向数字 I/O。其中 P0.31 仅为输出；P0.24 未使用。P0 口的功能取决于引脚连接模块的引脚功能选择	
P0.0/TXD0/PWM1	19	O	TXD0	UART0 发送
		O	PWM1	脉宽调制输出 1
P0.1/RXD0/PWM3/EINT0	21	I	RXD0	UART0 接收
		O	PWM3	脉宽调制输出 3
		I	EINT0	外部中断 0 输入
P0.2/SCL0/CAP0.0	22	I/O	SCL0	I^2C0 时钟输入/输出，开漏输出
		I	CAP0.0	定时器 0 捕获输入通道 0
P0.3/SDA0/MAT0.0/EINT1	26	I/O	SDA0	I^2C0 数据输入/输出。开漏输出
		O	MAT0.0	定时器 0 的匹配输出通道 0
		I	EINT1	外部中断 1
P0.4/SCK0/CAP0.1/AD0.6	27	I/O	SCK0	SPI0 的串行时钟
		I	CAP0.1	定时器 0 捕获输入通道 1
		I	AD0.6	A/D 转换器 0 输入 6
P0.5/MISO0/MAT0.1/AD0.7	29	I/O	MISO0	SPI0 主机输入、从机输出端。从机到主机的数据传输
		O	MAT0.1	定时器 0 的匹配输出通道 1
		I	AD0.7	A/D 转换器 0 输入 7
P0.6/MOSI0/CAP0.2/AD1.0	30	I/O	MOSI0	PI0 主机输出、从机输入端。主机到从机的数据传输
		I	CAP0.2	定时器 0 的捕获输入通道 2
		I	AD1.0	A/D 转换器 1 输入 0
P0.7/SSEL0/PWM2/EINT2	31	I	SSEL0	SPI0 从机选择，选择 SPI 接口用作从机
		O	PWM2	脉宽调制输出 2
		I	EINT2	外部中断 2
P0.8/TXD1/PWM4/AD1.1	33	O	TXD1	UART1 发送
		O	PWM4	脉宽调制输出 4
		I	AD1.1	A/D 转换器 1 输入 1
P0.9/RXD1/PWM6/EINT3	34	I	RXD1	UART1 接收
		O	PWM6	脉宽调制输出 6
		I	EINT3	外部中断 3
P0.10/RTS1/CAP1.0/AD1.2	35	O	RTS1	UART1 请求发送
		I	CAP1.0	定时器 1 捕获输入通道 0
		I	AD1.2	A/D 转换器 1 输入 2
P0.11/CTS1/CAP1.1/SCL1	37	I	CTS1	UART1 清除发送
		I	CAP1.1	定时器 1 捕获输入通道 1
		I/O	SCL1	I^2C1 时钟输入/输出

（续）

符号	引脚	类型	描述	
P0.12/DSR1/MAT1.0/AD1.3	38	I	DSR1	UART1 数据设备就绪
		O	MAT1.0	定时器 1 的匹配输出通道 0
		I	AD1.3	A/D 转换器 1 输入 3
P0.13/DTR1/MAT1.1/AD1.4	39	O	DTR1	UART1 数据终端就绪
		O	MAT1.1	定时器 1 的匹配输出通道 1
		I	AD1.4	A/D 转换器 1 输入 4
P0.14/DCD1/EINT1/SDA1	41	I	DCD1	UART1 数据载波检测
		I	EINT1	外部中断输入 1
		I/O	SDA1	I^2C1 数据输入/输出，开漏输出
P0.15/RI1/EINT2/AD1.5	45	I	RI1	UART1 振铃指示
		I	EINT2	外部中断输入 2
		I	AD1.5	AD 转换器 1 输入 5
P0.16/EINT0/MAT0.2/CAP0.2	46	I	EINT0	外部中断输入 0
		O	MAT0.2	定时器 0 的匹配输出通道 2
		I	CAP0.2	定时器 0 捕获输入通道 2
P0.17/CAP1.2/SCK1/MAT1.2	47	I	CAP1.2	定时器 1 捕获输入通道 2
		I/O	SCK1	SPI1 串行时钟。从主机输出或输入到从机
		O	MAT1.2	定时器 1 的匹配输出通道 2
P0.18/CAP1.3/MISO1/MAT1.3	53	I	CAP1.3	定时器 1 捕获输入通道 3
		I/O	MISO1	SPI1 主机输入、从机输出端。数据输入 SPI 主机或从 SPI 从机输出
		I	MAT1.3	定时器 1 的匹配输出通道 3
P0.19/MAT1.2/MOSI1/CAP1.2	54	O	MAT1.2	定时器 1 的匹配输出通道 2
		I/O	MOSI1	SPI1 主机输出、从机输入端。数据从 SPI 主机输出或输入 SPI 从机
		I	CAP1.2	定时器 1 捕获输入通道 2
P0.20/MAT1.3/SSEL1/EINT3	55	O	MAT1.3	定时器 1 的匹配输出通道 3
		I	SSEL1	SPI1 从机选择，选择 SPI 接口用作从机
		I	EINT3	外部中断输入 3
P0.21/PWM5/AD1.6/CAP1.3	1	O	PWM5	脉宽调制输出 5
		I	AD1.6	A/D 转换器 1 输入 6
		I	CAP1.3	定时器 1 捕获输入通道 3
P0.22/AD1.7/CAP0.0/MAT0.0	2	I	AD1.7	AD 转换器 1 输入 7
		I	CAP0.0	定时器 0 捕获输入通道 0
		O	MAT0.0	定时器 0 的匹配输出通道 0
P0.23	58	I/O	通用数字量输入/输出引脚	
P0.25/AD0.4/AOUT	9	I	AD0.4	A/D 转换器 0 输入 4
		O	AOUT	D/A 转换器输出

（续）

符号	引脚	类型	描　　述	
P0.26/AD0.5	10	I	AD0.5	CA/D 转换器 0 输入 5
P0.27/AD0.0/CAP0.1/MAT0.1	11	I	AD0.0	AD 转换器 0 输入 0
		I	CAP0.1	定时器 0 捕获输入通道 1
		O	MAT0.1	定时器 0 的匹配输出通道 1
P0.28/AD0.1/CAP0.2/MAT0.2	13	I	AD0.1	AD 转换器 0 输入 1
		I	CAP0.2	定时器 0 捕获输入通道 2
		O	MAT0.2	定时器 0 的匹配输出通道 2
P0.29/AD0.2/CAP0.3/MAT0.3	14	I	AD0.2	AD 转换器 0 输入 2
		I	CAP0.3	定时器 0 捕获输入通道 3
		O	MAT0.3	定时器 0 的匹配输出通道 3
P0.30/AD0.3/EINT3/CAP0.0	15	I	AD0.3	A/D 转换器 0 输入 3
		I	EINT3	外部中断输入 3
		I	CAP0.0	定时器 0 的匹配输出通道 0
P0.31	17	O	通用数字量输出	
P1.0 ~ P1.31		I/O	P1 口。P1 口是一个 32 位双向 I/O 口。每个引脚的方向可单独控制。P1 口的功能取决于引脚连接模块的引脚功能选择。P1 口带内部上拉电阻。P1.0 ~ P1.15 不可用	
P1.16/TRACEPKT0	16	O	TRACEPKT0	跟踪包位 0
P1.17/TRACEPKT1	12	O	TRACEPKT1	跟踪包位 1
P1.18/TRACEPKT2	8	O	TRACEPKT2	跟踪包位 2
P1.19/TRACEPKT3	4	O	TRACEPKT3	跟踪包位 3
P1.20/TRACESYNC	48	O	TRACESYNC	跟踪同步
P1.21/PIPESTAT0	44	O	PIPESTAT0	流水线状态位 0
P1.22/PIPESTAT1	40	O	PIPESTAT1	流水线状态位 1
P1.23/PIPESTAT2	36	O	PIPESTAT2	流水线状态位 2
P1.24/TRACECLK	32	O	TRACECLK	跟踪时钟
P1.25/EXTIN0	28	I	EXTIN0	外部触发
P1.26/RTCK	24	I/O	RTCK	返回的测试时钟输出。它是加载在 JTAG 接口的额外时钟信号，辅助调试器与处理器频率的变化同步
P1.27/TDO	64	I	TDO	JTAG 接口测试数据输出
P1.28/TDI	60	I	TDI	JTAG 接口测试数据输入

（续）

符号	引脚	类型	描述	
P1.29/TCK	56	I	TCK	JTAG 接口测试时钟
P1.30/TMS	52	I	TMS	JTAG 接口测试模式选择
P1.31/$\overline{TRST}$	20	I	$\overline{TRST}$	JTAG 接口测试复位
$\overline{RESET}$	57	I	外部复位输入。该引脚为低电平时，器件复位，I/O 口和外围功能进入默认状态，处理器从地址 0 开始执行程序。具有迟滞作用的 TTL 电平，引脚可承受 5V 电压	
XTAL1	62	I	振荡器电路和内部时钟发生电路的输入	
XTAL2	61	O	振荡放大器输出	
RTXC1	3	I	RTC 振荡器电路输入	
RTXC2	5	O	RTC 振荡器电路输出	
VSS	6，18，25，42，50	I	地，0V 电压参考点	
VSSA	59	I	模拟地，0V 电压参考点，应当与 VSS 隔离	
VDD	23，43，51	I	3.3V 电源，内核与 I/O 端口的电源电压	
VDDA	7	I	模拟 3.3V 电源并为片内 PLL 供电，应当与 VDD 隔离	
VREF	63	I	A/D、D/A 转换器参考电压	
VBAT	49	I	3.3V 电源，为 RTC 供电	

8.2.2 功能框图

LCP2138 内部功能结构框图如图 8-10 所示。LPC2138 由 4 个主要部分组成：ARM7TDMI-SCPU、ARM7 局部总线和片内存储器、AHB 和 AHB 外设以及 VLSI 外设和 APB。

1. ARM7TDMI-S CPU

LPC2138 微控制器内含 ARM7TDMI-S CPU，支持在线调试并被配置为小端字节顺序。

2. ARM7 局部总线和片内存储器

LPC2138 片内带有 512KB Flash 和 32KB SRAM，构成了 LPC2138 片内存储器系统，如图 8-11 所示。片内存储器系统通过 ARM7 局部总线与 ARM7TDMI-S CPU 相连。

3. AHB 和 AHB 外设

如图 8-12 所示，VIC（向量中断控制器）和 EMC（外部存储器控制器）统称为 AHB（高性能总线）外设。AHB 外设通过 AHB 与 LPC2138 中的 ARM7TDMI-S CPU 相连。

4. VLSI 外设和 APB

如图 8-13 所示，LPC2138 的外设功能模块（向量中断控制器 VIC 除外）统称为 VLSI 外设，这些功能模块连接到外设总线（APB）。APB 经过 AHB/APB 桥后，与 ARM7TDMI-S CPU 相连。在有些文献中，APB 也称为 VLSI 外设总线（VLSI Peripheral Bus，VPB），相应的外设模块也称为 VPB 外设。

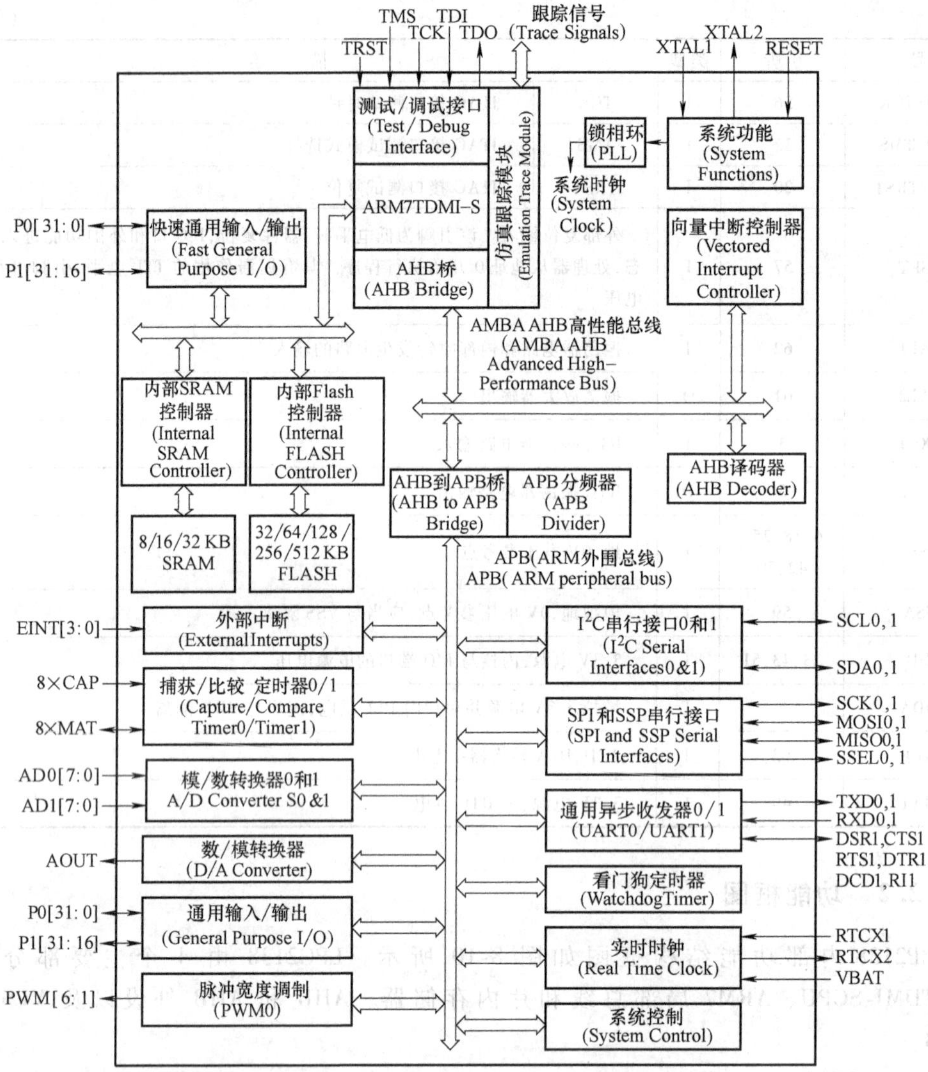

图 8-10　LPC2138 内部功能结构框图

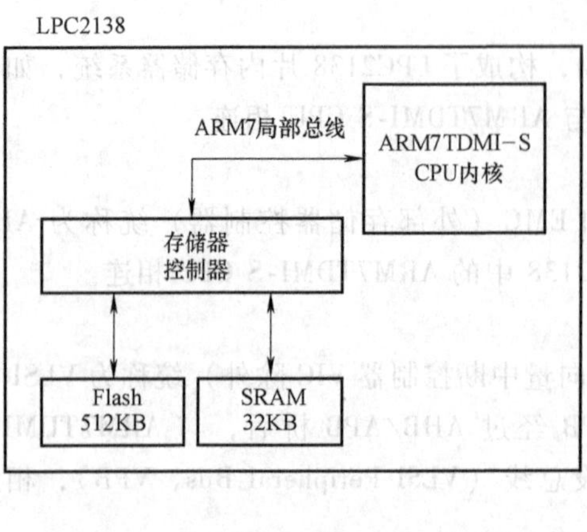

图 8-11　ARM7 局部总线与片内存储器

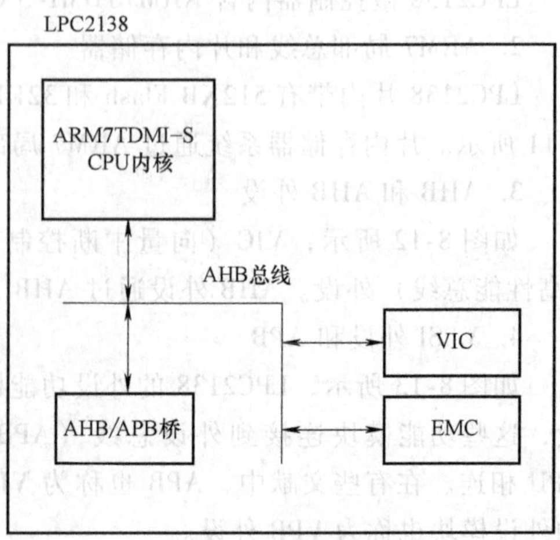

图 8-12　AHB 总线

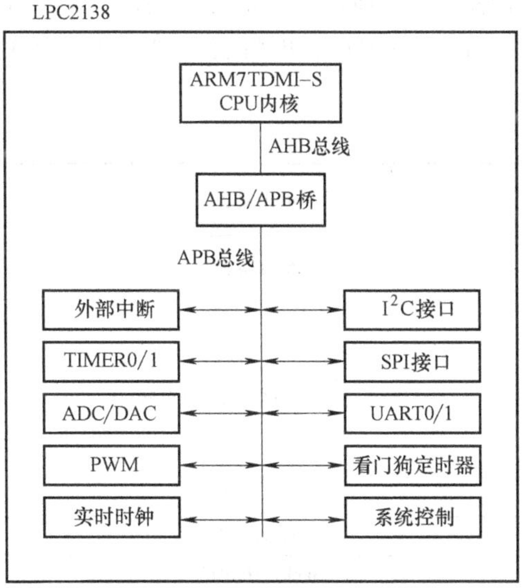

图 8-13　VLSI 外设和 APB 总线

8.3　LPC2138 存储器寻址

8.3.1　片内存储器

1. 片内 Flash

LPC2138 片内带有 512KB Flash。片内 Flash 通过 128 位宽度的 ARM7 局部总线与 ARM7TDMI-S CPU 相连，加上特有的存储器加速功能，可以将代码直接加载到 Flash 中运行。

2. 片内 SRAM

LPC2138 片内带 32KB SRAM（静态 RAM），可以用作代码或数据的存储。SRAM 支持 8 位（字节）、16 位（半字）和 32 位（字）的读写访问。

8.3.2　片外存储器

在 LPC2138 芯片外部扩展的存储器芯片称为片外存储器，如图 8-14 所示。片外存储器芯片通常通过数据线、地址线和控制线与 LPC2138 连接。存储芯片类型有 ROM、Flash 和 SRAM。

片外存储器划分为 4 个区域，分别称为 Bank0、Bank1、Bank2 和 Bank3，每个区域占用 16MB。

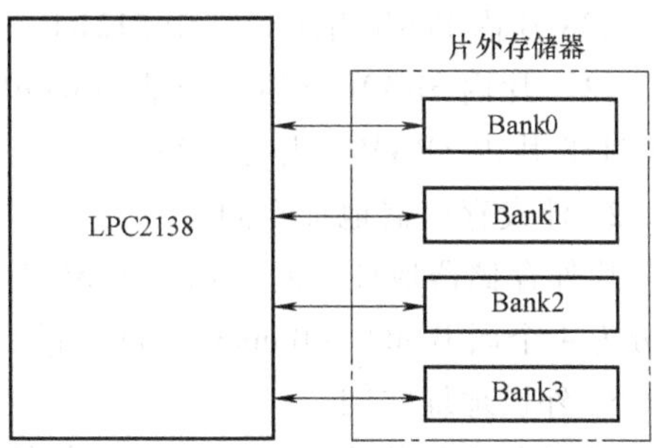

图 8-14　片外存储器

8.3.3　存储器映射

为各个存储器在地址空间中分配地址称为编

址。存储器映射描述存储器编址后在地址空间的分布情况。LPC2138 对片内存储器、片外存储器以及 AHB 外设和 APB 外设统一编址，即将它们纳入到一个大小为 4GB 统一的地址空间中，如图 8-15 所示。

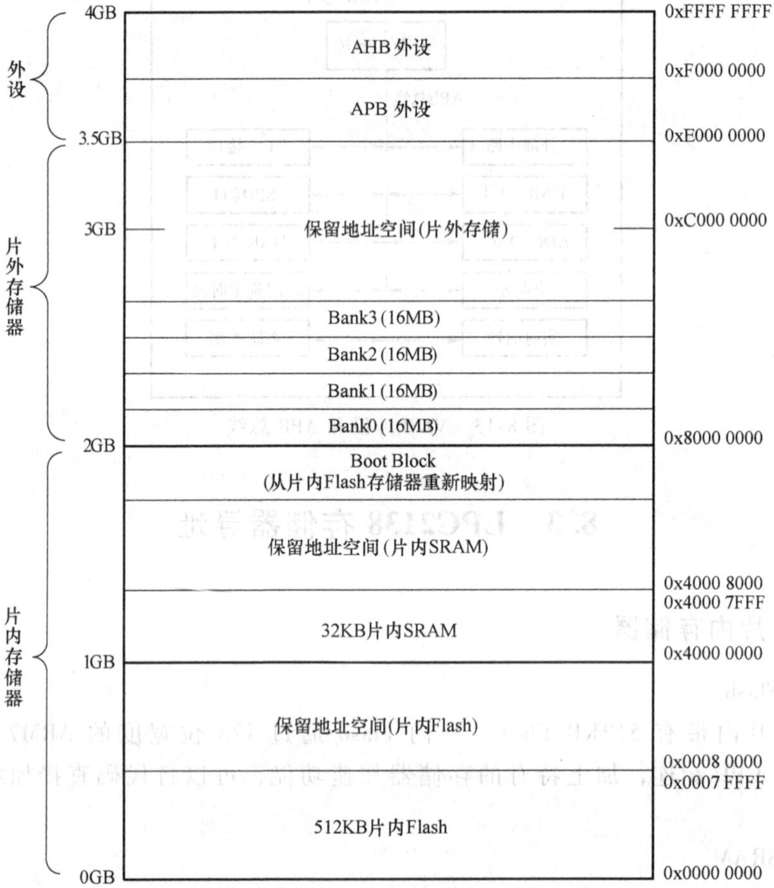

图 8-15　LPC2138 系统存储器映射

1. 片内存储器地址空间

片内存储器地址空间占用了 2GB，地址范围为 0x00000000 ~ 0x7FFFFFFF。

（1）片内 Flash 空间　地址为 0x00000000 ~ 0x3FFFFFFF 的 1GB 空间用于片内 Flash。LPC2138 片内 Flash 占用了其中 512KB。

（2）片内 SRAM 空间　地址为 0x40000000 ~ 0x7FFFFFFF 的 1GB 空间用于片内 SRAM。LPC2138 片内 SRAM 占用了 32KB。

2. 外设存储器地址空间

片外存储器地址空间占用了 1.5GB，地址范围为 0x80000000 ~ 0XBFFFFFFF。片外存储器分为 4 个区 Bank0 ~ Bank3，每区占用 16MB。

3. 外设地址空间

ARM 体系结构中，外设中的寄存器统一编址到内存空间。访问外设中的寄存器就像访问内存一样。外设存储器空间占用了 500MB（0.5GB），地址范围为 0xE0000000 ~

0XFFFFFFFF。这个区域中包含了 AHB 外设和 APB（VPB）外设地址，各占用 2MB 空间，如图 8-16 所示。

(1) AHB 外设　AHB 外设是挂接在 LPC2138 内部 AHB 上的外设部件，具有较高的速度。AHB 外设空间大小 2MB，最多可以分配 128 个外设，每个 AHB 外设都分配了 16KB 的地址空间，如图 8-17a 所示。

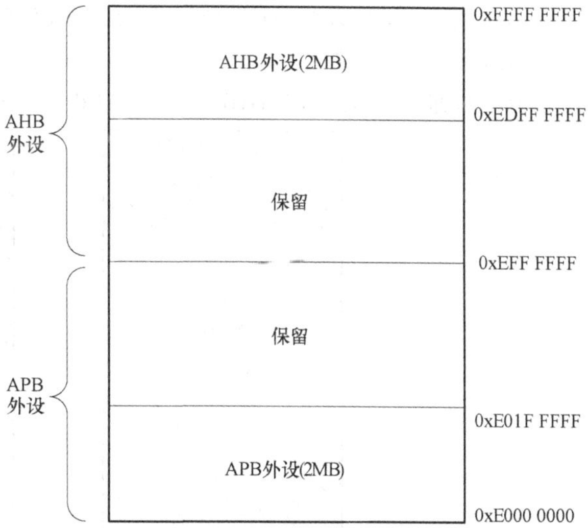

图 8-16　外设地址空间

(2) APB 外设　APB 外设（VPB 外设）是挂接在 LPC2138 内部 APB（VBP）上的外设部件，存取速度比 AHB 外设要低。APB 外设空间大小 2MB，最多可以分配 128 个外设，每个 APB 外设都分配了 16KB 的地址空间，如图 8-17b 所示。

8.3.4　预取指中止和数据中止异常

LPC2138 系统存储器空间有很多保留区域或未定义区域。试图访问这些区域，ARM 处理器将产生预取指中止或数据中止异常并引发中断。

1. 保留地址区域

LPC2138 存储系统空间中的保留区域如图 8-18 中的阴影区域所示。

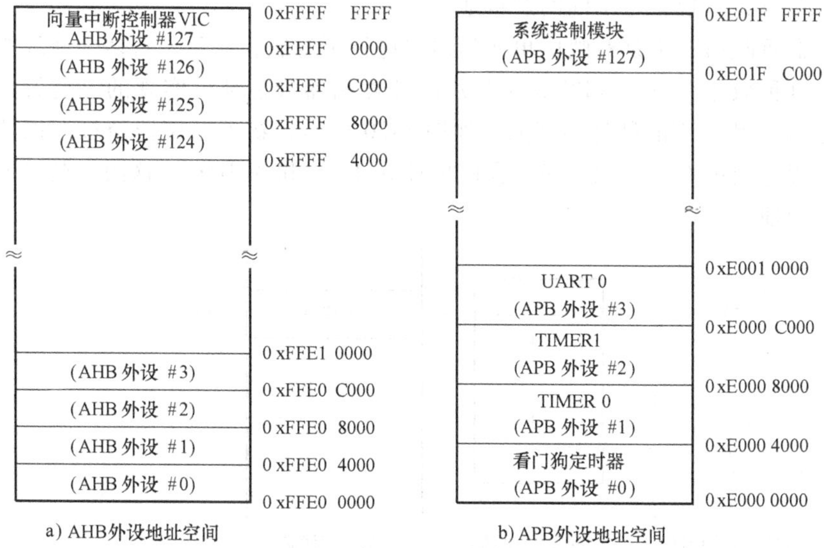

图 8-17　AHB 和 APB 外设地址空间

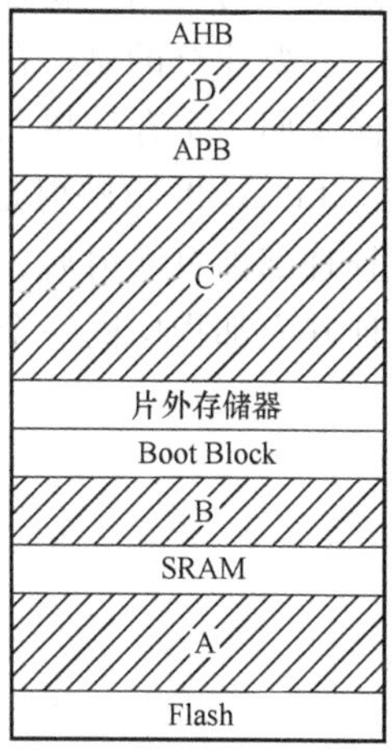

图 8-18　保留区域

1) A 区：片内 Flash 与 SRAM 之间保留给片内 Flash 的地址空间。

2) B 区：片内 SRAM 与 Boot Block 之间保留给片内 SRAM 的地址空间。

3) C 区：片外存储器未使用的空间。

4）D 区：APB 外设与 AHB 外设之间的保留空间。

2. 未分配地址区域

未分配地址区域集中在 AHB 外设和 APB 外设存储空间，如图 8-19 所示的阴影部分。

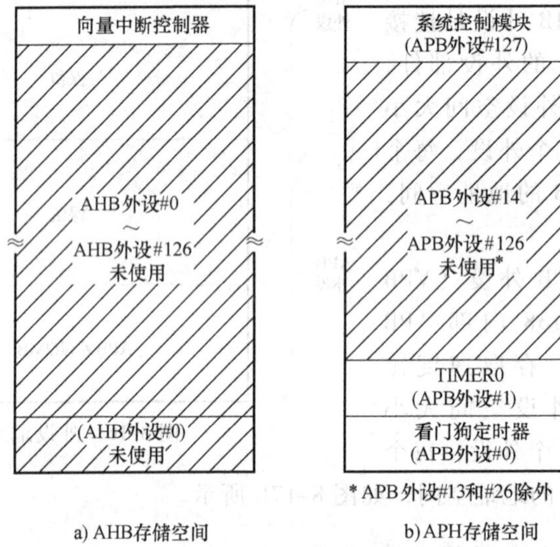

图 8-19　未分配地址区域

8.4　存储器重映射

存储器重映射也称为重复映射，就是为已经被编址的存储器再附加新的地址的过程。经过重映射，同一物理存储单元出现多个不同的逻辑地址。

要注意的是，存储器重映射并不是对映射单元的内容进行了复制，而只是将多个地址指向了同一个存储单元，这种效果是通过 LPC2318 芯片内部存储器管理部件实现的。也就是说 LPC2138 重映射是通过芯片内部的硬件实现的。如图 8-20 所示，物理存储器经过存储器管理部件重映射后，从程序角度看，出现了两个存储地址 A/Ddr1 和 A/Ddr2。这两个逻辑地址其实都指向同一个物理地址。

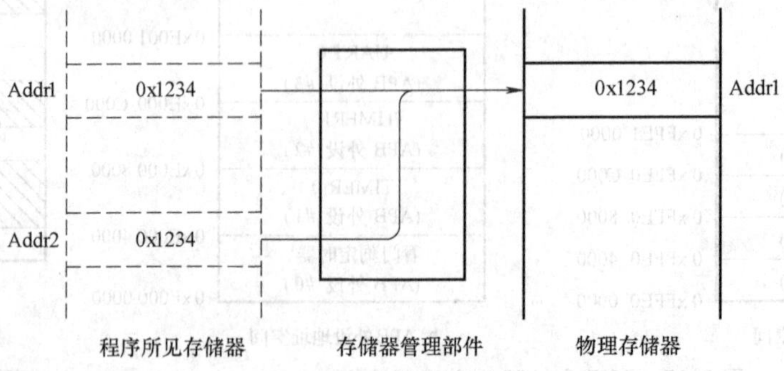

图 8-20　存储器重映射

需要重映射的存储单元包括引导块（Boot Block）和异常向量表，下面解释重映射这些存储器的原因。

1. 引导块及其重映射

引导块（Boot Block）是生产厂在 LPC2138 内部固化的代码。LPC2138 复位启动后首先执行这段代码，对系统以及用户程序做必要的检查，然后 LPC2138 才会转入用户程序执行。此外，这段代码还包含在系统编程（In-System Programming，ISP）和在应用编程（In-Application Programming，IAP）支持代码，用户可以调用 Boot Block 中的函数，擦写片内 Flash。

不同芯片的引导块的大小不同。如 LPC2130 系列的引导块为 12KB；而 LPC220 系列的引导块为 8KB。而且，不同芯片内部的 Flash 容量大小也不尽相同。为了增加用户代码的可移植性，生产厂将引导块的地址重映射到片内存储空间的最高处，即接近 2GB（0x80000000）的地方。经过重映射后，无论芯片内部存储器以及引导块大小如何变化都不会影响引导块的地址。这样，调用 IAP 或 ISP 操作的用户代码，不用修改就可以在不同 LPC2000 系列的 ARM 上运行。

2. 异常向量表重映射

在本章前面讲到，ARM 内核在发生异常后会转跳到 0x00000000 ~ 0x0000001C 的异常中断向量表，再经过向量表，转跳到中断服务程序执行。

在实际使用中，基于 ARM 的微控制器所使用的存储器比较复杂，可能同时存在片内 Flash、片内 SRAM 和片外存储器。不同的存储器在地址空间占用不同的位置，起始地址都不一样。

这就有可能导致 ARM 内核要使用的中断向量表不在 0x00000000 ~ 0x0000001C。通过重映射，将中断向量表重新分配到 0x00000000 ~ 0x0000001C，这样 ARM 就能正常执行中断处理了。换句话说，经过重映射，ARM 微处理器也能够使用物理地址不在 0x00000000 ~ 0x0000001C 处的中断向量表。

习　　题

一、单项选择题

1. 微控制器 ARM7TDMI-S 中，指令流水线有________级。(　　)

A. 1　　B. 2　　C. 3　　D. 4

2. ARM7TDMI-S 有________种运行模式。(　　)

A. 4　　B. 5　　C. 6　　D. 7

二、填空题

1. ARM 指令执行分为 3 个步骤：取指、译码和________。

2. 在 ARM 中，PC（R15）寄存器中所包含的指令地址表示 ARM 从该地址________。

三、简答题

1. CPSR 寄存器中用哪些位来定义处理器的状态？

2. 简单描述 ARM7TDMI-S 产生异常的条件。

第9章　通用输入/输出

9.1　GPIO 概述

通用输入/输出（General Purpose Input and Output，GPIO）接口是 LPC2138 芯片上非常重要的端口。GPIO 可应用于驱动 LED、开关量输入/输出，或者用作 LPC2138 与片外器件的接口。

LCP2138 有 47 个 5V 的 GPIO 引脚，分别为 P0.0 ~ P0.23、P0.25 ~ P0.31 和 P1.16 ~ P1.31，其中 P0.31 只能用作输出。这些引脚绝大多数是功能复用的，即一个引脚具有多个功能定义，需要通过引脚选择寄存器 PINSEL0、PINSEL1 和 PINSEL2 将引脚设置为 GPIO 功能，然后再进行操作。

LPC2138 GPIO 具有以下特性：

- 可以分别控制每个 GPIO 引脚的方向，将其指定为输入状态或输出状态。
- 可以分别控制每个 GPIO 引脚的输出状态，让其输出高电平或低电平。
- 复位后，所有 GPIO 引脚默认为输入状态。

9.2　引脚连接模块

LPC2138 芯片大部分引脚是功能复用的，即一个引脚具有多个功能。在使用中，任何一个时刻一个引脚只能有一个功能。通过配置连接模块内部相关寄存器来管理、配置各个引脚的功能，如图 9-1 所示。

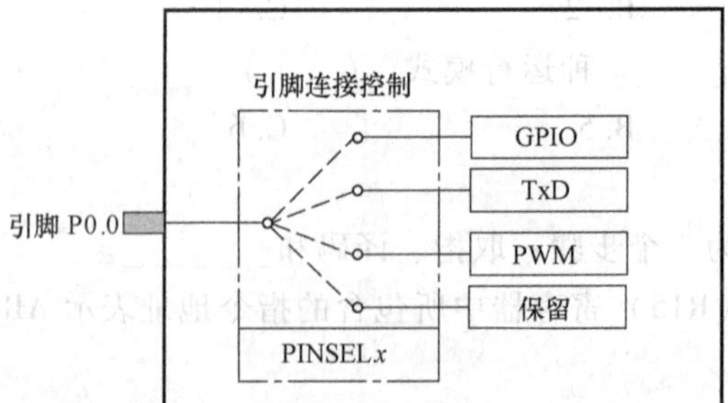

图 9-1　通过引脚连接模块控制引脚功能

LPC2138 引脚连接模块有三个 32 位引脚功能选择寄存器，见表 9-1。

表 9-1　引脚功能选择寄存器

名称	描述	访问	复位值	地址
PINSEL0	引脚功能选择寄存器 0	读/写	0x00000000	0xE002C000
PINSEL1	引脚功能选择寄存器 1	读/写	0x15400000	0xE002C004
PINSEL2	引脚功能选择寄存器 2	读/写	见表 9-4	0xE002C014

9.2.1 引脚功能选择寄存器 PINSEL0

PINSEL0 寄存器按照表 9-2 控制引脚功能。

表 9-2 引脚功能选择寄存器 0（PINSEL0）

位	符号	值	功 能	复位值
0:1	P0.0	00	GPIO P0.0	00
		01	TxD(UART0)	
		10	PWM1	
		11	保留	
3:2	P0.1	00	GPIO P0.1	00
		01	RxD(UART0)	
		10	PWM3	
		11	EINT0	
5:4	P0.2	00	GPIO P0.2	00
		01	SCL0(I^2C0)	
		10	捕获 0.0(Timer0)	
		11	保留	
7:6	P0.3	00	GPIO P0.3	00
		01	SDA0(I^2C0)	
		10	匹配 0.0(Timer0)	
		11	EINT1	
9:8	P0.4	00	GPIO P0.4	00
		01	SCK0(SPI0)	
		10	捕获 0.1(Timer0)	
		11	AD0.6	
11:10	P0.5	00	GPIO P0.5	00
		01	MISO0(SPI0)	
		10	匹配 0.2(Timer0)	
		11	AD0.7	
13:12	P0.6	00	GPIO P0.6	00
		01	MOS10(SPI0)	
		10	捕获 0.2(Timer0)	
		11	AD1.0	
15:14	P0.7	00	GPIO P0.7	00
		01	SSEL0(SPI0)	
		10	PWM2	
		11	EINT2	

（续）

位	符号	值	功　能	复位值
17:16	P0.8	00	GPIO　P0.8	00
		01	TxD(UART1)	
		10	PWM4	
		11	AD1.1	
19:18	P0.9	00	GPIO　P0.9	00
		01	RxD(UART1)	
		10	PWM6	
		11	EINT3	
21:20	P0.10	00	GPIO　P0.10	00
		01	RTS(UART1)	
		10	捕获 1.0(Timer1)	
		11	AD1.2	
23:22	P0.11	00	GPIO　P0.11	00
		01	CTS(UART1)	
		10	捕获 1.1(Timer1)	
		11	SCL1(I^2C1)	
25:24	P0.12	00	GPIO　P0.12	00
		01	DSR(UART1)	
		10	匹配 1.0(Timer1)	
		11	AD1.3	
27:26	P0.13	00	GPIO　P0.13	00
		01	DTR(UART1)	
		10	匹配 1.1(Timer1)	
		11	AD1.4	
29:28	P0.14	00	GPIO　P0.14	00
		01	DCD(UART1)	
		10	EINT1	
		11	SDA1(I^2C1)	
31:30	P0.15	00	GPIO　P0.15	00
		01	RI(UART1)	
		10	EINT2	
		11	AD1.5	

9.2.2　引脚功能选择寄存器 PINSEL1

PINSEL1 寄存器按照表 9-3 控制引脚功能。

表 9-3 引脚功能选择寄存器 1（PINSEL1）

位	符号	值	功　　能	复位值
0:1	P0.16	00	GPIO　P0.16	00
		01	EINT0	
		10	匹配 0.2(Timer0)	
		11	捕获 0.2(Timer0)	
3:2	P0.17	00	GPIO　P0.17	00
		01	捕获 1.2(Timer1)	
		10	SCK(SSP)	
		11	匹配 1.2(Timer1)	
5:4	P0.18	00	GPIO　P0.18	00
		01	捕获 1.3(Timer1)	
		10	MISO(SSP)	
		11	匹配 1.3(Timer1)	
7:6	P0.19	00	GPIO　P0.19	00
		01	匹配 1.2(Timer1)	
		10	MOSI(SSP)	
		11	捕获 1.2(Timer1)	
9:8	P0.20	00	GPIO　P0.20	00
		01	匹配 1.3(Timer1)	
		10	SSEL(SSP)	
		11	EINT3	
11:10	P0.21	00	GPIO　P0.21	00
		01	PWM5	
		10	AD1.6	
		11	捕获 1.3(Timer1)	
13:12	P0.22	00	GPIO　P0.22	00
		01	AD1.7	
		10	捕获 0.0(Timer0)	
		11	匹配 0.0(Timer0)	
15:14	P0.23	00	GPIO　P0.23	00
		01	保留	
		10	保留	
		11	保留	
17:16	P0.24	00	保留	00
		01	保留	
		10	保留	
		11	保留	

（续）

位	符号	值	功　能	复位值
19:18	P0. 25	00	GPIO　P0. 25	00
		01	AD0. 4	
		10	AOUT(DAC)	
		11	保留	
21:20	P0. 26	00	GPIO　P0. 26	00
		01	AD0. 5	
		10	保留	
		11	保留	
23:22	P0. 27	00	GPIO　P0. 27	00
		01	AD0. 0	
		10	捕获 0. 1(Timer0)	
		11	匹配 0. 1(Timer0)	
25:24	P0. 28	00	GPIO　P0. 28	00
		01	AD0. 1	
		10	捕获 0. 2(Timer0)	
		11	匹配 0. 2(Timer0)	
27:26	P0. 29	00	GPIO　P0. 29	00
		01	AD0. 2	
		10	捕获 0. 3(Timer0)	
		11	匹配 0. 3(Timer0)	
29:28	P0. 30	00	GPIO　P0. 30	00
		01	AD0. 3	
		10	EINT3	
		11	捕获 0. 0(Timer0)	
31:30	P0. 31	00	GPO	00
		01	保留	
		10	保留	
		11	保留	

9. 2. 3　引脚功能选择寄存器 PINSEL2

PINSEL2 寄存器按照表 9-4 控制引脚功能。

表 9-4　引脚功能选择寄存器 2（PINSEL2）

位	符号	值	功能	复位值
0:1	—	—	保留	—
2	GPIO/DEBUG	0	引脚 P1. 31 ~ P1. 26 用作 GPIO	$\overline{\text{P1.26}}$/$\overline{\text{RTCK}}$
		1	引脚 P1. 31 ~ P1. 26 用作调试	
3	GPIO/TRACE	0	引脚 P1. 25 ~ P1. 16 用作 GPIO	$\overline{\text{P1.20}}$/$\overline{\text{TRACESYNC}}$
		1	引脚 P1. 25 ~ P1. 16 用作跟踪	
31:4	—	—	保留	—

1）PINSEL2[2]复位后的值由 P1.26/RTCK 引脚外接电平决定：

① 如果 P1.26/RTCK 外接低电平，PINSEL2[2]=1。

② 如果 P1.26/RTCK 外接高电平，PINSEL2[2]=0。

2）PINSEL2[3]复位后的值由 P1.20/TRACESYNC 引脚外接电平决定：

① 如果 P1.20/TRACESYNC 外接低电平，PINSEL2[3]=1。

② 如果 P1.20/TRACESYNC 外接高电平，PINSEL2[3]=0。

9.3 GPIO 寄存器

LPC2138 有两个 32 位的通用 I/O 端口 PORT0 和 PORT1。在 PORT0 中，有 30 个输入/输出引脚。这 30 个引脚既可以作为输入也可以作为输出；1 个引脚只能作为输出。PORT1 中有 16 个输入/输出引脚。PORT1 和 PORT2 由 2 组（4 个）寄存器控制，见表 9-5。

表 9-5 GPIO 寄存器

名称	描述	访问	复位值	PORT0 地址/名称	PORT1 地址/名称
IOPIN	GPIO 引脚值寄存器。引脚当前状态可以从这个寄存器读出	只读	-	0xE0028000 IO0PIN	0xE0028010 IO1PIN
IOSET	GPIO 输出置位寄存器。这个寄存器与 IOCLR 寄存器配合,控制引脚状态。写入 1 使对应引脚输出高电平;写入 0 无效	读/写	0	0xE0028004 IO0SET	0xE0028014 IO1SET
IODIR	GPIO 方向寄存器。该寄存器控制各个引脚方向	读/写	0	0xE0028008 IO0DIR	0xE0028018 IO1SET
IOCLR	GPIO 输出清零寄存器。这个寄存器与 IOSET 寄存器配合,控制引脚状态。写入 1 使对应引脚输出低电平并清零 IOSET 寄存器中对应的位;写入 0 无效	只写	0	0xE002800C IO0CLR	0xE002801C IO1CLR

由图 9-2 可知，每个作为 GPIO 功能的引脚受 3 个寄存器控制，分别为控制方向的寄存器 IO*x*DIR、控制输出电平状态的 IO*x*SET 和 IO*x*CLR 寄存器。IO*x*PIN 是反映引脚电平状态（引脚值）的寄存器。

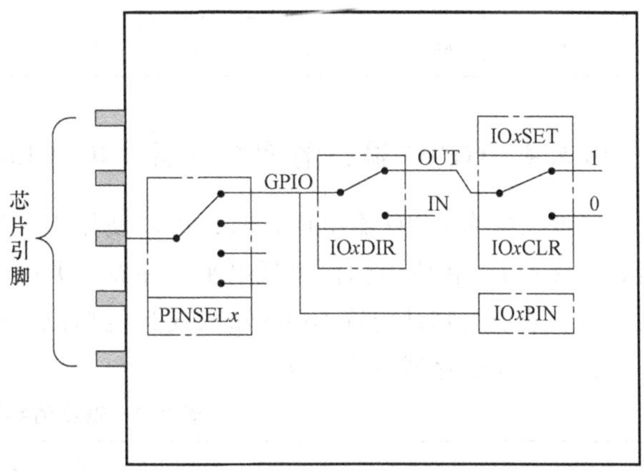

图 9-2 I/O 引脚与内部寄存器结构

9.3.1 GPIO 引脚值寄存器（IO0PIN 和 IO1PIN）

GPIO 引脚值寄存器是只读寄存器。读取这个寄存器可以了解 GPIO 引脚的当前电平状态。IOPIN 寄存器的值反映了引脚受外部电路影响的电平的真实状态，见表 9-6。

表 9-6　引脚值寄存器

位	描　　述	复位值
31:0	IO0PIN 的 bit0 对应于 P0.0,…,bit31 对应于 P0.31	未定义

9.3.2　GPIO 方向寄存器（IO0DIR 和 IO1DIR）

通过 PINSEL 寄存器将引脚配置为 GPIO 模式后，使用 IOxDIR 寄存器控制引脚输入/输出的方向。将 GPIO 方向寄存器相应位置 1，相应引脚用作输出功能；置 0，相应引脚用作输入功能。读取 GPIO 方向寄存器，可获得对应端口所有引脚的方向设置，见表 9-7。

表 9-7　方向寄存器

位	描　　述	复位值
31:0	0 = 输入;1 = 输出。IO0DIR 的 bit0 对应于 P0.0,…,bit31 对应于 P0.31	0

9.3.3　GPIO 输出置位寄存器（IO0SET 和 IO1SET）

引脚配置为 GPIO 输出模式时，可以使用 IOxSET 寄存器控制引脚输出高电平。向寄存器某位写入 1，相应引脚输出高电平。注意：要引脚输出低电平必须使用 IOxCLR。

如果某个引脚被配置 GPIO 输入或其他功能，那么写 IOxSET 不会引起引脚的电平的变化。读取 IOSET 寄存器将返回引脚输出电平状态值。这个值由前一次 IOxSET、IOxCLR 操作决定。该值与从 IOPIN 读取的值有可能不一致。从图 9-2 可知，从 IOxSET 寄存器读取的值不反映外部电路对引脚的影响。例如某个引脚设置为高电平输出，而该引脚被外部电路强制为低电平，那么从 IOxSET 读取该引脚对应位的值为 1，而从 IOxPIN 读取该引脚对应位的值是 0。输出置位寄存器见表 9-8。

表 9-8　输出置位寄存器

位	描　　述	复位值
31:0	IO0SET 的 bit0 对应于 P0.0,…,bit31 对应于 P0.31	0

9.3.4　GPIO 输出清零寄存器（IO0CLR 和 IO1CLR）

引脚配置为 GPIO 输出模式时，可以使用 IOxCLR 寄存器控制引脚输出低电平。向寄存器某位写入 1，相应引脚输出低电平。注意：要引脚输出高电平必须使用 IOxSET。

如果某个引脚被配置 GPIO 输入或其他功能，那么写 IOxCLR 不会引起引脚的电平的变化。输出清零寄存器见表 9-9。

表 9-9　输出清零寄存器

位	描　　述	复位值
31:0	IO0CLR 的 bit0 对应于 P0.0,…,bit31 对应于 P0.31	0

9.4 GPIO 使用注意事项

1）多次写入 IOxSET 或 IOxCLR 寄存器对同一个 GPIO 引脚/位的影响。

引脚设置为 GPIO 输出方式时，输出的状态由最后一次写入 IOxSET 或 IOxCLR 操作决定。例如：

```
IO0DIR = 0x00000080; //P0.7 配置为输出
IO0CLR = 0x00000080; //P0.7 输出为低
IO0SET = 0x00000080; //P0.7 输出为高
IO0CLR = 0x00000080; //P0.7 输出为低
```

先将 P0.7 设置成输出（写 IO0DIR 寄存器）；然后，P0.7 输出设为低电平（先写 IO0CLR 寄存器）；接着，P0.7 引脚上出现短高电平脉冲（写 IO0SET）；最后，写 IO0CLR 寄存器又将 P0.7 输出设置成低电平。

2）GPIO 多个引脚上同时输出（并行输出）。

先写 IOSET 再写 IOCLR 寄存器可使引脚先输出 1 再输出 0。有的时候要求一个 GPIO 口的一组引脚同时输出一个二进制数。这可通过写端口的 IOPIN 寄存器来实现。下面的代码所实现的功能是：P0.[31:16]和 P0.[7:0]输出保持不变，将 P0.[15:8]设置成 0xA5，不管 P0.[15:8]之前是何值。

```
IO0PIN = (IO0PIN & 0xFFFF00FF) |0x0000A500;
```

写 IOPIN 寄存器使能并行 GPIO 输出所需的瞬时值。写入 IOPIN 寄存器的二进制数据将影响整个并行口的所有输出配置引脚：IOPIN 的位为 0 时使引脚输出低电平，IOPIN 的位为 1 时使引脚输出高电平。为了改变一组端口引脚的输出，必须将 IOPIN 读出的内容和一个值相与（该值使要改变的引脚对应的位用 0 来屏蔽，其他引脚对应的位为 1）。最后，再将相与的结果和期望得到的引脚输出对应的二进制数相或并将相或的结果存回 IOPIN 寄存器。

3）读 IOxSET 与读 IOxPIN 的差异。

如图 9-3 所示，从 IO0SET 寄存器读取的值并不会反映外部电路对 P0.11 的影响。如果将 P0.11 设置为高电平输出，那么从 IO0SET 读取 P0.11 对应位的值为 bit11 的值为 1；而从 IO0PIN 读取 P0.11 对应位 bit11 的值，反映引脚当前电平是高还是低：等于 1 时表示 P0.11 处于高电平，SB 断开；等于 0 时表示 P0.11 处于低电平，开关闭合。

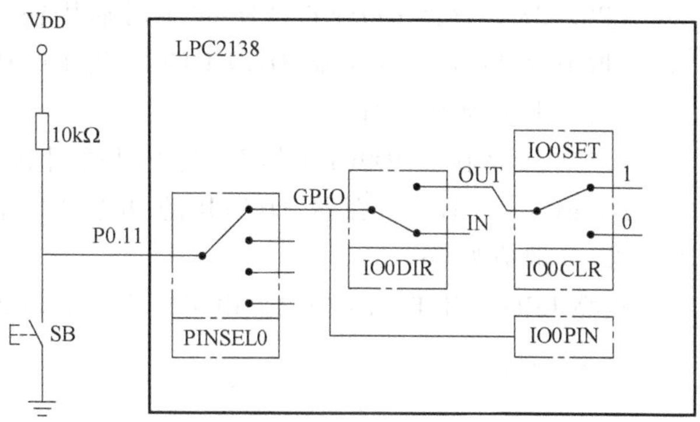

图 9-3 读 IOxSET 与读 IOxPIN 的差异

4）芯片复位后，大部分引脚默认被设置成 GPIO 功能，且处于输入状态。参见表 9-2、表 9-3 和表 9-7 中的复位值。

5）具有 A/D 功能的引脚比较特殊，无论这些引脚被设置成什么功能，A/D 输入功能始终是有效的。

9.5 编程实例

9.5.1 发光二极管接口电路

第一个 ARM 程序是通过 LPC2138 通用输入/输出（GPIO）的 P1.16 点亮一个发光二极管（Light Emitting Diode，LED），电路如图 9-4 所示。

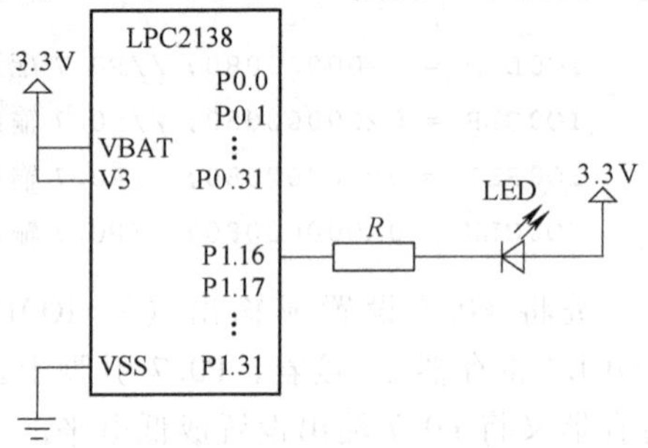

图 9-4 LED 接口电路

点亮 LED 需设 P1.16 输出低电平，简单起见，首先设置引脚功能为通用输入/输出，然后设定 P1.16 的方向为输出，最后置 P1.16 输出低电平。

LPC2138 的寄存器 PINSEL0 ~ PINSEL2 用来设置引脚的功能，当置为 0 时设置引脚为通用输入/输出，程序语句如下：

```
PINSEL0 = 0;/* 设置引脚为 GPIO */
PINSEL1 = 0;
PINSEL2 = 0;
```

LPC2138 的寄存器 IO0DIR 用来设置作为通用输入/输出引脚 P0.0 ~ P0.31 的方向，其 D*i* 为 0 时，P0.*i* 为输入；为 1 时 P0.*i* 为输出，*i* 取值为 0 ~ 31，D0 为最低有效位，D31 为最高有效位。寄存器 IO1DIR 用来设置作为通用输入/输出引脚 P1.16 ~ P1.31 的方向，其 D*i* 为 0 时，P1.*i* 为输入；为 1 时 P1.*i* 为输出，*i* 取值为 16 ~ 31。置 P1.16 为输出的程序语句如下：

```
IO1DIR = (1 <<16);/* P1.16 输出 */
```

LPC2138 寄存器 IO0SET 的 D*i* 置 1 时通用输入/输出引脚 P0.*i* 输出高电平，置 0 时无效，*i* 取值为 0 ~ 31。寄存器 IO1SET 的 D*i* 置 1 时通用输入/输出引脚 P1.*i* 输出高电平，置 0 时无效，*i* 取值为 16 ~ 31。

LPC2138 寄存器 IO0CLR 的 D*i* 置 1 时通用输入/输出引脚 P0.*i* 输出低电平，置 0 时无效，*i* 取值为 0 ~ 31。寄存器 IO1CLR 的 D*i* 置 1 时通用输入/输出引脚 P1.*i* 输出低电平，置 0 时无效，*i* 取值为 16 ~ 31。

点亮 LED 应使 P1.16 输出低电平，程序语句如下：

```
while(1)
{
    IO1CLR = (1 <<16);/* P1.16 置为低电平 */
}
```

while（1）为无限循环，一旦启动程序就一直使引脚 P1.16 输出为低电平，LED 灯一直亮着直到断电。完整的程序如下：

```
#include <LPC213X.H>

int main(void)
```

```
{
    PINSEL0 = 0;/* 设置引脚为 GPIO */
    PINSEL1 = 0;
    PINSEL2 = 0;
    IO1DIR = (1 <<16);/* P1.16 输出 */
    while(1)
  {
    IO1CLR = (1 <<16);/* P1.16 置为低电平 */
  }
}
```

本例以及本书后续各例均在 Keil μVision5 的集成开发环境（Integrated Development Environment，IDE）中进行程序设计，并在 Proteus 中进行仿真，相关操作请参阅第 13 章。

9.5.2 位域的应用

为了设置 LPC2138 的 P1.16 引脚的功能为通用输入/输出，分别置寄存器 PINSEL0、PINSEL1 和 PINSEL2 的值为 0，如此是将引脚 P0.0 ~ P0.23、P0.24、P0.27 ~ P0.31、P1.16 ~ P1.31 均置为了通用输入/输出功能。表达式 IO1DIR =(1 << 16) 使寄存器 IO1DIR 的 D16 置 1，其余各位置 0，这使得 P1.16 为输出，P1.17 ~ P1.31 为输入。这样的设置尽管能满足点亮 P1.16 外接 LED 的要求，对如此简单的应用也无可厚非，但对应复杂的应用就不能像这样进行设置了。

置寄存器的某位为 0 而其余位不变时，应进行与运算，如置 PINSEL2 的 D3 为 0 的表达式为 PINSEL2 & = ~(1 <<3)。

置寄存器的某位为 1 而其余位不变时，应先进行与运算，再进行或运算，如置 IO1DIR 的 D16 为 1 的表达式为 IO1DIR = (IO1DIR & (~(1 <<16)))|(1 <<16)。

使寄存器的某位取反而其余位不变时，应进行异或运算，与 1 异或原值取反，与 0 异或原值不变，如使寄存器 r 的 D17 和 D16 取反的表达式为 r ^= (3 <<16)。

更为合理的程序如下：

```
#include <LPC213X.H>

int main(void)
{
    PINSEL2 &= ~(1 <<3); /* 设置 P1.16 引脚为 GPIO */
    IO1DIR = (IO1DIR & ( ~(1 <<16))) | (1 <<16);/* P1.16 输出 */
    while(1)
    {
      IO1CLR = (IO1CLR & ( ~(1 <<16))) | (1 <<16);/* P1.16 置为低电平 */
    }
}
```

用位运算实现设置寄存器的操作较为繁琐，而位域来操作寄存器的位则简明而清晰。LPC2138 的寄存器均为 32 位，按 1 位、4 位、8 位、16 位的组织如图 9-5 所示。

寄存器 PINSEL0、PINSEL1 和 PINSEL2 的位域定义如下：

```
typedef unsigned char uint8_t;
typedef unsigned short uint16_t;
typedef unsigned long uint32_t;
typedef union
{
   uint32_t  data;
   struct
   {
     uint32_t  w0:16; /* w0: data 的 D0 ~ D15 */
     uint32_t  w1:16; /* w1: data 的 D16 ~ D31 */
   } words; /* 适于按双字节操作 */
   struct
   {
     uint32_t  b0:8; /* b0: data 的 D0 ~ D7 */
     uint32_t  b1:8; /* b1: data 的 D8 ~ D15 */
     uint32_t  b2:8; /* b2: data 的 D16 ~ D23 */
     uint32_t  b3:8; /* b3: data 的 D16 ~ D23 */
   } bytes; /* 适于按字节操作 */
   struct
   {
     uint32_t  n0:4; /* n0: data 的 D0 ~ D3 */
     uint32_t  n1:4; /* n1: data 的 D4 ~ D7 */
     uint32_t  n2:4; /* n2: data 的 D8 ~ D11 */
     uint32_t  n3:4; /* n3: data 的 D12 ~ D15 */
     uint32_t  n4:4; /* n4: data 的 D16 ~ D19 */
     uint32_t  n5:4; /* n5: data 的 D20 ~ D23 */
     uint32_t  n6:4; /* n6: data 的 D24 ~ D27 */
     uint32_t  n7:4; /* n7: data 的 D28 ~ D31 */
   } nibbles; /* 适于按半字节操作 */
```

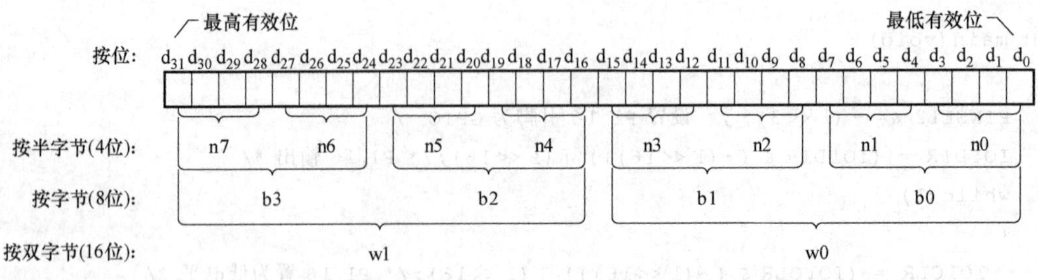

图 9-5　寄存器按 1 位、4 位、8 位、16 位的组织

```
   struct
   {
     uint32_t p0_0:2, p0_1:2, p0_2:2, p0_3:2;
```

```
        uint32_t  p0_4:2, p0_5:2, p0_6:2, p0_7:2;
        uint32_t  p0_8:2, p0_9:2, p0_10:2, p0_11:2;
        uint32_t  p0_12:2, p0_13:2, p0_14:2, p0_15:2;
    } field;
} reg_pinsel0_t;

typedef union
{
    uint32_t  data;
    struct
    {
      uint32_t  w0:16, w1:16;
    } words; /* 适于按双字节操作 */
    struct
    {
      uint32_t  b0:8, b1:8, b2:8, b3:8;
    } bytes; /* 适于按字节操作 */
    struct
    {
      uint32_t  n0:4, n1:4, n2:4, n3:4, n4:4, n5:4, n6:4, n7:4;
    } nibbles; /* 适于按半字节操作 */
    struct
    {
      uint32_t  p0_16:2, p0_17:2, p0_18:2, p0_19:2;
      uint32_t  p0_20:2, p0_21:2, p0_22:2, p0_23:2;
      uint32_t  p0_24:2, p0_25:2, p0_26:2, p0_27:2;
      uint32_t  p0_28:2, p0_29:2, p0_30:2, p0_31:2;
    } field;
} reg_pinsel1_t;

typedef union
{
    uint32_t  data;
    struct
    {
    uint32_t  w0:16, w1:16;
  } words; /* 适于按双字节操作 */
  struct
  {
    uint32_t  b0:8, b1:8, b2:8, b3:8;
  } bytes; /* 适于按字节操作 */
  struct
```

```
  {
    uint32_t  n0:4, n1:4, n2:4, n3:4, n4:4, n5:4, n6:4, n7:4;
  } nibbles; /* 适于按半字节操作 */
  struct
  {
    uint32_t  :2;
    uint32_t  p1_26_31:1, p1_16_25:1;
  } field;
} reg_pinsel2_t;

/*  Pin Connect Block */
/* 适于结构操作 */
#define rPINSEL0    (*((volatile reg_pinsel0_t * ) 0xE002C000))
#define rPINSEL1    (*((volatile reg_pinsel1_t * ) 0xE002C004))
#define rPINSEL2    (*((volatile reg_pinsel2_t * ) 0xE002C014))

/* 适于结构指针操作 */
#define prPINSEL0    ((volatile reg_pinsel0_t * ) 0xE002C000)
#define prPINSEL1    ((volatile reg_pinsel1_t * ) 0xE002C004)
#define prPINSEL2    ((volatile reg_pinsel2_t * ) 0xE002C014)
```

置寄存器 PINSEL2 的 D3 为 0 的表达式为 rPINSEL2. field. p1_16_25 = 0，或 prPINSEL2- > field. p1_16_25 = 0。有关各寄存器的地址请参见 LPC213X. H。

寄存器 IOPIN、IOSET、IODIR 和 IOCLR 的位域定义如下：

```
typedef union
{
    uint32_t  data;
    struct
    {
      uint32_t  w0:16, w1:16;
    } words; /* 适于按双字节操作 */
    struct
    {
        uint32_t  b0:8, b1:8, b2:8, b3:8;
    } bytes; /* 适于按字节操作 */
    struct
    {
        uint32_t  n0:4, n1:4, n2:4, n3:4, n4:4, n5:4, n6:4, n7:4;
    } nibbles; /* 适于按半字节操作 */
    struct
```

```
{
    uint32_t  d0:1, d1:1, d2:1, d3:1, d4:1, d5:1, d6:1, d7:1;
    uint32_t  d8:1, d9:1, d10:1, d11:1, d12:1, d13:1, d14:1, d15:1;
    uint32_t  d16:1, d17:1, d18:1, d19:1, d20:1, d21:1, d22:1, d23:1;
    uint32_t  d24:1, d25:1, d26:1, d27:1, d28:1, d29:1, d30:1, d31:1;
  } field; /* 适于按位操作 */
} reg_bits_t, reg_io_pin_t, reg_io_set_t, reg io_clr_t, rcg_io_dir_t;

/* General Purpose Input/Output (GPIO) */
/* 适于结构操作 */
#define rIO0PIN      (*((volatile reg_io_pin_t * ) 0xE0028000))
#define rIO0SET      (*((volatile reg_io_set_t * ) 0xE0028004))
#define rIO0DIR      (*((volatile reg_io_dir_t * ) 0xE0028008))
#define rIO0CLR      (*((volatile reg_io_clr_t * ) 0xE002800C))
#define rIO1PIN      (*((volatile reg_io_pin_t * ) 0xE0028010))
#define rIO1SET      (*((volatile reg_io_set_t * ) 0xE0028014))
#define rIO1DIR      (*((volatile reg_io_dir_t * ) 0xE0028018))
#define rIO1CLR      (*((volatile reg_io_clr_t * ) 0xE002801C))

/* 适于结构指针操作 */
#define prIO0PIN     ((volatile reg_io_pin_t * ) 0xE0028000)
#define prIO0SET     ((volatile reg_io_set_t * ) 0xE0028004)
#define prIO0DIR     ((volatile reg_io_dir_t * ) 0xE0028008)
#define prIO0CLR     ((volatile reg_io_clr_t * ) 0xE002800C)
#define prIO1PIN     ((volatile reg_io_pin_t * ) 0xE0028010)
#define prIO1SET     ((volatile reg_io_set_t * ) 0xE0028014)
#define prIO1DIR     ((volatile reg_io_dir_t * ) 0xE0028018)
#define prIO1CLR     ((volatile reg_io_clr_t * ) 0xE002801C)
```

置 IO1DIR 的 D16 为 1 的表达式为 rIO1DIR. field. d16 = 1，较之于：

```
IO1DIR = (IO1DIR & ( ~ (1 <<16))) | (1 <<16)
```

显然前者简洁明了。

上述的寄存器相关定义可组织为头文件：LPC2138XReg. h，向工程中添加自己编写头文件的方法见 13. 2. 2. 2 节。LPC2138XReg. h 的内容如下：

```
#ifndef_LPC213X_REG_H_
#define_LPC213X_REG_H_

#include <LPC213X. H >

typedef unsigned char uint8_t;
typedef unsigned short uint16_t;
typedef unsigned long uint32_t;
```

```
typedef union
{
   ...
} reg_pinsel0_t;

typedef union
{
   ...
} reg_pinsel1_t;

typedef union
{
   ...
} reg_pinsel2_t;

typedef union
{
   ...
} reg_bits_t, reg_io_pin_t, reg_io_set_t, reg_io_clr_t, reg_io_dir_t;

/*  Pin Connect Block */
...

/*  General Purpose Input/Output (GPIO) */
...

#endif
```

省略的部分请参照前文。main.c 的内容修改如下：

```
#include "LPC213XReg.h"

int main(void)
{
   rPINSEL2.field.p1_16_25 = 0;  /* 设置 P1.16 ~ P1.25 引脚为 GPIO */
   rIO1DIR.field.d16 = 1;         /* P1.16 输出 */
   while(1)
   {
     rIO1CLR.field.d16 = 1;        /* P1.16 置为低电平 */
   }
}
```

9.5.3 让发光二极管闪烁

为了让发光二极管闪烁应使 P1.16 轮流输出低电平和高电平，电平持续的时间由延时决定。实现延时的方法有软件延时和硬件延时两种，软件延时是用循环来耗用处理器的时间以实现延时，如：

```
while (n--);
```

n 的大小决定了循环次数，也就确定了延时的时间，若已知处理器的时钟频率（主频）为 60MHz，一次 while 循环需要 10 个时钟周期，延时为 1000ms，则循环次数为

$$n = (CCLK/1000)/l_{clk} \times t$$

其中 CCLK 为主频，l_{clk} 为一次 while 循环需要的时钟周期数，t 为延时的时间，则 $n = 6000$。

使 P1.16 轮流输出低电平和高电平的程序如下：

```
if(rIO1SE+T.field.d16)
  rIO1CLR.field.d16 = 1;   /* P1.16 置为低电平 */
else
  rIO1SET.field.d16 = 1;   /* P1.16 置为高电平 */
delay_ms(1000);             /* 延时 1000ms */
```

IOSET 是可读可写的寄存器，读 IOSET 可得 GPIO 输出寄存器中的值，该值为前一次对 IOSET 或 IOCLR 寄存器的设定值。若 IO1SET 的 D16 为 1，即前一次输出为高电平，则应输出低电平，否则为高电平，然后延时 1000ms，这样 LED 闪烁的频率为 0.5Hz，即亮 1s，灭 1s。完整的程序如下：

```
#include "LPC213XReg.H"

void delay_ms(unsigned int t);

int main(void)
{
    rPINSEL2.field.p1_16_25 = 0;   /* 设置 P1.16 ~ P1.25 引脚为 GPIO */
    rIO1DIR.field.d16 = 1;         /* P1.16 输出 */
    while(1)
    {
      if(rIO1SET.field.d16)
        rIO1CLR.field.d16 = 1;     /* P1.16 置为低电平 */
      else
        rIO1SET.field.d16 = 1;     /* P1.16 置为高电平 */
      delay_ms(1000);              /* 延时 1000ms */
    }
}

/* 延时 t */
void delay_ms(unsigned int t        /* 延时的毫秒数 */)
```

```
{
    const unsigned int cclk = 60000000;  /* 芯片主频为 60MHz */
    const unsigned int loop_clks = 10;   /* while(n--)的时钟周期数 */
    volatile unsigned int n;             /* 循环次数 */
    n = (cclk / 1000 / loop_clks) * t;
    while(n--);
    return;
}
```

计算循环一次需要多少个时钟周期涉及 ARM 汇编指令、晶振频率、启动代码中锁相环的设置等知识点，初学者对此有所了解即可。为了确定延时函数的运行时间，可先估算循环次数，然后在 Proteus 中用示波器进行测量，再修正延时函数中的循环次数，直到满足要求为止。使用示波器的方法参见 13.2.3 相关内容。

9.5.4 走马灯

将 9.5.3 节中闪烁一个发光二极管扩展为八个则为走马灯，或称流水灯，电路原理图如图 9-6 所示，P1.16 ~ P1.23 外接发光二极管 D1 ~ D8，初始时点亮 D1，若干毫秒后使之熄灭并点亮 D2，再若干毫秒后使之熄灭并点亮 D3，依次类推，当熄灭 D8 时再次点亮 D1，循环往复这个过程。

注：本章中很多电气图形符号和文字符号与现行国标不符，因是软件中自带图形符号，不建议修改。

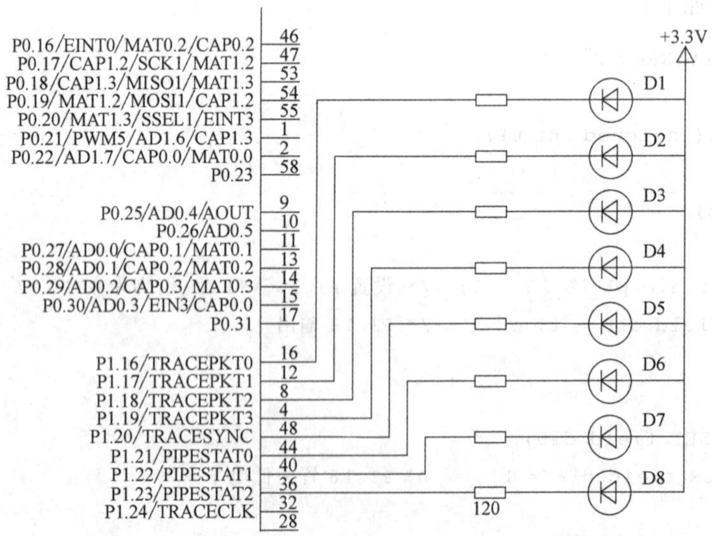

图 9-6 走马灯电路原理图

使 D1 亮 D2 ~ D8 灭，应置 P1.23 ~ P1.17 为高电平、置 P1.16 为低电平，即置 IO1SET 的 d23 ~ d17 为 1、置 d16 为 0；置 IO1CLR 的 d23 ~ d17 为 0、置 d16 为 1。为此可构造一个字节的点亮方式（pattern）为 1111 1110B，通过表达式 rIO1SET = pattern 和 rIO1CLR = ~ pattern 可点亮 D1。点亮 D2 的方式为 1111 1101B，点亮 D8 的方式为 0111 1111B。从 1111 1110B 到 1111 1101B 最后到 0111 1111B 是循环左移 1 位的操作。走马灯的程序如下：

```
#include "LPC213XReg.h"

//使 x 循环左移 n 位
#define rotate_left(x, n)((((x) >> (sizeof(x) * 8 -(n))) & (~(~0 << (n)))) \
    |((x) << (n)))
//使 x 循环右移 n 位
#define rotate_right(x, n)((((x) >> (n)) & (~(~0 << (sizeof(x) * 8 -(n))))) \
    |((x) << (sizeof(x) * 8 -(n))))

void delay_ms(unsigned int t);

int main(void)
{
    uint8_t pattern =0xfe;                  /* 点亮 LED 方式，初始点亮引脚 P1.16 外的
LED */
    rPINSEL2.field.p1_16_25 =0;             /* 设置 P1.16 ~ P1.25 引脚为 GPIO */
    rIO1DIR.bytes.b2 =0xFF;                 /* P1.16 ~ P1.23 输出 */

    while(1)
    {
        rIO1SET.bytes.b2 =pattern;          /* 点亮方式中为 1 的位对应的引脚输出高电
                                               平，熄灭 */
        rIO1CLR.bytes.b2 = ~pattern;        /* 点亮方式中为 0 的位对应的引脚输出低电
                                               平，点亮 */
        delay_ms(200);                      /* 延时 200ms */
        pattern =rotate_left(pattern, 1);   /* 使点亮方式循环左移一位，点亮下一个 LED
*/
    }
}
/* 延时 t */
void delay_ms(unsigned int t/* 延时的毫秒数 */)
{
    const unsigned int cclk =60000000;/* 芯片主频为 60MHz */
    const unsigned int loop_clks =10;/* while(n--)的时钟周期数 */
    volatile unsigned int n;            /* 循环次数 */
    n =(cclk / 1000 / loop_clks) * t;
    while(n--);
    return;
}
```

上述程序中点亮某个发光二极管需分别设置寄存器 IO1SET 和 IO1CLR，也可以通过寄存器 IO1PIN 实现同时置 1 和置 0 的操作：

```
rIO1PIN.bytes.b2 =pattern;/* 点亮方式中为 1 的位对应的引脚输出低电平，熄灭；
                             为 0 的位对应的引脚输出低电平，点亮 */
```

若希望按 D8、D7、…、D1、D8 的顺序点亮发光二极管，则点亮方式初值为 0x7f，并

循环右移。

9.5.5 按键控制发光二极管

图 9-7 是按键控制发光二极管电路原理图，P0.16、P0.17、P0.26、P0.27 外接 4 个按键，分别为 K1、K2、K3、K4。P1.16 ~ P1.19 外接 4 个发光二极管，分别为 D1、D2、D3、D4。当按下按键 K_i 时发光二极管 D_i 被点亮，释放后熄灭。

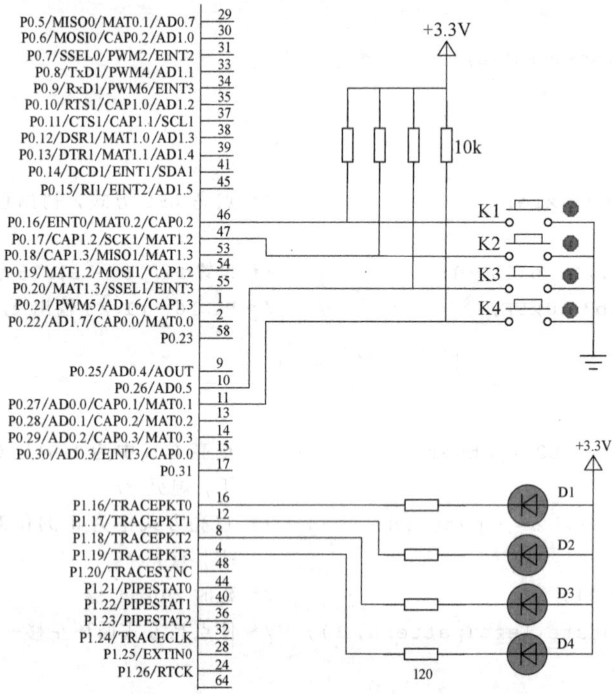

图 9-7 按键控制发光二极管电路原理图

从图 9-7 可知，当按键按下后引脚呈现低电平，释放后呈现高电平，该状态可通过寄存器 IOPIN 获得，如表达式：rIO0PIN.field.d16 的值反映了 P0.16 外接按键 K1 的状态，其值为 0 时，K1 被按下，否则为释放状态。语句：

```
if(rIO0PIN.field.d16 == 0)/* K1 按下 */
    rIO1CLR.field.d16 =1;   /* 置低电平点亮 D1 */
else                        /* K1 释放 */
    rIO1SET.field.d16 =1;   /* 置高电平熄灭 D1 */
```

检测 K1 的状态，处于按下状态时置 P1.16 为低电平，点亮 D1；处于释放状态时置 P1.16 为高电平，熄灭 D1。完整的程序如下：

```
#include "LPC213XReg.h"

int main(void)
{
```

```
    rPINSEL1.field.p0_16 =0;/* 设置 P0.16 引脚为 GPIO */
    rPINSEL1.field.p0_17 =0;/* 设置 P0.17 引脚为 GPIO */
    rPINSEL1.field.p0_26 =0;/* 设置 P0.26 引脚为 GPIO */
    rPINSEL1.field.p0_27 =0;/* 设置 P0.27 引脚为 GPIO */
    rPINSEL2.field.p1_16_25 =0;/* 设置 P1.16 ~ P1.25 引脚为 GPIO */

    rIO0DIR.field.d16 =0;/* P0.16 输入 */
    rIO0DIR.field.d17 =0;/* P0.17 输入 */
    rIO0DIR.field.d26 =0;/* P0.26 输入 */
    rIO0DIR.field.d27 =0;/* P0.27 输入 */
    rIO1DIR.nibbles.n4 =0xF;/* P1.20 ~ P1.23 输出 */

    while(1)
    {
        if(rIO0PIN.field.d16 == 0)/* K1 按下 */
            rIO1CLR.field.d16 =1;/* 置低电平点亮 D1 */
        else                      /* K1 释放 */
            rIO1SET.field.d16 =1;/* 置高电平熄灭 D1 */

        if(rIO0PIN.field.d17 == 0)/* K2 按下 */
            rIO1CLR.field.d17 =1;/* 置低电平点亮 D3 */
        else/                     * K2 释放 */
            rIO1SET.field.d17 =1;/* 置高电平熄灭 D2 */

        if(rIO0PIN.field.d26 == 0)/* K3 按下 */
            rIO1CLR.field.d18 =1;/* 置低电平点亮 D3 */
        else/                     * K3 释放 */
            rIO1SET.field.d18 =1;/* 置高电平熄灭 D3 */

        if(rIO0PIN.field.d27 == 0)/* K4 按下 */
            rIO1CLR.field.d19 =1;/* 置低电平点亮 D4 */
        else/                     * K4 释放 */
            rIO1SET.field.d19 =1;/* 置高电平熄灭 D4 */
    }
}
```

9.5.6 显示数码管

1. LED 数码管的工作原理

LED 数码管由七段发光二极管（Light Emitting Diode，LED）组成，是一种应用很普遍的显示器件。从单板微型机、袖珍计算器到许多微型机控制系统及数字化仪器中都用 LED 数码管作为输出显示。

LED 数码管的主要部分是七段发光二极管，如图 9-8 所示，七段发光二极管分别称为 a、b、c、d、e、f、g，有的产品还附带有一个小数点 h。通过 7 个发光段的不同组合，可以显示 0 ~ 9 和 A ~ F 共 16 个字母数字，从而实现十六进制的显示。

LED 数码管可以分为共阴极和共阳极两种结构。如为共阳极结构，共用的阳极接高电

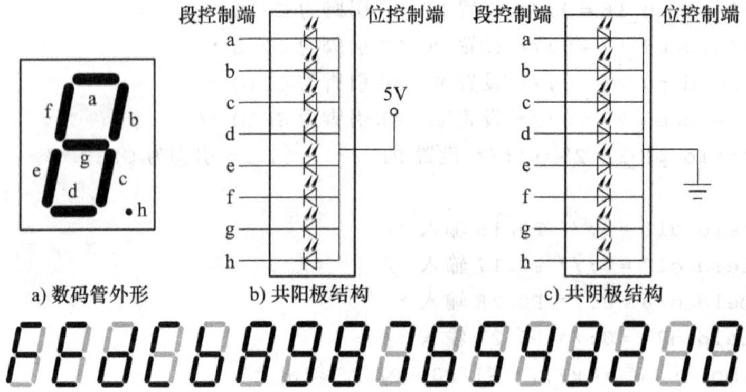

a) 数码管外形　b) 共阳极结构　c) 共阴极结构

d) 显示的十六进制数

图 9-8　LED 数码管

平，则数码显示端输入低电平有效，当某一段得到低电平时便发光。比如，当 a、b、g、e、d 为低电平，而其他段为高电平时，则显示数字“2”。共用的阳极称为位控制端，若共阳极 LED 数码管的位控制端接高电平则 LED 数码管不发光，即无显示。数码显示端输入 a ~ h 称为段控制端。如为共阴极结构，则数码显示端输入高电平有效，当某段处于高电平时便发光。

输入到 LED 数码管使某一段发光或不发光的电平信号称为 LED 的显示码，如使共阳极的 LED 显示数字“2”的显示码为 10100100B（A4H），使共阴极的 LED 显示数字“2”的显示码为 01011011B（5BH）。表 9-10 列出了共阳极和共阴极结构 LED 的显示码。

表 9-10　LED 显示码表

数值	显示形式	共阳极显示码	共阴极显示码	数值	显示形式	共阳极显示码	共阴极显示码
0		1100 0000B C0H	0011 1111B 3FH	8		1000 0000B 80H	0111 1111B 7FH
1		1111 1001B F9H	0000 0110B 06H	9		1001 0000B 90H	0110 1111B 6FH
2		1010 0100B A4H	0101 1011B 5BH	A		1000 1000B 88H	0111 0111B 77H
3		1011 0000B B0H	0100 1111B 4FH	B		1000 0011B 83H	0111 1100B 7CH
4		1001 1001B 99H	0110 0110B 66H	C		1100 0110B C6H	0011 1001B 39H
5		1001 0010B 92H	0110 1101B 6DH	D		1010 0001B A1H	0101 1110B 5EH
6		1000 0010B 82H	0111 1101B 7DH	E		1000 0110B 86H	0111 1001B 79H
7		1111 1000B F8H	0000 0111B 07H	F		1000 1110B 8EH	0111 0001B 71H

2. 显示单个数码管

图 9-9 是键控单个数码管显示的电路原理图，每按一次按键 K1，即按下后旋即释放，数码管 DS1 显示的值增 1，该数码管为共阳极的。

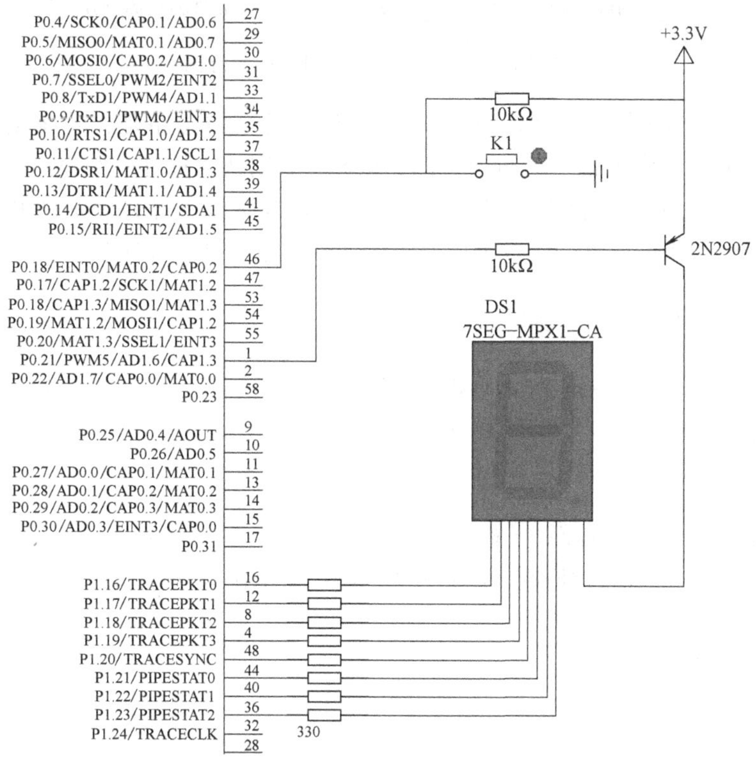

图 9-9　键控单个数码管显示的电路原理图

在主函数的循环中执行三个步骤：①检测有无按键，有则按键计数增 1；②取计数值个位所对应的显示码，从 P1.16 ~ P1.23 送出；③置 P0.21 为低电平，使 PNP 晶体管饱和导通，驱动数码管点亮。程序如下：

```
if(is_key_pressed(gpio_bit(PIN, 0, 16)))
        n ++;/* P0.16 外接 K1 有按键(按下后释放), 则加 1 */
show_ca7seg(1, 2, disp_code[n% 10]);/* 从 P1.16 ~ P1.23 送出显示码 */
lighten_ca7seg(0, 21);/* 置 P0.21 低 */
```

当按下按键时，按键内的弹片受压后与两端接触，导通电路；释放按键时，施加的压力消失后弹片弹起，断开电路。由于弹片的氧化、灰尘的存在以及按压的颤动等原因，在弹片接触和脱离接触的瞬间会产生振荡，即在很短的时间内（一般为几毫秒，由按键的机械特性决定）电路在导通和断开之间变化，如图 9-10 所示。而处理器的处理速度在微秒级或纳秒级，较之快百、千倍，因而应设法避让抖动期或消除抖动，消除按键抖动一般有软件消抖和硬件消抖两种方法。

本例使用的是软件消抖，函数 is_key_pressed 用于检查是否有按键，其参数为 P0.16 的

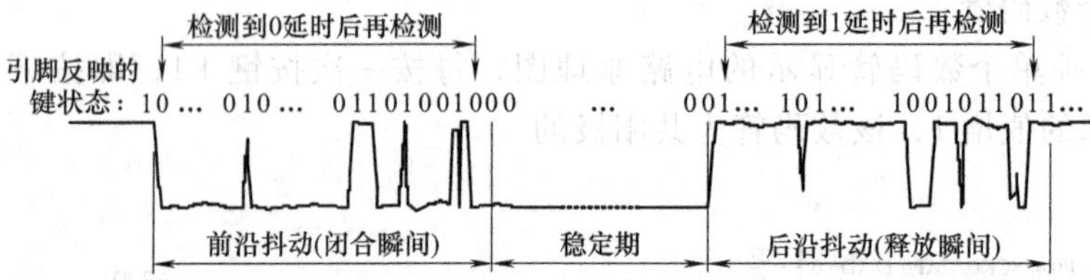

图 9-10　按键闭合与断开抖动的示意图

状态，包括了按键抖动期和稳定期的状态。软件消抖的基本思路是：若按键状态为 0（闭合），延时若干时间（如 10ms）后再次检测，依然为 0 则认为按键已经稳定地闭合了；若按键状态为 1（断开），延时后再次检测，依然为 1 则认为按键已经稳定地断开了。延时时间是一个经验值，一般取 5～10ms，也可以通过示波器测量得到。程序如下：

```
int is_key_pressed(volatile int key_state)
{
      static int key_st =-1; /* 按键状态 */
      if(key_state == 0)/* K1 按下 */
      {
        delay_ms(10);
        if(key_state == 0)/* K1 依然按下 */
          key_st <<= 1; /* 使最低有效位为 0，表示已经闭合 */
      }
      else/* K1 释放 */
      {
        delay_ms(10);
        if(key_state != 0)/* K1 依然释放 */
        {
          key_st <<= 1;
          key_st |= 1; /* 使最低有效位为 1，表示已经断开 */
        }
      }
      return ((key_st & 0x3) == 1);
}
```

函数中表示按键状态的变量 key_st 为静态存储，目的是在程序运行期间其值始终保持，但其仅在该函数中可见，初值为全 1 表示初始状态为断开。当检测到按键稳定闭合时，使 key_st 左移 1 位，最低有效位移入 0，表示闭合；当检测到按键稳定断开时，使 key_st 左移 1 位后最低有效位置 1，表示断开。key_st 的 D1 和 D0 位为 00B 时表示按键持续闭合；为 01B 表示按键由闭合状态转为断开状态；为 11B 表示持续断开；为 10B 表示按键由断开状态转为闭合状态。因此，表达式（key_st & 0x3）的值为 1（即 01B）时意味着按键按下后又被释放了。函数返回值为 0 表示未按键、或刚按下、或持续按下；为 1 表示刚释放，即按下后再释放。

调用 is_key_pressed 函数时应传入 P0.16 外接按键的状态，即寄存器 IO0PIN 中的位

D16，亦即 rIO0PIN. field. d16，前面的例子中经常出现类似的表达式，如：

rIO [0] **PIN**. field. d <u>27</u>

rIO [1] **SET**. field. d <u>19</u>

rIO [1] **CLR**. field. d <u>18</u>

rIO [0] **DIR**. field. d <u>26</u>

等，这些表达式中相互区别的是：表示不同寄存器的 PIN、SET、CLR、DIR；表示不同组的 0 和 1；以及表示不同位的 27、19、18、26 等。它们具有类型的形式：rIO [g] **REG**. field. <u>di</u>，且都是标识符，这样可以定义一个宏替换：

```
#define gpio_bit(reg, g, i)   rIO##g##reg.field.d##i
```

宏名 gpio_ bit 表示 GPIO 寄存器的位，参数 reg 表示寄存器，参数 g 表示组 0 或 1，参数 i 表示某位，被替换文本中参数名前的##为宏替换的粘连符，在进行宏替换时“##参数”替换为实参的文本，如宏：gpio_ bit（PIN，0，16）替换后的形式为：rIO0PIN. field. d16。有关寄存器中字节的操作也可定义宏替换：

```
#define gpio_byt(reg, g, i)   rIO##g##reg.bytes.b##i
```

定义这样的宏目的是使程序更具可读性。

共阳极数码管显示数值 0 ~9 的显示码可用数组表示：

```
uint8_t disp_code[] = {0xc0, 0xf9, 0xa4, 0xb0, 0x99,
                       0x92, 0x82, 0xf8, 0x80, 0x90 };/* 0 ~9 共阳极显示码 */
```

数组元素 disp_code［i］对应值 i 的显示码。

送出共阳极数码管显示码和置数码管阳极为高电平的宏替代定义为：

```
#define show_ca7seg(grp, byt, dc)  gpio_byt(PIN, grp, byt) =dc;
#define lighten_ca7seg(grp, bit)   gpio_bit(CLR, grp, bit) =1;
```

完整的程序如下：

```
#include "LPC213XReg.h"

#define gpio_bit(reg, g, i)   rIO##g##reg.field.d##i
#define gpio_byt(reg, g, i)   rIO##g##reg.bytes.b##i

#define show_ca7seg(grp, byt, dc)  gpio_byt(PIN, grp, byt) =dc;
#define lighten_ca7seg(grp, bit)   gpio_bit(CLR, grp, bit) =1;

void delay_ms(unsigned int t);
int is_key_pressed(volatile int key_state);

int main(void)
{
```

```
  int n =0;/* 按键计数 */
  uint8_t disp_code[] ={0xc0, 0xf9, 0xa4, 0xb0, 0x99,
              0x92, 0x82, 0xf8, 0x80, 0x90 };/* 0 ~9 共阳极显示码 */

  prPINSEL1 ->field.p0_16 =0;/* 设置 P0.16 引脚为 GPIO */
  prPINSEL1 ->field.p0_21 =0;/* 设置 P0.21 引脚为 GPIO */
  prPINSEL2 ->field.p1_16_25 =0;/* 设置 P1.16 ~ P1.25 引脚为 GPIO */

  prIO0DIR ->field.d16 =0;/* P0.16 输入 */
  prIO0DIR ->field.d21 =1;/* P0.21 输出 */
  prIO1DIR ->bytes.b2 =0xff;/* P1.16 ~ P1.23 输出 */

  while(1)
  {
   if(is_key_pressed(gpio_bit(PIN, 0, 16)))
     n ++;/* P0.16 外接 K1 有按键(按下后释放), 则加 1 */
   show_ca7seg(1, 2, disp_code[n% 10]);/* 从 P1.16 ~ P1.23 送出显示码 */
   lighten_ca7seg(0, 21);/* 置 P0.21 低 */
  }
}

/* 延时 t */
void delay_ms(unsigned int t/* 延时的毫秒数 */)
{
  const unsigned int cclk = 60000000;  /* 芯片主频为 60MHz */
  const unsigned int loop_clks = 10;   /* while(n--)的时钟周期数 */
  volatile unsigned int n;             /* 循环次数 */
  n = (cclk / 1000 / loop_clks) * t;
  while(n--);
  return;
}
/* 判断是否按键 */
int is_key_pressed(volatile int key_state)
{
  static int key_st =-1; /* 按键状态 */
  if(key_state == 0)/* K1 按下 */
  {
   delay_ms(10);
   if(key_state == 0)/* K1 依然按下 */
     key_st <<= 1; /* 使最低有效位为 0, 表示已经闭合 */
  }
  else/* K1 释放 */
```

```
    {
    delay_ms(10);
    if(key_state != 0)/* K1 依然释放 */
    {
      key_st <<= 1;
      key_st |= 1; /* 使最低有效位为 1，表示已经断开 */
    }
  }
  return ((key_st & 0x3) == 1);
}
```

3. 显示多个数码管

图 9-11 是键控两个数码管显示的电路原理图，每按一次按键 K1，计数值增 1，数码管 DS1 显示计数值的个位，DS2 显示十位，该数码管为共阳极的。

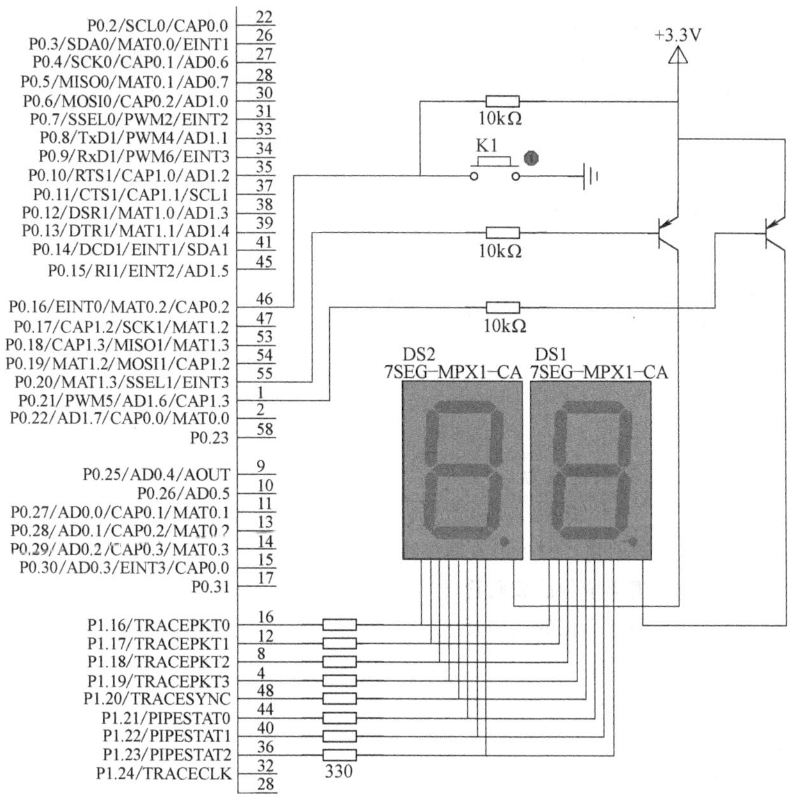

图 9-11　键控两个数码管显示的电路原理图

从图 9-11 可知，两个数码管的段控制端共用一组传输线路，即各数码管的段控制端连接在同一总线上，这是显示多个数码管与显示单个数码管根本的区别。对多位 LED 数码管的显示，常采用动态扫描方式，分时循环显示每一位数码管。其原理是利用人眼视觉残留的生理特征，而获得稳定的显示效果，电影放映也是基于同样的原理，在1s内连续播放24帧以上的静止画面，人眼所看到的将是活动的映像，所以只要在1s内使每个数码管点亮24次以上，人眼就感觉不到闪烁了，当然频率越高显示效果越好。

在主函数中先设置GPIO相关寄存器，熄灭个位和十位数码管，然后进入循环。循环中检测是否有按键，有则使计数值增1；显示计数值的个位数和十位数。完成的程序如下：

```
#include "LPC213XReg.h"

/* 控制显示计数值个位数数码管公共阳极的引脚 */
#define one_pin    21
/* 控制显示计数值十位数数码管公共阳极的引脚 */
#define ten_pin    20

#define gpio_bit(reg, g, i)   rIO##g##reg.field.d##i
#define gpio_byt(reg, g, i)   rIO##g##reg.bytes.b##i

#define set_seg(dc)     gpio_byt(PIN, 1, 2) =dc;  /* 设置段亮或灭,即送显示码 */
#define lighten(x)      gpio_bit(CLR, 0, x) =1;   /* 点亮 x 位的数码管 */
#define darken(x)       gpio_bit(SET, 0, x) =1;   /* 熄灭 x 位的数码管 */

/* 函数声明 */
void delay_ms(unsigned int t);
int is_key_pressed(volatile int key_state);
void init_regs(void);
void display(int n);

int main(void)
{
  int n =0;           /* 计数初值为 0 */

  init_regs();       /* 初始化 GPIO 相关寄存器 */
  darken(one_pin);  /* 熄灭个位的数码管 */
  darken(ten_pin);  /* 熄灭十位的数码管 */
  while(1)
  {
    /* 检查按键 */
    if(is_key_pressed(gpio_bit(PIN, 0, 16)))
    {
      n ++;
      n %= 100;
    }
    /* 显示计数值 */
    display(n);
```

```
  }
}
/* 初始化 GPIO 相关寄存器 */
void init_regs(void)
{
  rPINSEL1.field.p0_16 =0;/* 设置 P0.16 引脚为 GPIO */
  rPINSEL1.field.p0_20 =0;/* 设置 P0.20 引脚为 GPIO */
  rPINSEL1.field.p0_21 =0;/* 设置 P0.21 引脚为 GPIO */
  rPINSEL2.field.p1_16_25 =0;/* 设置 P1.16 ~ P1.25 引脚为 GPIO */

  rIO0DIR.field.d16 =0;/* P0.16 输入 */
  rIO0DIR.field.d20 =1;/* P0.20 输出 */
  rIO0DIR.field.d21 =1;/* P0.21 输出 */
  rIO1DIR.bytes.b2 =0xff;/* P1.16 ~ P1.23 输出 */
}
/* 显示计数值的个位和十位数 */
void display(int n)
{
  uint8_t disp_code[ ] = {0xc0, 0xf9, 0xa4, 0xb0, 0x99, 0x92, 0x82, 0xf8, 0x80,
0x90};

  /* 显示计数值的个位数 */
  set_seg(disp_code[n% 10]);   /* 送个位的显示码 */
  lighten(one_pin);            /* 点亮个位的数码管 */
  delay_ms(5);
  darken(one_pin);             /* 熄灭个位的数码管 */

  /* 显示计数值的十位数 */
  set_seg(disp_code[n/10]);    /* 送十位的显示码 */
  lighten(ten_pin);            /* 点亮十位的数码管 */
  delay_ms(5);
  darken(ten_pin);             /* 熄灭十位的数码管 */
}
/* 延时 t */
void delay_ms(unsigned int t/* 延时的毫秒数 */) {...}
/* 判断是否按键 */
int is_key_pressed(volatile int key_state) {...}
```

定义宏 one_ pin 和 ten_ pin 增加了程序的可读性，也能减少出错的概率。

习　题

一、单项选择题

1. LPC2138 芯片大部分引脚是功能复用的，通过______寄存器配置引脚的功能。(　　)

A. PINSEL*x*　　B. IO*x*CLR　　C. IO*x*SET　　D. IO*x*DIR

2. 通过读取__________寄存器可以获取 GPIO 引脚的当前电平状态。(　　)

A. IO*x*SET　　B. IO*x*CLR　　C. IO*x*PIN　　D. IO*x*DIR

二、填空题

1. 当引脚用作 GPIO 功能时，通过__________寄存器对引脚清零。

2. 当引脚用作 GPIO 功能时，通过__________寄存器对引脚置位。

三、简答题

1. 写出至少 3 种 GPIO 的应用。

2. 简述将引脚 P0.0 设置为 GPIO 输出的步骤。

四、应用题

1. 下面的程序点亮 P1.16 外接的发光二极管，请完善之。

```
#include <LPC213X.H>
int main(void)
{
  PINSEL2 &= ~(1 << 3); /* 设置 P1.16 引脚为 GPIO */
  IO1DIR = (________ & (~(________))) | (1 << 16);/* P1.16 输出 */
  while(1)
  {
    }IO1CLR = (________ & (~(________))) | (1 << 16);/* P1.16 置为低电平 */
}
```

2. 下面的程序使 P1.18 外接的发光二极管闪烁，请完善之。

```
#include <LPC213X.H>
typedef unsigned long uint32_t;
typedef union {
  uint32_t  data;
  struct {
    uint32_t  p0_0:2, p0_1:2, p0_2:2, p0_3:2, p0_4:2, p0_5:2, p0_6:2, p0_7:2;
    uint32_t  p0_8:2, p0_9:2, p0_10:2, p0_11:2, p0_12:2, p0_13:2, p0_14:2, p0_
15:2;
  } field;
} reg_pinsel0_t;
typedef union {
  uint32_t  data;
  struct {
    uint32_t  p0_16:2, p0_17:2, p0_18:2, p0_19:2, p0_20:2, p0_21:2, p0_22:
2, p0_23:2;
    uint32_t p0_24:2, p0_25:2, p0_26:2, p0_27:2, p0_28:2, p0_29:2, p0_30:
2, p0_31:2;
  } field;
} reg_pinsel1_t;
typedef union {
  uint32_t  data;
```

```
  struct {
    uint32_t  :2;
    uint32_t  p1_26_31:1, p1_16_25:1;
  struct {
    uint32_t  :2;
    uint32_t  p1_26_31:1, p1_16_25:1;
  } field;
} reg_pinsel2_t;
typedef union
{
  uint32_t  data;
  struct
  {
    uint32_t  d0:1, d1:1, d2:1, d3:1, d4:1, d5:1, d6:1, d7:1;
    uint32_t  d8:1, d9:1, d10:1, d11:1, d12:1, d13:1, d14:1, d15:1;
    uint32_t  d16:1, d17:1, d18:1, d19:1, d20:1, d21:1, d22:1, d23:1;
    uint32_t  d24:1, d25:1, d26:1, d27:1, d28:1, d29:1, d30:1, d31:1;
  } field; /* 适于按位操作 */
} reg_bits_t, reg_io_pin_t, reg_io_set_t, reg_io_clr_t, reg_io_dir_t;
#define rPINSEL0    (* ((volatile reg_pinsel0_t * ) 0xE002C000))
#define rPINSEL1    (* ((volatile reg_pinsel1_t * ) 0xE002C004))
#define rPINSEL2    (* ((volatile reg_pinsel2_t * ) 0xE002C014))
#define rIO1SET     (* ((volatile reg_io_set_t * ) 0xE0028014))
#define rIO1DIR     (* ((volatile reg_io_dir_t * ) 0xE0028018))
#define rIO1CLR     (* ((volatile reg_io_clr_t * ) 0xE002801C))
int main(void)
{
  void delay_ms(unsigned int t);
  rPINSEL2. ________.p1_16_25 =0;/* 设置 P1.16 ~ P1.25 引脚为 GPIO */
  rIO1DIR.field. __________ = 1;/* P1.18 输出 */
  while(1)
  {
    if(rIO1SET.field. ________)
      rIO1CLR.field. __________ = 1;/* P1.18 置为低电平 */
    else
      rIO1SET.field. __________ = 1;/* P1.18 置为高电平 */
    delay_ms(1000); /* 延时 1000ms */
  }
}
```

第10章　中断与定时器

10.1　中 断 概 念

中断（Interrupt）是指这样的一个过程：在CPU执行当前程序的过程中，由于某种随机发生的内部或外部事件使程序暂停，而转去执行另外的程序，然后再返回暂停处（即断点）继续执行原来程序。这里所谓的“另外的程序”即为中断服务程序（Interrupt Service Routine，ISR）。中断服务程序为处理某事件而事先编写的程序。

引起中断的事件称为中断源。系统在运行过程中会遇到很多中断事件，如外设请求输入或输出数据、定时器计时时间到、硬件故障等。这种由硬件操作而导致的中断称为硬件中断。中断事件发生时，通过硬件电路逻辑通知处理器，请求处理器对突发事件进行处理，这个过程称为中断请求。

通常，处理器用某个信号引脚接收中断请求。处理器收到中断请求后，如果接受中断请求，则会暂停当前程序的执行，转而去执行相关的中断服务程序，这个过程称为中断响应。处理器执行与中断相关的中断服务程序的过程称为中断服务。当处理器执行完中断服务程序后，继续返回到先前程序继续执行，这个过程称为中断返回。

中断响应、中断服务和中断返回并称为处理器的中断过程，亦即中断过程包含这三个阶段，如图10-1所示。

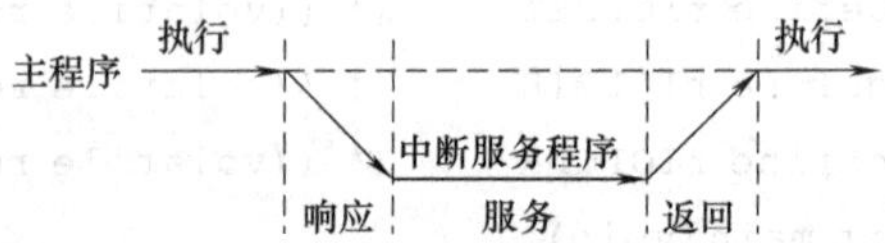

图10-1　中断过程的三个阶段

由于中断事件随时都可能发生，具有随机性，在同一时刻有多个中断源请求中断就不可避免了。如果同一时刻发生多个中断事件，这时处理器必须根据中断优先级来确定哪个中断源的请求应优先得到响应，哪个为次，亦即对中断的服务有轻重缓急之分。中断优先级是根据事件的重要或紧急程度，事先为每个中断源安排好的获取处理器响应与服务的先后次序。当处理器正在执行某中断服务程序的过程中，外部仍可能发生新的中断事件，产生新的中断请求。此时，如果处理器不再响应新的中断请求，即使新中断请求的优先级高于当前中断，也要等到处理器处理完当前中断服务后再做处理，这种方式称为单重中断；若处理器在中断服务时允许再次响应新的中断请求，即从当前的中断服务程序中再次中断，这种方式称为嵌套式中断或多重中断，如图10-2所示。

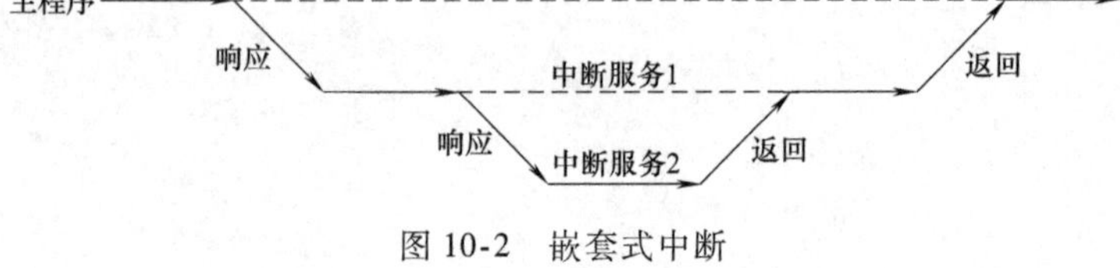

图10-2　嵌套式中断

10.2 向量中断控制器概述

LPC2138 是面向工业控制领域的微控制器。在控制应用中要求处理器具有正确快速地响应并处理外部事件的能力。LPC2138 的 ARM7TDMIS-S 内核有两个中断请求输入信号：快速中断 FIQ 和普通中断 IRQ。这意味着在任何时刻内核 CPU 只能接受 2 个中断。在 LPC2138 芯片内部集成了众多的外设功能部件，如定时器 TIMER、异步通信端口 UART 等。在实际使用中，这些外设通常都会产生中断事件，引发中断请求。

向量中断控制器（Vector Interrupt Controller，VIC）是一个 LPC2138 芯片内部专门管理中断请求的部件。VIC 扩展了中断输入信号数量，使得 ARM 内核能够处理多达 32 个中断输入请求信号。如图 10-3 所示，VIC 是中断源和 CPU 内核之间的桥梁。LPC2138 中的 VIC 特性如下：

- 32 个中断请求输入。
- 16 个 IRQ 中断。
- 16 个可动态分配优先级。
- 可以产生软中断。

在前面章节中提到，ARM7TIDM-S 有 7 种不同的运行模式，其中包含了“中断 IRQ”模式和“快速中断 FIQ”模式。ARM7TIDM-S 响应 IRQ 中断或 FIQ 中断后，转换到相应的模式下运行。

要注意的是，ARM7TDMI-S 在不同模式下所使用的寄存器不同，但所有模式共享同一个程序状态寄存器 CPSR。CPSR 中 I 位和 F 位控制 IRQ 模式和 FIQ 的使能与禁止。

- 当 I = 1 时，禁止 IRQ 中断；I = 0 时，使能 IRQ 中断。
- 当 F = 1 时，禁止 FIQ 中断；F = 0 时，使能 FIQ 中断。

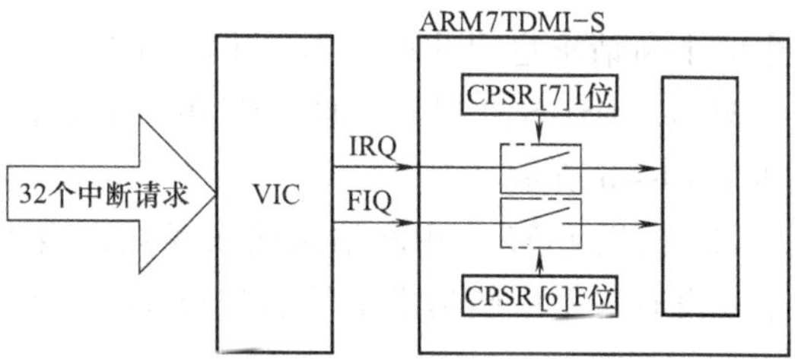

图 10-3 VIC 扩展中断请求输入

通过对 VIC 进行编程，输入 VIC 的中断请求可设置为 FIQ 中断或者 IRQ 中断。内核对 FIQ 中断和 IRQ 中断的响应速度不同。

10.2.1 快速中断请求 FIQ

快速中断请求 FIQ 具有最高优先级，ARM7TDMI-S 内核对 FIQ 中断响应速度最快。处理器响应 FIQ 中断后，内部的硬件自动完成多步操作，这些由硬件自动完成的操作如图 10-4a所示。

从图中可见，一旦 ARM7TDMI-S 处理器响应了 FIQ 中断请求，其内部硬件自动将 CPSR 的 I 位和 F 位置 1，禁止 FIQ 和 IRQ 中断。这意味着 LPC2138 的 ARM7TDMI-S 内核在响应中断请求后，在中断服务期间不再响应新的 FIQ 和 IRQ 中断请求。也就是说，LPC2138 的 ARM7TDMI-S 内核是禁止中断嵌套的。

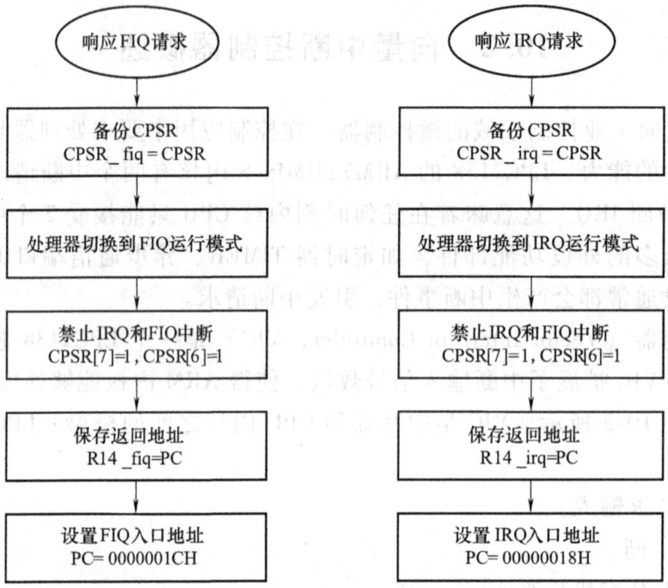

a)　　　　b)

图 10-4　中断响应硬件处理

10. 2. 2　向量中断请求 IRQ

向量 IRQ 的中断优先级比 FIQ 低。VIC 有 16 个向量 IRQ 通道。用户通过编程可以选择 32 个中断请求中的 16 个，将它们分配到 16 个向量 IRQ 通道中。这些被分配到向量 IRQ 通道中的中断请求也因此称为向量中断请求。

ARM7TDSI-S 处理器一旦响应 IRQ 中断后，其内部硬件电路自动完成多步操作，这些操作如图 10-4b 所示。

VIC 提供了 32 个中断请求输入通道，表 10-1 列出了片内外设所使用的中断请求通道。每个外设有一个中断请求信号引脚与 VIC 连接。

表 10-1　LPC2138 中断源

模块	标　　志	VIC 通道号
WDT	看门狗中断	0
—	保留给软件中断	1
ARM 内核	Embedded ICE，DbgCommRx	2
ARM 内核	Embedded ICE，DbgCommTx	3
定时器 0	匹配 0～3(MR0、MR1、MR2、MR3) 捕获 0～3(CR0、CR1、CR2、CR3)	4
定时器 1	匹配 0～3(MR0、MR1、MR2、MR3) 捕获 0～3(CR0、CR1、CR2、CR3)	5
UART0	Rx 线状态(RLS) 发送保持寄存器空(THRE) Rx 数据可用(RDA) 字符超时指示(CTI)	6

（续）

模块	标　　志	VIC 通道号
UART1	Rx 线状态（RLS） 发送保持寄存器空（THRE） Rx 数据可用（RDA） 字符超时指示（CTI）	7
PWM0	匹配 0 ~ 6（MR0、MR1、MR2、MR3、MR4、MR5、MR5、MR6）	8
I^2C0	状态改变（SI）	9
SPI0	SPI 中断标志（SPIF） 模式错误（MODF）	10
SPI1（SSP）	Tx FIFO 至少一半为空（TXRIS） Rx FIFO 至少一半为满（RXRIS） 接收超时条件（RTRIS） 接收溢出（RORRIS）	11
PLL	PLL 锁定（PLOCK）	12
RTC	计数器增加（RTCCIF） 报警（RTCALF）	13
系统控制	外部中断 0	14
	外部中断 1	15
	外部中断 2	16
	外部中断 3	17
A/D0	A/D 转换结束	18
I^2C1	状态变化	19
BOD	掉电检测	20
A/D1	A/D 转换结束	21

10.3 VIC 寄存器

VIC 内部结构框图如图 10-5 所示，图中列出了 VIC 模块大部分寄存器的逻辑功能和位置的示意。

VIC 对外设中断请求进行管理，中断使能寄存器（VICIntEnable）使能某个中断请求。中断选择寄存器（VICIntSelect）用来设置中断的类型是 FIQ 中断或者 IRQ 中断。

编程时，如果将某个外设的中断类型设置为 FIQ，中断响应时间是最快的；如果设置为 IRQ，则还需要进一步为中断请求分配 IRQ 通道。所有 IRQ 通道都与硬件优先级选择逻辑部件连接，选择当前优先级最高的 IRQ 通道，并将该通道所对应的 IRQ 中断服务程序地址设置到向量地址寄存器（VICVectorAddr）中。

LPC2138 能否响应中断请求，取决于两个主要环节：

- CPSR 中的“I”标志位和“F”标志位。
- VIC 内部寄存器的设置。

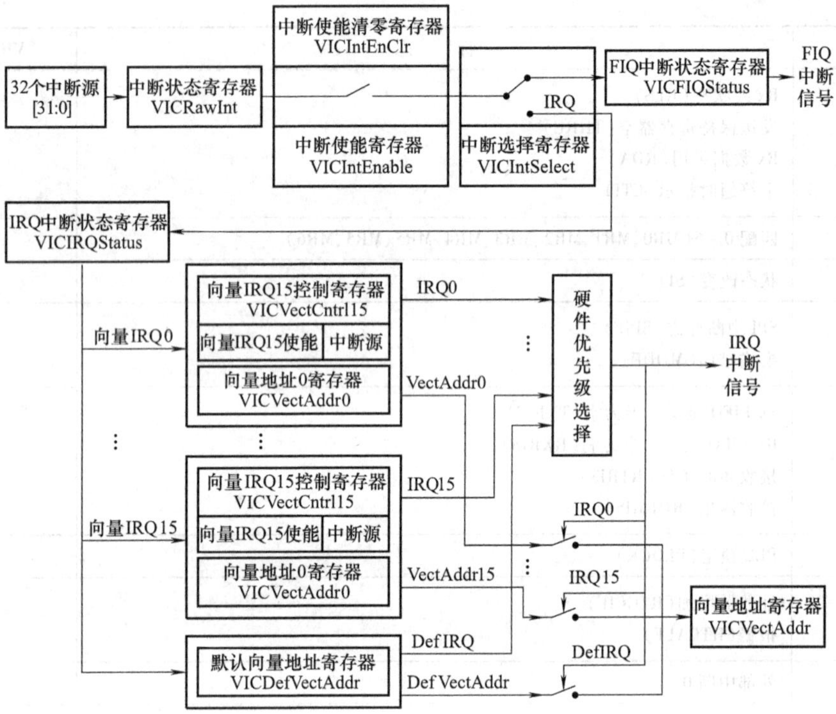

图 10-5　VIC 内部结构框图

以下详细讲述 VIC 内部寄存器的结构以及设置方法。VIC 内部寄存器大致可以分为三类：控制寄存器、参数设置寄存器和状态寄存器。其中前两类用于设置；状态寄存器用于查询。

10.3.1　控制寄存器

VIC 控制寄存器包括中断选择寄存器、中断使能寄存器和中断使能清零寄存器，见表 10-2。

表 10-2　VIC 控制寄存器

寄存器	功　能	访问	复位值	地址
中断选择寄存器 VICIntSelect	将 32 个中断请求指定为 FIQ 或 IRQ	读/写	0	0xFFFF F00C
中断使能寄存器 VICIntEnable	控制 32 个中断请求的使能	读/写	0	0xFFFF F010
中断使能清零寄存器 VICIntEnClr	将中断使能寄存器中一个或多个位清零	写	0	0xFFFF F014

1. 中断选择寄存器（VICIntSelect）

中断选择寄存器可将 32 个中断请求指定为 FIQ 或 RIQ。寄存器各个位的含义如图 10-6 所示。将 VICIntSelect 中的某个位设置为 1，表示该通道的中断指定为 FIQ；为 0 时，表示该通道的中断指定为 IRQ。默认地，所有中断为 IRQ 中断。中断选择寄存器中每一位表示一个

VIC 通道（参见表 10-1）。

2. 中断使能寄存器（VICIntEnable）

中断使能寄存器用来使能中断请求。与中断选择寄存器类似，该寄存器的每一位表示一个 VIC 通道号。将中断使能寄存器的某位设置为 1，表示允许该位所对应通道中断请求进入；要注意的是，只能设置中断使能清零寄存器（VICIntEnClr）来禁止某个通道的中断请求。将中断使能寄存器中某个位设置为 0 是无效操作。

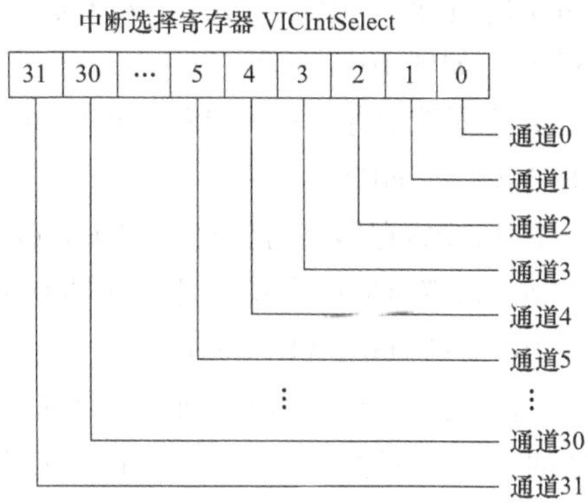

图 10-6　中断选择寄存器

3. 中断使能清零寄存器（VICIntEnClr）

中断使能清零寄存器将中断使能寄存器（VICIntEnable）的一个或多个位清零，禁止对应通道上中断请求的进入。与中断选择寄存器类似，该寄存器的每一位表示一个 VIC 通道号。只能设置中断使能寄存器（VICIntEnable）来允许某个通道的中断请求进入，将中断使能清零寄存器某个位置为 1 是无效操作。

10.3.2　参数设置寄存器

VIC 参数设置寄存器涉及中断服务程序地址以及 IRQ 优先级，见表 10-3。

表 10-3　VIC 参数设置寄存器

寄存器	功　能	访问	复位值	地址
向量地址寄存器 VICVectAddr	当发生一个 IRQ 中断时，可以跳转到这个寄存器保存的地址	读/写	0	0xFFFF F030
默认向量地址寄存器 VICDefVectAddr	这个寄存器保存非向量中断服务程序地址	读/写	0	0xFFFF F034
VICVectAddr0 ~ VICVectAddr15	向量地址 0 寄存器 ~ 向量地址 15 寄存器	读/写	0	0xFFFF F110 ~ 0xFFFF F13C
VICVectCntl0 ~ VICVectCntl15	向量控制 0 寄存器 ~ 向量控制 15 寄存器	读/写	0	0xFFFF F200 ~ 0xFFFF F23C

1. 向量地址寄存器（VICVectAddr）

这个寄存器用于存放 IRQ 中断服务程序地址。当发生一个 IRQ 中断时，CPU 跳转到这个寄存器指示的地址执行，即 LPC2138 开始执行中断服务程序。注意：在编程时不允许直接将中断服务程序地址赋值给这个寄存器。LPC2138 响应中断时，这个寄存器的值为 VICVectAddr0 ~ VICVectAddr15 或者 VICDefVectAddr 寄存器自动载入。注意：在 IRQ 中断返回前，必须将向量地址寄存器（VICVectAddr）置 0，通知 VIC 中断结束。

2. 默认向量地址寄存器（VICDefVectAddr）

这个寄存器保存非向量 IRQ 中断服务程序地址，一旦 LPC2138 响应非向量 IRQ 中断，这个寄存器的值即被复制到向量地址寄存器（VICVectAddr）。

3. 向量地址寄存器 0 ~ 15（VICVectAddr0 ~ VICVectAddr15）

VIC 中有 16 个向量 IRQ 通道，这 16 个寄存器分别保存每个通道的中断服务程序地址。

向量 IRQ 通道和中断通道的含义是不一样的，如图 10-7 所示。

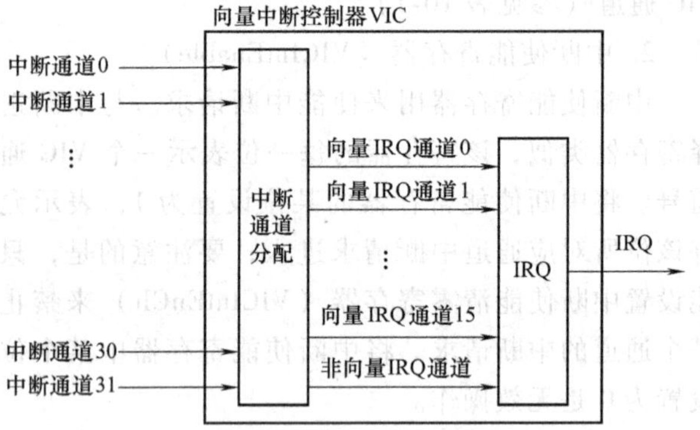

图 10-7 中断通道与向量 IRQ 通道

4. 向量控制寄存器 0 ~ 15（VICVectCntl0 ~ VICVectCntl15）

这 16 个寄存器仅用于向量 IRQ 通道，其必须与通道对应的向量地址寄存器 0 ~ 15（VICVectAddr0 ~ VICVectAddr15）配对使用。向量控制寄存器用于确定每个向量 IRQ 的中断通道优先级（注意：不是向量通道的优先级）；向量通道的优先级次序是：向量 IRQ 通道 0 的优先级最高；向量 IRQ 通道 15 的优先级最低。向量控制寄存器结构如图 10-8 所示。

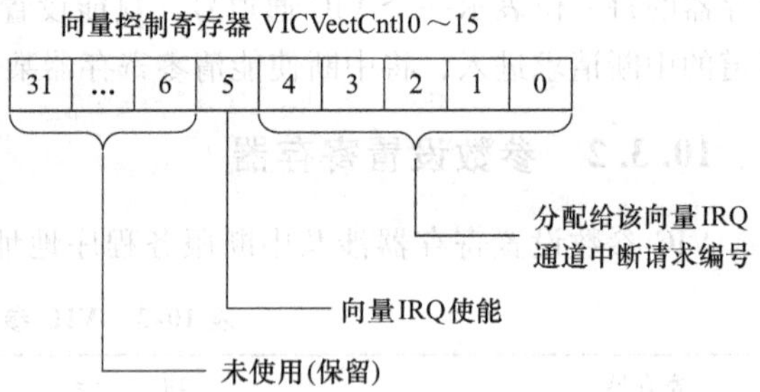

图 10-8 向量控制寄存器结构

编程使用向量控制器时要注意以下几点：

1）禁用向量控制寄存器中的第 5 位（即向量 IRQ 使能位置为 0）并不会禁止中断本身，中断只改变为非向量形式。使用向量 IRQ 中断时，这位必须置为 1。

2）当两个不同优先级中断同时发生时，VIC 响应最高优先级中断而忽略优先级较低的中断。

3）如果 VIC 正在进行中断处理（即正在执行中断服务程序），在处理期间，即使发生优先级较高的中断请求 VIC 也不会响应，向量 IRQ 中断不能自动嵌套。

4）不要将相同的中断编号分配给不同的向量 IRQ 通道。

10.3.3 状态寄存器

VIC 中有 3 个状态寄存器。程序可以查询这 3 个状态寄存器，获取 VIC 的当前状态，见表 10-4。

表 10-4 VIC 状态寄存器

寄存器	功 能	访问	复位值	地址
IRQ 状态寄存器（VICIRQStatus）	获取 IRQ 类型且已使能的中断请求状态	只读	0	0xFFFF F000
FIQ 状态寄存器（VICFIQStatus）	获取 FIQ 类型且已使能的中断请求状态	只读	0	0xFFFF F004
所有中断状态寄存器（VICRawIntr）	32 个中断请求的状态	只读	0	0xFFFF F008

1. IRQ 状态寄存器（VICIRQStatus）

读取该寄存器可以得到所有 IRQ 类型且已使能中断请求的状态。寄存器每一位对应一个 VIC 通道（中断通道），参见表 10-1。某位为 1 时表示该中断被分配为 IRQ 中断类型且已经激活；当有多个中断请求被设置为非 IRQ 类型中断，即多个中断请求共用非向量中断 IRQ 通道时，通过查询这个寄存器可以确定哪一个中断被激活。

2. FIQ 状态寄存器（VICFIQStatus）

读取这个寄存器可以获得所有使能且被分配为 FIQ 中断请求的状态。寄存器的每一位对应一个 VIC 通道（中断通道），参见表 10-1。某位为 1 是表示该中断已经被分配为 FIQ 中断且已经激活。

3. 所有中断状态寄存器（VICRawIntr）

读取这个寄存器可以得到所有 32 个 VIC 中断通道的状态。寄存器的每一位对应一个 VIC 通道（中断通道），参见表 10-1。某位为 1 表示该中断已经激活。

10.4 VIC 使用方法

VIC 中的寄存器很多，但在实际应用时只要掌握一些常用的、基本的寄存器就可以对中断进行编程。VIC 编程方法包括以下步骤：

1）确定中断分配类型：FIQ 或 IRQ。

2）如果是 FIQ 类型，则进行与 FIQ 相关的初始化。

3）如果是 IRQ 类型，还要进一步确定是向量 IRQ 还是非向量 IRQ。然后分别进行相关设置。

4）清除相应的中断标志，并且使能相应中断。

5）编写中断服务程序。

上述步骤的流程如图 10-9 所示。

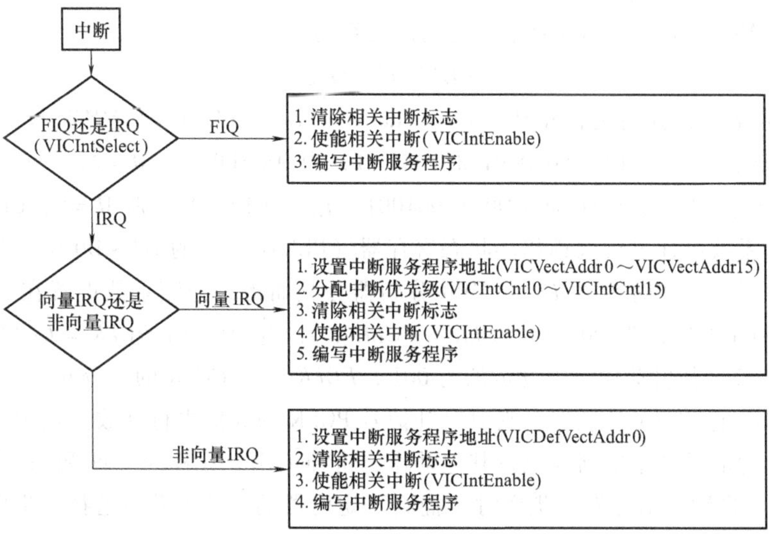

图 10-9　VIC 编程流程

10.5 定时器概述

在计算机应用中常常要对外界的某些信号进行计数，希望计算机既能控制计数的过程，又能读取计数的结果，进而作为控制或管理的决策依据。因此计数电路也成为计算机输入/输出接口中的一种典型电路。计数方式有硬件方式和软件方式，软件方式由于占用 CPU 时间，所以只有极少的场合应用。在大部分场合，特别是要求快速、准确，计数频率较高的场合，都用硬件方式。

LPC2138 中有两个定时器 TIMER0（定时器 0）和 TIMER1（定时器 1）。这两个定时器都是 APB 外设，除了在内存空间的基地址不同，这两个定时器内部的寄存器构成是相同的。如图 10-10 所示，每个定时器上四个捕获输入引脚 CAP*n*.［3:0］（$n=0$，1）；四个匹配输出引脚 MAT*n*.［3:0］（$n=0$，1）。PCLK 是 LPC2138 芯片提供给 APB（VPB）外设工作的时钟信号。

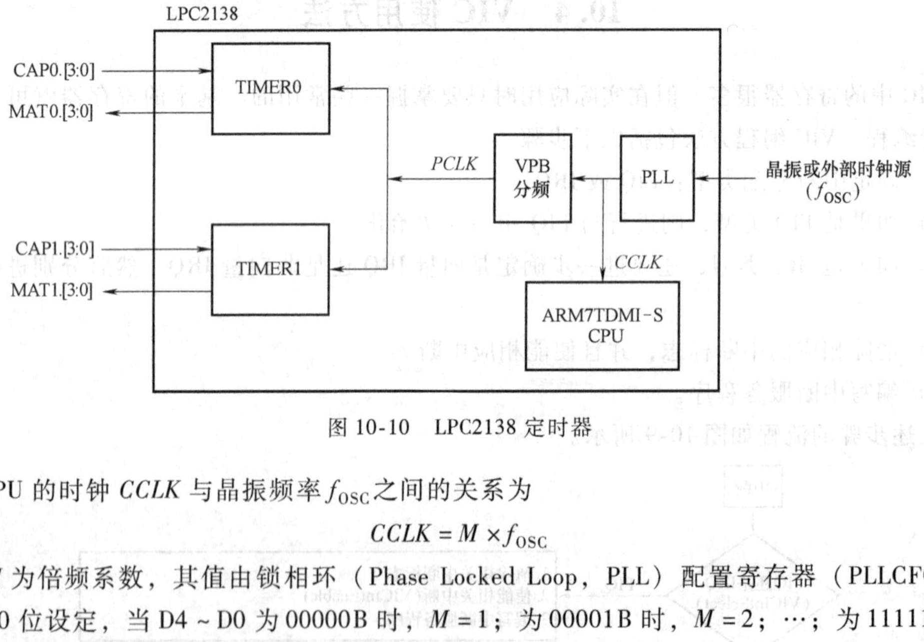

图 10-10　LPC2138 定时器

CPU 的时钟 *CCLK* 与晶振频率 f_{OSC} 之间的关系为

$$CCLK = M \times f_{OSC}$$

其中 *M* 为倍频系数，其值由锁相环（Phase Locked Loop，PLL）配置寄存器（PLLCFG）的 D4 ~ D0 位设定，当 D4 ~ D0 为 00000B 时，$M=1$；为 00001B 时，$M=2$；…；为 11111B 时，$M=32$。若启动代码中设定的 D4 ~ D0 为 00100B，f_{OSC} 为 12MHz，则 $M=5$，$CCLK=60$MHz。所设定的倍频系数可通过读取锁相环状态寄存器（PLLSTAT）的 D4 ~ D0 位得到。

外设器件所使用的时钟 *PCLK* 由 VPB 分频器分频而得，分频系数设置在寄存器（VPBDIV）的 D1 和 D0 位，为 00B 时 $PCLK = CCLK \div 4$；为 01B 时 $PCLK = CCLK$；为 10B 时 $PCLK = CCLK \div 2$。若启动代码中设定的为 00B，*PCLK* 即为 *CCLK* 的 4 分频。

定时器本质上是一个计数器，它对时钟信号 PCLK 的周期进行计数。当定时器计数值达到某个预设定的值后产生中断或执行其他动作，这种工作方式称为“匹配”；定时器还包括 4 个捕获输入，当输入信号发生跳变时“捕获”定时器的计数值并可选择产生中断，这种工作方式称为“捕获”。

LPC2138 芯片与定时器 0 和定时器 1 有关的引脚见表 10-5。

表 10-5 TIMER0 和 TIMER1 相关引脚

引脚名称	方向	描　述
CAP0.3 ~ CAP0.0 CAP1.3 ~ CAP1.0	输入	捕获信号。捕获引脚的跳变可配置为将定时器值装入一个捕获寄存器并可选择产生中断 3 个引脚可选用作 CAP0.0:P0.2, P0.22, P0.30 2 个引脚可选用作 CAP0.1:P0.4 和 P0.27 3 个引脚可选用作 CAP0.2:P0.6, P0.16 和 P0.28 1 个引脚可选用作 CAP0.3:P0.29 1 个引脚可选用作 CAP1.0:P0.10 1 个引脚可选用作 CAP1.1:P0.11 2 个引脚可选用作 CAP1.2:P0.17, P0.19 2 个引脚可选用作 CAP1.3:P0.18, P0.21
MAT0.3 ~ MAT0.0 MAT1.3 ~ MAT1.0	输出	外部匹配输出。当匹配寄存器等于定时器计数器 TC 时,该输出可以翻转,变为低电平、高电平或者不变 2 个引脚可选用作 MAT0.0:P0.3, P0.22 2 个引脚可选用作 MAT0.1:P0.5, P0.27 2 个引脚可选用作 MAT0.2:P0.16, P0.28 1 个引脚可选用作 MAT0.3:P0.29 1 个引脚可选用作 MAT1.0:P0.12 1 个引脚可选用作 MAT1.1:P0.13 2 个引脚可选用作 MAT1.2:P0.17, P0.19 2 个引脚可选用作 MAT1.3:P0.18, P0.21

如图 10-11 所示，定时器匹配与捕获工作过程如下：

1）输入的时钟脉冲 PCLK 进入预分频计数器 PC。PC 对输入的时钟脉冲周期计数，每个 PCLK 周期后，PC 计数值加 1。

2）PC 的计数值与预分频寄存器 PR 中预置的值进行比较。如果相等，则定时器计数器 TC 的值加 1；同时，在下一个 PCLK 时钟周期到来时 PC 清零。

3）TC 的计数值与匹配寄存器 MR 中的预置值比较。两者相等时，比较器产生输出，引发匹配中断。

4）当定时器的捕获输入有效时，TC 的当前值被保存到捕获寄存器 CR 中。

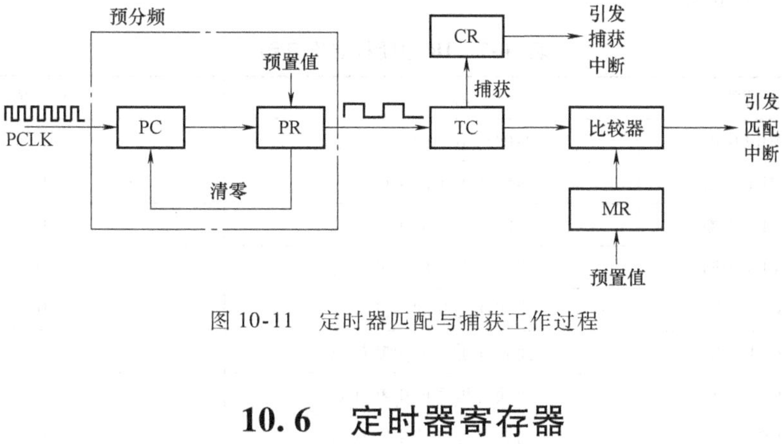

图 10-11 定时器匹配与捕获工作过程

10.6 定时器寄存器

LPC2138 中 TIMER0 和 TIMER1 的寄存器可以分为三类：基本存储器组、匹配功能寄存器组和捕获功能寄存器组。

10.6.1 基本寄存器组

基本寄存器组中的寄存器完成对定时器基本功能的设置。这组寄存器包括中断标志寄存器 IR、定时器控制寄存器 TCR、定时器计数器 TC、预分频寄存器 PR 和预分频计数器 PC 等，见表 10-6。

表 10-6 TIMER0/TIMER1 基本寄存器组

名称	描述	访问	复位值	地址与名称	
				TIMER0	TIMER1
IR	中断标志寄存器:可以写 IR 来清除中断标志;可以读 IR 来识别中断源	R/W	0	0xE000 4000 T0IR	0xE000 8000 T1IR
TCR	定时控制寄存器:TCR 用于控制 TC 功能,设置 TCR 可以禁止或复位 TC	R/W	0	0xE000 4004 T0TCR	0xE000 8004 T1TCR
TC	定时器计数器:每经过 PR+1 个 PCLK 周期,TC 加 1。TC 受 TCR 控制	R/W	0	0xE000 4008 T0TC	0xE000 8008 T1TC
PR	预分频寄存器:C 每经过 PR+1 个 PCLK 周期,TC 加 1	R/W	0	0xE000 400C T0PR	0xE000 800C T1PR
PC	预分频计数器:每当 PC 的值增加到等于 PR 的值,TC 加 1	R/W	0	0xE000 4010 T0PC	0xE000 8010 T1PC
CTCR	计数控制寄存器:CTCR 寄存器用于选择计时模式或计数模式。在计数模式下,选择用信号触发计数的信号特征	R/W	0	0xE000 4070 T0CTCR	0xE000 8070 T1CTCR

1. 中断标志寄存器 IR（T0IR/T1IR）

中断标志寄存器中包含 4 个用于匹配中断的标志位和 4 个用户捕获中断的标志位，这些位的定义见表 10-7。如果有中断产生，IR 寄存器相应位被置 1，否则为 0；向对应位写入 1 将复位中断，写入 0 无效。

表 10-7 IR 中断标志寄存器

位	功能	描述	复位值
0	MR0 中断	匹配通道 0 的中断标志	0
1	MR1 中断	匹配通道 1 的中断标志	0
2	MR2 中断	匹配通道 2 的中断标志	0
3	MR3 中断	匹配通道 3 的中断标志	0
4	CR0 中断	捕获通道 0 的中断标志	0
5	CR1 中断	捕获通道 1 的中断标志	0
6	CR2 中断	捕获通道 2 的中断标志	0
7	CR3 中断	捕获通道 3 的中断标志	0

2. 定时器控制寄存器 TCR（T0TCR/T1TCR）

定时器控制寄存器 TCR 用于控制 TC 寄存器。TCR 寄存器各个位的定义见表 10-8。

表 10-8　TCR 定时器控制寄存器

位	功能	描　述	复位值
0	使能计数器	为 1 时,启用 TC 和 PC;为 0 时,TC 和 PR 被禁用	0
1	复位计数器	为 1 时,TC 和 PC 在 PCLK 的下一个周期上升沿同步复位;TC 和 PC 保持复位状态,直到 TCR[1]=0	0

3. 定时器计数器 TC（T0TC/T1TC）

当预分频计数器 PC 达到预分频寄存器 PR 的设定值后，TC 的值加 1。TC 计数值达到最大值 0xFFFFFFFF 后自动翻转到 0x00000000。

4. 预分频寄存器 PR（T0PR/T1PR）

这个寄存器指定了预分频计数器 PC 的最大计数值。

5. 预分频计数器 PC（T0PC/T1PC）

预分频计数器使用 PR 规定的值来控制 PCLK 的分频。每个 PCLK 周期导致 PC 的计数值加 1。当 PC 计数值等于 PR 的值时，TC 加 1，在下一个 PCLK 周期 PC 复位，如图 10-12 所示。

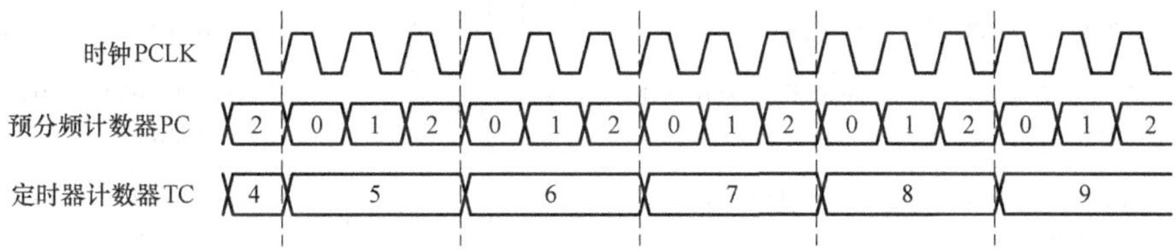

图 10-12　当 PR=2 时的分频时序

定时器计数频率计数公式为

$$\text{TC 频率}=\frac{f_{\text{PCLK}}}{\text{PR}+1}$$

式中　f_{PCLK}——PCLK 时钟频率；

PR——预分频寄存器中的设置值。

6. 计数控制寄存器 CTCR（T0CTCR/T1CTCR）

计数控制寄存器 CTCR 用于选择定时器模式或计数器模式。在计数器模式下，用 CTCR 选择输入信号引脚和计数触发条件，见表 10-9。

表 10-9　计数控制寄存器 CTCR

位	功能	描　述	复位值
1:0	计数器/定时器模式	00:定时器模式。PCLK 信号上升沿导致 PC 加 1 01:计数器模式。CAP 输入信号的上升沿导致 TC 加 1 10:计数器模式。CAP 输入信号的下降沿导致 TC 加 1 11:计数器模式。CAP 输入信号的上升沿和下降沿均使 TC 加 1	00
3:2	计数输入引脚选择	当这个寄存器的位 1:0 不为 00 时,选择计数信号输入引脚 00:对 Timer0 选择 CAP0.0;对 Timer1 选择 CAP1.0 01:对 Timer0 选择 CAP0.1;对 Timer1 选择 CAP1.1 10:对 Timer0 选择 CAP0.3;对 Timer1 选择 CAP1.2 11:对 Timer0 选择 CAP0.3;对 Timer1 选择 CAP1.3	00

10.6.2 匹配功能寄存器组

匹配功能寄存器组设置定时器匹配事件发生时定时器的动作。其中，外匹配寄存器 EMR 设置引脚的动作。

1. 匹配寄存器 MR0 ~ MR3（T0MR0 ~ T0MR3/ T1MR0 ~ T1MR3）

匹配控制寄存器的值连续与 TC 比较。当两个值相等时自动触发中断，复位 TC 或停止 TC。所执行的操作由 MCR 决定。每个位的功能见表 10-10。

表 10-10 TIMER0/TIMER0 匹配寄存器组

名称	描 述	访问	复位值	地址与名称	
				TIMER0	TIMER1
MCR	匹配控制寄存器：控制匹配是否产生中断或复位 TC	R/W	0	0xE000 4014 T0MCR	0xE000 8014 T1MCR
MR0	匹配寄存器 0：可通过 MCR 设定为在匹配时复位 TC，停止 TC 和 PC 或者产生中断	R/W	0	0xE000 4018 T0MR0	0xE000 8018 T1MR0
MR1	匹配寄存器 1：可通过 MCR 设定为在匹配时复位 TC，停止 TC 和 PC 或者产生中断	R/W	0	0xE000 401C T0MR1	0xE000 801C T1MR1
MR2	匹配寄存器 2：可通过 MCR 设定为在匹配时复位 TC，停止 TC 和 PC 或者产生中断	R/W	0	0xE000 4020 T0MR2	0xE000 8020 T1MR2
MR3	匹配寄存器 3：可通过 MCR 设定为在匹配时复位 TC，停止 TC 和 PC 或者产生中断	R/W	0	0xE000 4024 T0MR3	0xE000 8024 T1MR3
EMR	外部匹配寄存器：控制外部匹配引脚 MAT0.0 ~ MAT0.3，MAT1.0 ~ MAT1.3	R/W	0	0xE000 403C T0CTCR	0xE000 803C T1CTCR

2. 匹配控制寄存器 MCR（T0MCR/T1MCR）

匹配控制寄存器用于控制在发生匹配时所执行的操作。每个位的功能见表 10-11。

表 10-11 匹配控制寄存器 MCR

位	功能	描 述	复位值
0	中断 MR0	1：MR0 与 TC 值相等时产生中断；0：禁止中断	0
1	复位 MR0	1：MR0 与 TC 值相等时使 TC 复位；0：禁止该特性	0
2	停止 MR0	1：MR0 与 TC 值相等时停止 TC 和 PC，TCR[0]清零；0：该特性禁止	0
3	中断 MR1	1：MR1 与 TC 值相等时产生中断；0：禁止中断	0
4	复位 MR1	1：MR1 与 TC 值相等时使 TC 复位；0：禁止该特性	0
5	停止 MR1	1：MR1 与 TC 值相等时停止 TC 和 PC，TCR[0]清零；0：该特性禁止	0
6	中断 MR2	1：MR2 与 TC 值相等时产生中断；0：禁止中断	0
7	复位 MR2	1：MR2 与 TC 值相等时使 TC 复位；0：禁止该特性	0
8	停止 MR2	1：MR2 与 TC 值相等时停止 TC 和 PC，TCR[0]清零；0：该特性禁止	0
9	中断 MR3	1：MR3 与 TC 值相等时产生中断；0：禁止中断	0
10	复位 MR3	1：MR3 与 TC 值相等时使 TC 复位；0：禁止该特性	0
11	停止 MR3	1：MR3 与 TC 值相等时停止 TC 和 PC，TCR[0]清零；0：该特性禁止	0

3. 外匹配寄存器 EMR (T0EMR/T1EMR)

外匹配寄存器提供匹配引脚 MAT0.0 ~ MAT0.3 和 MAT1.0 ~ MAT1.3 的输出状态，见表 10-12。

表 10-12 外匹配寄存器 EMR

位	功能	描　述	复位值
0	外匹配 0	不管 MAT0.0/MAT1.0 是否连接到引脚，这位都会反映 MAT0.0/MAT1.0 的状态。当 MR0 发生匹配时，该输出可翻转、变为低电平、变为高电平或不执行任何地址。EMR[5:4]控制该位功能	0
1	外匹配 1	不管 MAT0.1/MAT1.1 是否连接到引脚，这位都会反映 MAT0.1/MAT1.1 的状态。当 MR1 发生匹配时，该输出可翻转、变为低电平、变为高电平或不执行任何地址。EMR[7:6]控制该位功能	0
2	外匹配 2	不管 MAT0.2/MAT1.2 是否连接到引脚，这位都会反映 MAT0.2/MAT1.2 的状态。当 MR2 发生匹配时，该输出可翻转、变为低电平、变为高电平或不执行任何地址。EMR[9:8]控制该位功能	0
3	外匹配 3	不管 MAT0.3/MAT1.3 是否连接到引脚，这位都会反映 MAT0.3/MAT1.3 的状态。当 MR3 发生匹配时，该输出可翻转、变为低电平、变为高电平或不执行任何地址。EMR[11:10]控制该位功能	0
5:4	外匹配控制 0	00：不执行任何操作 01：将外匹配输出设置为 0，如果连接到引脚则输出低电平 10：将外匹配输出设置为 1，如果连接到引脚则输出高电平 11：对应外匹配翻转	00
7:6	外匹配控制 1		00
9:8	外匹配控制 2		00
11:10	外匹配控制 3		00

10.6.3 捕获功能寄存器组

捕获功能寄存器组设置对外界输入信号的捕获方式，见表 10-13。

表 10-13 TIMER0/TIMER0 捕获寄存器组

名称	描　述	访问	复位值	地址与名称	
				TIMER0	TIMER1
CCR	捕获控制寄存器：用于装载捕获寄存器的捕获输入边沿以及发生捕获时是否产生中断	R/W	0	0xE000 4028 T0CCR	0xE000 8028 T1CCR
CR0	捕获寄存器 0：当 CAP0.0 或 CAP1.0 上产生捕获事件时，CR0 装载 TC 值	R/W	0	0xE000 402C T0CR0	0xE000 802C T1CR0
CR1	捕获寄存器 1：当 CAP0.1 或 CAP1.1 上产生捕获事件时，CR1 装载 TC 值	R/W	0	0xE000 4030 T0CR1	0xE000 8030 T1CR1
CR2	捕获寄存器 2：当 CAP0.2 或 CAP1.2 上产生捕获事件时，CR2 装载 TC 值	R/W	0	0xE000 4034 T0CR2	0xE000 8034 T1CR2
CR3	捕获寄存器 3：当 CAP0.3 或 CAP1.3 上产生捕获事件时，CR3 装载 TC 值	R/W	0	0xE000 4038 T0CR3	0xE000 8038 T1CR3

1. 捕获控制寄存器 CCR（T0CCR/T1CCR）

捕获控制寄存器设置捕获触发方式：上升沿、下降沿或双边，并且设置发生捕获时是否产生中断，见表 10-14。

表 10-14 捕获控制寄存器 CCR

位	功能	描述	复位值
0	CAP*n*.0 上升沿捕获	1:CAP*n*.0 引脚由 0 到 1 的跳变将导致 TC 的值装入 CR0 0:该特性禁止	0
1	CAP*n*.0 下降沿捕获	1:CAP*n*.0 引脚由 1 到 0 的跳变将导致 TC 的值装入 CR0 0:该特性禁止	0
2	CAP*n*.0 事件中断	1:CAP*n*.0 引脚的捕获事件导致的 CR0 装载将产生中断 0:该特性禁止	0
3	CAP*n*.1 上升沿捕获	1:CAP*n*.1 引脚由 0 到 1 的跳变将导致 TC 的值装入 CR1 0:该特性禁止	0
4	CAP*n*.1 下降沿捕获	1:CAP*n*.1 引脚由 1 到 0 的跳变将导致 TC 的值装入 CR1 0:该特性禁止	0
5	CAP*n*.1 事件中断	1:CAP*n*.1 引脚的捕获事件导致的 CR1 装载将产生中断 0:该特性禁止	0
6	CAP*n*.2 上升沿捕获	1:CAP*n*.2 引脚由 0 到 1 的跳变将导致 TC 的值装入 CR2 0:该特性禁止	0
7	CAP*n*.2 下降沿捕获	1:CAP*n*.2 引脚由 1 到 0 的跳变将导致 TC 的值装入 CR2 0:该特性禁止	0
8	CAP*n*.2 事件中断	1:CAP*n*.2 引脚的捕获事件导致的 CR2 装载将产生中断 0:该特性禁止	0
9	CAP*n*.3 上升沿捕获	1:CAP*n*.3 引脚由 0 到 1 的跳变将导致 TC 的值装入 CR3 0:该特性禁止	0
10	CAP*n*.3 下降沿捕获	1:CAP*n*.3 引脚由 1 到 0 的跳变将导致 TC 的值装入 CR3 0:该特性禁止	0
11	CAP*n*.3 事件中断	1:CAP*n*.3 引脚的捕获事件导致的 CR3 装载将产生中断 0:该特性禁止	0

注：表中 $n=0$ 或 1，表示与定时器 0 或 1 连接的捕获输入引脚。

2. 捕获寄存器 CR0 ~ CR3（T0CR0 ~ T0CR3/ T1CR0 ~ T1CR3）

捕获发生时，可将 TC 当前值装入 CR0 ~ CR3。

10.7 定时器中断

LPC2138 有 2 个定时器。每个定时器可以产生 8 种类型的中断请求：4 路匹配中断和 4 路捕获中断。定时器中断与 VIC 的关系如图 10-13 所示。每个定时器只有 1 个中断请求信号与 VIC 相连接：定时器 0 使用 VIC 的通道 4；定时器 1 使用 VIC 的通道 5。

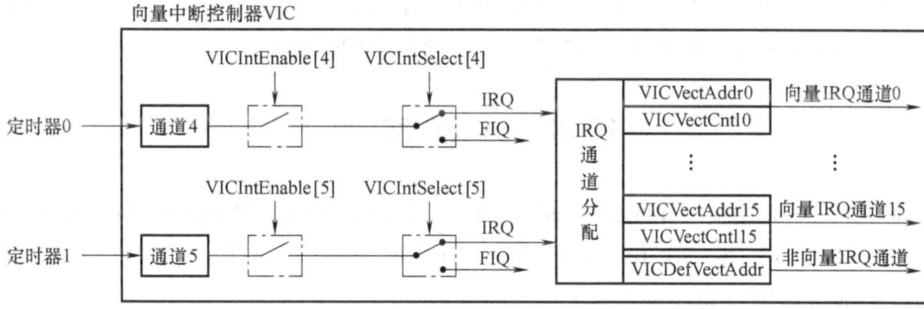

图 10-13　定时器中断与 VIC 的关系

当发生中断时，由于每个定时器的中断类型有 8 种，这 8 种类型的中断请求都是通过该定时器上唯一的中断请求信号送入 VIC。因此，在中断服务程序中，通过查询该定时器的 IR 寄存器（T0IR/T1IR）可以知道究竟是哪种类型的中断。

10.7.1　匹配中断

LPC2138 定时器匹配时可以产生中断。如图 10-14 所示，每个定时器有 4 个匹配寄存器 MR0 ~ MR3（T0MR0 ~ T0MR3/ T1MR0 ~ T1MR3）用来存放用户的设定值。当 TC（T0TC/T1TC）值等于设定值时就会产生中断。

1）当 TC = MR0 时，发生匹配事件 0，如果 MCR[0] = 1，则 IR[0]置位。

2）当 TC = MR1 时，发生匹配事件 1，如果 MCR[3] = 1，则 IR[1]置位。

3）当 TC = MR2 时，发生匹配事件 2，如果 MCR[6] = 1，则 IR[2]置位。

4）当 TC = MR3 时，发生匹配事件 3，如果 MCR[9] = 1，则 IR[3]置位。

10.7.2　捕获中断

当定时器捕获到从其 CAP 引脚出现的特定信号时可以产生捕获中断。以 LPC2138 输入引脚 CAP0.0 为例，如图 10-15 所示。

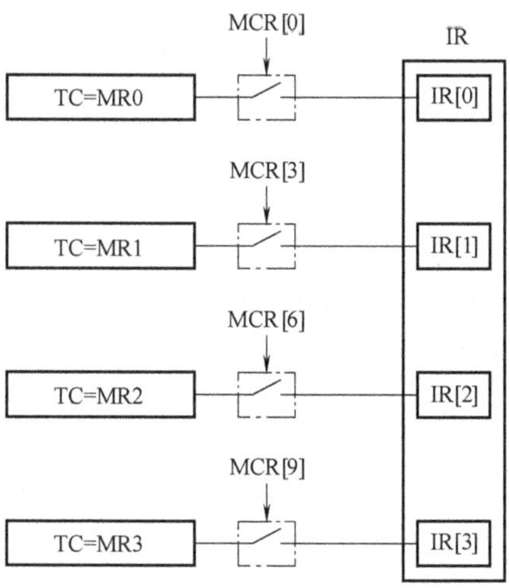

图 10-14　定时器匹配中断

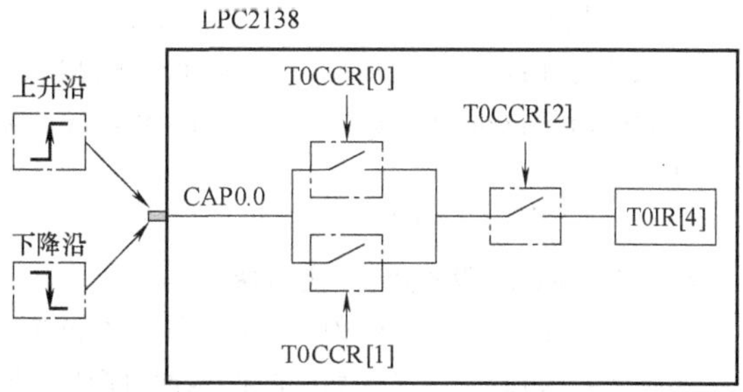

图 10-15　定时器捕获中断

捕获控制器寄存器 T0CCR 设置捕获触发条件以及中断使能：

1）如果 T0CCR[0] = 1，当 CAP0.0 引脚输入信号出现上升沿时，引发捕获事件。

2）如果 T0CCR[1] =1，当 CAP0.0 引脚输入信号出现下降沿时，引发捕获事件。

3）发生捕获事件时，如果 T0CCR[2] =1，则捕获中断使能。

10.8 编程实例

【例 10-1】 P0.2 连接一个 LED，通过定时器 0（TIMER0）使其点亮 1s，熄灭 1s。

定时器 0 每隔 1s 产生一次 IRQ 向量中断，在中断服务程序中检查 LED 的状态，当前亮着则熄灭、当前灭时则点亮。

```
#include <LPC213X.H>
/* P0.2 连接 LED */
#define LED_CON (((unsigned long)0x01) << 2)
/* 中断服务程序 Timer0_ISR */
void _irq Timer0_ISR(void)
{
    /* 中断服务 */
    if((IO0PIN & LED_CON)==0)    IO0SET=LED_CON;
    else IO0CLR=LED_CON;

    /* 中断返回 */
    T0IR=0X01;
    VICVectAddr=0x00;
}
/* 初始化 Timer0 */
void Timer0Init(void)
{
    /**
    * 系统默认的时钟频率设置
    *    晶振:fosc=12000000Hz =12MHz
    * 系统时钟:fcclk=fosc * 5=60MHz 晶振的 5 倍频
    * VPB 时钟:fpclk=fcclk / 4=15MHz fcclk 的 4 分频
    **/

    /* 将 Timer0 设置成 1s 定时器 */
    T0PR=99;          /* 对 PCLK 进行 100 分频,TC 计数频率为 150000Hz */
    T0MCR=0x03;       /* TC 和 MR 匹配时产生中断,TC 复位 */
    T0MR0=150000;     /* 匹配值 150000,1s 定时 */
    T0TCR=0x03;       /* 启动并复位 T0TC */
    T0TCR=0x01;       /* 启动 T0 */

    /* 设置 Timer0 中断 IRQ */
    VICIntSelect=0x00;
```

```
    VICVectCntl0 = (0x20 | 4);
    VICVectAddr0 = (unsigned long)Timer0_ISR;
    VICIntEnable = (1 << 4);
}
int main()
{
    IO0DIR = LED_CON;
    Timer0Init();
    while(1);
}
```

1）查表 10-1 可知，定时器 0 使用 VIC 通道 4。

2）VICIntSelect 是中断选择寄存器。VICIntSelect = 0x00 将 32 个中断全部设置为 IRQ 向量中断，参见表 10-2。

3）VICVectCntl0 是向量通道 0 控制寄存器。该寄存器位［4:0］表示中断通道号；位［5］为向量 IRQ 使能。执行 VICVectCntl0 = （0x20 | 4）后，VICVectCntl0 中各个位的值如图 10-16 所示，向量通道 0 分配给定时器 0 中断。

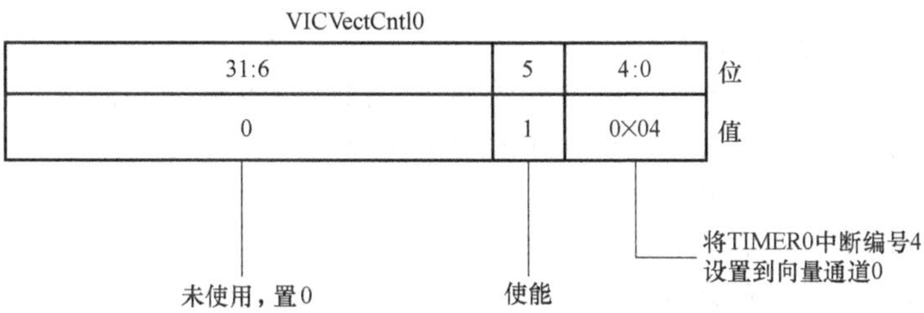

图 10-16　VICVectCntl0 寄存器设置

4）VICVectAddr0 是向量通道 0 的地址寄存器，该寄存器保存中断服务程序地址。在程序中，中断服务程序是由函数 void _irq Timer0_ISR(void) 实现的。由 C 语言可知，函数名 Timer0_ISR 的值就是函数的入口地址。所以执行 VICVectAddr0 = （unsigned long）Timer0_ISR 后，中断服务程序 Timer0_ ISR 的入口地址被设置到 VICVectAddr0 中。

5）VICIntEnable 是中断使能寄存器。执行 VICIntEnable = （1 << 4）后，这个寄存器的位［4］的值为 1。而 VICIntEnable 位［4］对应的是 Timer0 中断请求通道，所以 Timer0 中断被使能。

6）在中断服务程序 Timer0_ISR 中断返回处理中，执行 VICVectAddr = 0x00，通知 VIC 当前中断服务结束。

【例 10-2】 定时器 0（TIMER0）每隔 1s 产生一次 FIQ 向量中断，控制 P0.2 连接的 LED 闪烁。

```
#include <LPC213X.H>

/* P0.2 LED 闪烁 */
#define LED_CON (((unsigned long)0x01) << 2)
```

```
/* 中断服务程序 FIQ_Timer0_ISR */
void _irq FIQ_Timer0_ISR(void)
{
    if((IO0PIN & LED_CON) == 0) IO0SET = LED_CON;
    else IO0CLR = LED_CON;

    T0IR = 0x01;
}
/* 初始化定时器 Timer0 */
void Timer0Init(void)
{
    /**
    * 系统默认的时钟频率设置
    *      晶振:fosc = 12000000Hz  = 12MHz
    * 系统时钟:fcclk = fosc * 5 = 60MHz 晶振的5倍频
    * VPB 时钟:fpclk = fcclk / 4 = 15MHz fcclk 的4分频
    **/

    /* 将 Timer0 设置成 1s 定时器 */
    T0PR = 99;          /* 对 PCLK 进行 100 分频,TC 计数频率为 150000Hz */
    T0MCR = 0x03;       /* TC 和 MR 匹配时产生中断,TC 复位 */
    T0MR0 = 150000;     /* 匹配值 150000,1s 定时 */
    T0TCR = 0x03;       /* 启动并复位 T0TC */
    T0TCR = 0x01;       /* 启动 T0 */

    /* 设置 Timer0 中断为 FIQ */
    VICIntSelect = (1 << 4);
    VICIntEnable = (1 << 4);
}
int main(void)
{
    IO0DIR = LED_CON;
    Timer0Init();
    while(1);
}
```

CPU 响应 FIQ 类型中断后，将从中断向量表 0x0000001C 处获取快速中断服务程序的地址。因此，需要将中断服务程序 FIQ_Timer0_ISR 地址写入中断向量表 0x0000001C 处的内存单元中，通过修改启动文件 Startup. s 实现 FIQ_Timer0_ISR “挂接” 到 FIQ 中断向量。

```
;文件名:Startup.s
……
Vectors    LDR    PC, Reset_Addr
           LDR    PC, Undef_Addr
```

```
                LDR         PC, SWI_Addr
                LDR         PC, PAbt_Addr
                LDR         PC, DAbt_Addr
                NOP                                 ; Reserved Vector
;               LDR         PC, IRQ_Addr
                LDR         PC, [PC, #-0x0FF0]      ; Vector from VicVectAddr
                LDR         PC, FIQ_Addr

Reset_Addr      DCD         Reset_Handler
Undef_Addr      DCD         Undef_Handler
SWI_Addr        DCD         SWI_Handler
PAbt_Addr       DCD         PAbt_Handler
DAbt_Addr       DCD         DAbt_Handler
                DCD         0                       ; Reserved Address
IRQ_Addr        DCD         IRQ_Handler
                IMPORT      FIQ_Timer0_ISR
FIQ_Addr        DCD         FIQ_Timer0_ISR
   ……
```

IMPORT 用来声明 FIQ_ Timer0_ ISR 是外部函数名（即函数不在 Startup. s 文件中），这样标号 FIQ_ Addr 处放的是文件 Main. c 中函数 FIQ_ Timer0_ ISR 的地址。当发生 FIQ 时，CPU 就能顺利进入中断服务程序 FIQ_ Timer0_ ISR。

【例 10-3】 利用定时器 0 从 P1. 16 输出占空比为 1/3 的方波、从 P1. 17 输出占空比为 1/2 的方波、从 P1. 18 输出占空比为 3/4 的方波，方波的频率为 1Hz，并通过示波器观察，电路如图 10-17 所示。

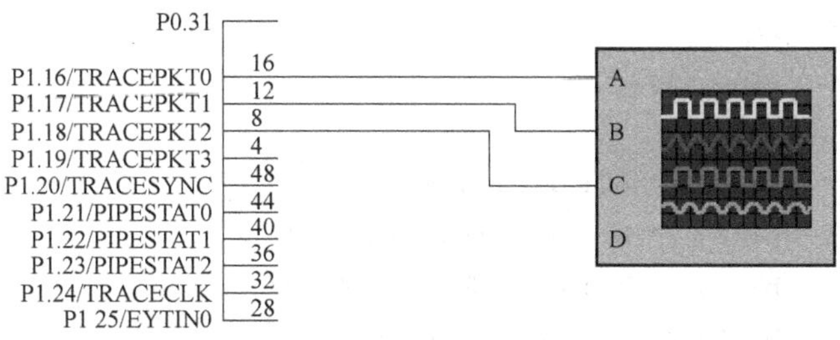

图 10-17 通过示波器观察定时器 0 生成不同占空比的方波

占空比（Mark-Space Ratio）是指周期电信号中有电信号输出的时间与整个信号周期之比，即占空比 = 电信号不为“0”的时间 ÷（电信号为“0”的时间 + 电信号不为“0”的时间）× 100%。

在周期为 1Hz、占空比为 1/3 的方波中，高电平的时间为 333ms，低电平的时间为 667ms，因此应设定定时时间为 1ms，则计数匹配值 $=f_{PCLK}/(PR+1)\times 10^{-3}$。启动定时器的函数如下：

```
/* 启动定时器 0 */
void timer0_start(uint32_t tm /* 定时时间(ms) */)
{
    /* Timer0 为 tm ms 的定时器 */
    prT0CTCR -> field.mode = tmr_mode_timer; /* 定时模式 */
    rT0TC = 0;      /* 计数值复位 */
    rT0PR = 0;      /* 不分频 */
    rT0MR0 =      /* 计数匹配值 */
        sys_pclk / (rT0PR + 1)      /* 计数频率 */
        / 1000 *  tm;               /* 定时器输出频率 */
    prT0MCR -> field.mr0_interrupt = 1;     /* 匹配后中断 */
    prT0MCR -> field.mr0_reset = 1;         /* 匹配后复位 T0TC 寄存器 */
    prT0TCR -> field.enabled = 1;            /* 启动定时器 */

    /* 设置中断 */
    VICIntSelect = VICIntSelect & ( ~ (1 << 4));
    VICVectCntl0 = 0x20 | 4;
    VICVectAddr0 = (uint32_t)timer0_isr;
    VICIntEnable = (1 << 4);
}
```

函数中用到的寄存器、寄存器指针等定义在头文件 LPC213XReg. h 中。

```
……
/* VPB 分频器 */
typedef union
{
    uint32_t    data;
    struct
    {
        uint32_t    b0:8; /* b0: data 的 D0 ~ D7 */
        uint32_t    b1:8; /* b1: data 的 D8 ~ D15 */
        uint32_t    b2:8; /* b2: data 的 D16 ~ D23 */
        uint32_t    b3:8; /* b3: data 的 D16 ~ D23 */
    } bytes; /* 适于按字节操作 */
    struct
    {
        uint32_t    vpbdiv    :2;
        uint32_t              :2;
        uint32_t    xclkdiv   :2;
    } field;
} reg_vpb_div_t;/* VPB 分频寄存器 */
```

```
/* VPB Divider */
#define rVPBDIV            (* ((volatile reg_vpb_div_t * ) 0xE01FC100))
#define prVPBDIV         ((volatile reg_vpb_div_t * ) 0xE01FC100)

/* 锁相环状态 */
typedef union
{
    uint32_t    data;
    struct
    {
        uint32_t    w0:16; /* w0: data 的 D0 ~ D15 */
        uint32_t    w1:16; /* w1: data 的 D16 ~ D31 */
    } words; /* 适于按双字节操作 */
    struct
    {
        uint32_t    b0:8; /* b0: data 的 D0 ~ D7 */
        uint32_t    b1:8; /* b1: data 的 D8 ~ D15 */
        uint32_t    b2:8; /* b2: data 的 D16 ~ D23 */
        uint32_t    b3:8; /* b3: data 的 D16 ~ D23 */
    } bytes; /* 适于按字节操作 */
    struct
    {
        uint32_t    m:5;
        uint32_t    p:2;
        uint32_t    :1;
        uint32_t    enabled:1;
        uint32_t    connected:1;
        uint32_t    plock:1;
    } field;
} reg_pll_status_t;

/* Phase Locked Loop (PLL) */
#define rPLLSTAT          (* ((volatile reg_pll_status_t * ) 0xE01FC088))
#define prPLLSTAT          ((volatile reg_pll_status_t * ) 0xE01FC088)

#define pll_fmul          (prPLLSTAT -> field.m + 1) /* 倍频系数 */
#define pll_fdiv          (1 << prPLLSTAT -> field.p) /* 分频系数 */

/* 系统相关频率 */
#define sys_fosc          12000000 /* 晶振频率 */
```

```
#define sys_cclk        (sys_fosc * pll_fmul) /* 锁相环输出频率,即处理器时钟 */
#define sys_fcco        (sys_fosc * 2 * pll_fdiv) /* 锁相环电流控制振荡器输出频率 */

/* 外设器件所使用的时钟 */
#define sys_pclk        ((prVPBDIV -> field.vpbdiv) ==0 ? sys_cclk/4 : \
                       ((prVPBDIV -> field.vpbdiv) ==2 ? sys_cclk/2 : sys_cclk))

/* 定时器 */
typedef union
{
   uint32_t    data;
   struct
   {
      uint32_t    b0:8; /* b0: data 的 D0 ~ D7 */
      uint32_t    b1:8; /* b1: data 的 D8 ~ D15 */
      uint32_t    b2:8; /* b2: data 的 D16 ~ D23 */
      uint32_t    b3:8; /* b3: data 的 D16 ~ D23 */
   } bytes; /* 适于按字节操作 */
   struct
   {
      uint32_t    mr0_int_flag    :1;
      uint32_t    mr1_int_flag    :1;
      uint32_t    mr2_int_flag    :1;
      uint32_t    mr3_int_flag    :1;
      uint32_t    cr0_int_flag    :1;
      uint32_t    cr1_int_flag    :1;
      uint32_t    cr2_int_flag    :1;
      uint32_t    cr3_int_flag    :1;
   } field;
} reg_tmr_ir_t;/* 定时器中断寄存器 */

typedef union
{
   uint32_t data;
   struct
   {
      uint32_t    enabled    :1;
      uint32_t    reset        :1;
   } field;
} reg_tmr_tcr_t;/* 定时器控制寄存器 */
```

```
typedef uint32_t    reg_tmr_tc_t/* 定时器计数器 */
    , reg_tmr_pr_t/* 预分频寄存器 */
    , reg_tmr_pc_t/* 预分频计数器 */
    , reg_tmr_mr_t/* 匹配寄存器 */
    , reg_tmr_cr_t/* 捕获寄存器 */
;

typedef union
{
    uint32_t    data;
    struct
    {
        uint32_t    b0:8; /* b0: data 的 D0 ~ D7 */
        uint32_t    b1:8; /* b1: data 的 D8 ~ D15 */
        uint32_t    b2:8; /* b2: data 的 D16 ~ D23 */
        uint32_t    b3:8; /* b3: data 的 D16 ~ D23 */
    } bytes; /* 适于按字节操作 */
    struct
    {
        uint32_t    mr0_interrupt    :1;
        uint32_t    mr0_reset        :1;
        uint32_t    mr0_stop         :1;
        uint32_t    mr1_interrupt    :1;
        uint32_t    mr1_reset        :1;
        uint32_t    mr1_stop         :1;
        uint32_t    mr2_interrupt    :1;
        uint32_t    mr2_reset        :1;
        uint32_t    mr2_stop         :1;
        uint32_t    mr3_interrupt    :1;
        uint32_t    mr3_reset        :1;
        uint32_t    mr3_stop         :1;
    } field;
} reg_tmr_mcr_t;/* 匹配控制寄存器 */

typedef union
{
    uint32_t    data;
    struct
    {
        uint32_t    b0:8; /* b0: data 的 D0 ~ D7 */
```

```
        uint32_t    b1:8; /* b1: data 的 D8 ~ D15 */
        uint32_t    b2:8; /* b2: data 的 D16 ~ D23 */
        uint32_t    b3:8; /* b3: data 的 D16 ~ D23 */
    } bytes; /* 适于按字节操作 */
    struct
    {
        uint32_t    cap0_rising             :1;
        uint32_t    cap0_falling            :1;
        uint32_t    cap0_interrupt          :1;
        uint32_t    cap1_rising             :1;
        uint32_t    cap1_falling            :1;
        uint32_t    cap1_interrupt          :1;
        uint32_t    cap2_rising             :1;
        uint32_t    cap2_falling            :1;
        uint32_t    cap2_interrupt          :1;
        uint32_t    cap3_rising             :1;
        uint32_t    cap3_falling            :1;
        uint32_t    cap3_interrupt          :1;
    } field;
} reg_tmr_ccr_t;/* 捕获控制寄存器 */

typedef union
{
    uint32_t    data;
    struct
    {
        uint32_t    b0:8; /* b0: data 的 D0 ~ D7 */
        uint32_t    b1:8; /* b1: data 的 D8 ~ D15 */
        uint32_t    b2:8; /* b2: data 的 D16 ~ D23 */
        uint32_t    b3:8; /* b3: data 的 D16 ~ D23 */
    } bytes; /* 适于按字节操作 */
    struct
    {
        uint32_t    em0_state    :1;
        uint32_t    em1_state    :1;
        uint32_t    em2_state    :1;
        uint32_t    em3_state    :1;
        uint32_t    em0_ctrl     :2;
        uint32_t    em1_ctrl     :2;
        uint32_t    em2_ctrl     :2;
```

```
        uint32_t    em3_ctrl    :2;
    } field;
} reg_tmr_emr_t;/* 外部匹配寄存器 */

#define tmr_mode_timer    0 /* 定时模式 */
#define tmr_mode_count_rising_edge    1 /* 上升沿计数模式 */
#define tmr_mode_count_falling_edge    2 /* 下降沿计数模式 */
#define tmr_mode_count_both_edge    3 /* 双沿计数模式 */

#define tmr_input_cap0    0 /* 计数器输入 cap0 */
#define tmr_input_cap1    1 /* 计数器输入 cap1 */
#define tmr_input_cap2    2 /* 计数器输入 cap2 */
#define tmr_input_cap3    3 /* 计数器输入 cap3 */

typedef union
{
    uint32_t    data;
    struct
    {
        uint32_t    b0:8; /* b0: data 的 D0 ~ D7 */
        uint32_t    b1:8; /* b1: data 的 D8 ~ D15 */
        uint32_t    b2:8; /* b2: data 的 D16 ~ D23 */
        uint32_t    b3:8; /* b3: data 的 D16 ~ D23 */
    } bytes; /* 适于按字节操作 */
    struct
    {
        uint32_t    mode    :2;
        uint32_t    input    :2;
    } field;
} reg_tmr_ctcr_t;/* 计数控制寄存器 */

/* Timer 0 */
#define rT0IR       (* ((volatile reg_tmr_ir_t *) 0xE0004000))
#define rT0TCR      (* ((volatile reg_tmr_tcr_t *) 0xE0004004))
#define rT0TC       (* ((volatile reg_tmr_tc_t *) 0xE0004008))
#define rT0PR       (* ((volatile reg_tmr_pr_t *) 0xE000400C))
#define rT0PC       (* ((volatile reg_tmr_pc_t *) 0xE0004010))
#define rT0MCR      (* ((volatile reg_tmr_mcr_t *) 0xE0004014))
#define rT0MR0      (* ((volatile reg_tmr_mr_t *) 0xE0004018))
#define rT0MR1      (* ((volatile reg_tmr_mr_t *) 0xE000401C))
```

```
#define rT0MR2          (* ((volatile reg_tmr_mr_t *) 0xE0004020))
#define rT0MR3          (* ((volatile reg_tmr_mr_t *) 0xE0004024))
#define rT0CCR          (* ((volatile reg_tmr_ccr_t *) 0xE0004028))
#define rT0CR0          (* ((volatile reg_tmr_cr_t *) 0xE000402C))
#define rT0CR1          (* ((volatile reg_tmr_cr_t *) 0xE0004030))
#define rT0CR2          (* ((volatile reg_tmr_cr_t *) 0xE0004034))
#define rT0CR3          (* ((volatile reg_tmr_cr_t *) 0xE0004038))
#define rT0EMR          (* ((volatile reg_tmr_emr_t *) 0xE000403C))
#define rT0CTCR         (* ((volatile reg_tmr_ctcr_t *) 0xE0004070))

#define prT0IR          ((volatile reg_tmr_ir_t *) 0xE0004000)
#define prT0TCR         ((volatile reg_tmr_tcr_t *) 0xE0004004)
#define prT0TC          ((volatile reg_tmr_tc_t *) 0xE0004008)
#define prT0PR          ((volatile reg_tmr_pr_t *) 0xE000400C)
#define prT0PC          ((volatile reg_tmr_pc_t *) 0xE0004010)
#define prT0MCR         ((volatile reg_tmr_mcr_t *) 0xE0004014)
#define prT0MR0         ((volatile reg_tmr_mr_t *) 0xE0004018)
#define prT0MR1         ((volatile reg_tmr_mr_t *) 0xE000401C)
#define prT0MR2         ((volatile reg_tmr_mr_t *) 0xE0004020)
#define prT0MR3         ((volatile reg_tmr_mr_t *) 0xE0004024)
#define prT0CCR         ((volatile reg_tmr_ccr_t *) 0xE0004028)
#define prT0CR0         ((volatile reg_tmr_cr_t *) 0xE000402C)
#define prT0CR1         ((volatile reg_tmr_cr_t *) 0xE0004030)
#define prT0CR2         ((volatile reg_tmr_cr_t *) 0xE0004034)
#define prT0CR3         ((volatile reg_tmr_cr_t *) 0xE0004038)
#define prT0EMR         ((volatile reg_tmr_emr_t *) 0xE000403C)
#define prT0CTCR        ((volatile reg_tmr_ctcr_t *) 0xE0004070)

/* Timer 1 */
#define rT1IR           (* ((volatile reg_tmr_ir_t *) 0xE0008000))
#define rT1TCR          (* ((volatile reg_tmr_tcr_t *) 0xE0008004))
#define rT1TC           (* ((volatile reg_tmr_tc_t *) 0xE0008008))
#define rT1PR           (* ((volatile reg_tmr_pr_t *) 0xE000800C))
#define rT1PC           (* ((volatile reg_tmr_pc_t *) 0xE0008010))
#define rT1MCR          (* ((volatile reg_tmr_mcr_t *) 0xE0008014))
#define rT1MR0          (* ((volatile reg_tmr_mr_t *) 0xE0008018))
#define rT1MR1          (* ((volatile reg_tmr_mr_t *) 0xE000801C))
#define rT1MR2          (* ((volatile reg_tmr_mr_t *) 0xE0008020))
#define rT1MR3          (* ((volatile reg_tmr_mr_t *) 0xE0008024))
#define rT1CCR          (* ((volatile reg_tmr_ccr_t *) 0xE0008028))
#define rT1CR0          (* ((volatile reg_tmr_cr_t *) 0xE000802C))
```

```
#define rT1CR1          (* ((volatile reg_tmr_cr_t *) 0xE0008030))
#define rT1CR2          (* ((volatile reg_tmr_cr_t *) 0xE0008034))
#define rT1CR3          (* ((volatile reg_tmr_cr_t *) 0xE0008038))
#define rT1EMR          (* ((volatile reg_tmr_emr_t *) 0xE000803C))
#define rT1CTCR         (* ((volatile reg_tmr_ctcr_t *) 0xE0008070))

#define prT1IR          ((volatile reg_tmr_ir_t *) 0xE0008000)
#define prT1TCR         ((volatile reg_tmr_tcr_t *) 0xE0008004)
#define prT1TC          ((volatile reg_tmr_tc_t *) 0xE0008008)
#define prT1PR          ((volatile reg_tmr_pr_t *) 0xE000800C)
#define prT1PC          ((volatile reg_tmr_pc_t *) 0xE0008010)
#define prT1MCR         ((volatile reg_tmr_mcr_t *) 0xE0008014)
#define prT1MR0         ((volatile reg_tmr_mr_t *) 0xE0008018)
#define prT1MR1         ((volatile reg_tmr_mr_t *) 0xE000801C)
#define prT1MR2         ((volatile reg_tmr_mr_t *) 0xE0008020)
#define prT1MR3         ((volatile reg_tmr_mr_t *) 0xE0008024)
#define prT1CCR         ((volatile reg_tmr_ccr_t *) 0xE0008028)
#define prT1CR0         ((volatile reg_tmr_cr_t *) 0xE000802C)
#define prT1CR1         ((volatile reg_tmr_cr_t *) 0xE0008030)
#define prT1CR2         ((volatile reg_tmr_cr_t *) 0xE0008034)
#define prT1CR3         ((volatile reg_tmr_cr_t *) 0xE0008038)
#define prT1EMR         ((volatile reg_tmr_emr_t *) 0xE000803C)
#define prT1CTCR        ((volatile reg_tmr_ctcr_t *) 0xE0008070)
```

定时器0每隔1ms产生1次中断，在中断服务程序中对中断次数进行计数，计满1000次后归零，计数值存储在全局变量m_ 1ms_ count中。当m_ 1ms_ count为333时置P1.16为低电平；为500时置P1.17为低电平；为750时置P1.18为低电平；为0时置P1.16、P1.17、P1.18为高电平。这样P1.16、P1.17、P1.18输出占空比为33.3%、50%、75%的方波。定时器0定时到的中断服务程序如下：

```
/* 定时器0中断服务 */
void _irq timer0_isr(void)
{
    m_1ms_count ++;
    m_1ms_count %= 1000;

    if(m_1ms_count == 0)
    {
        prIO1SET -> field.d16 =1; /* 置 P1.16 输出高电平 */
        prIO1SET -> field.d17 =1; /* 置 P1.17 输出高电平 */
        prIO1SET -> field.d18 =1; /* 置 P1.18 输出高电平 */
```

```
    }
    else if(m_1ms_count == 333)
        prIO1CLR -> field.d16 =1; /* 置 P1.16 输出低电平 */
    else if(m_1ms_count == 500)
        prIO1CLR -> field.d17 =1; /* 置 P1.17 输出低电平 */
    else if(m_1ms_count == 750)
        prIO1CLR -> field.d18 =1; /* 置 P1.18 输出低电平 */

    prT0IR -> field.mr0_interrupt =1; /* 清除中断 */
    VICVectAddr =0x00; /* 结束中断 */
}
```

完整的程序如下：

```
#include "LPC213XReg.h"

uint32_t m_1ms_count; /* 1ms 计数,每 1ms 增 1 */

void _timer0_start(uint32_t tm/* 定时时间(ms) */);
void _irq timer0_isr(void);

int main(void)
{
    prPINSEL2 -> field.p1_16_25 =0; /* 设置 P1.16 ~ P1.25 引脚为 GPIO */

    prIO1DIR -> field.d16 =1; /* P1.16 输出 */
    prIO1DIR -> field.d17 =1; /* P1.17 输出 */
    prIO1DIR -> field.d18 =1; /* P1.18 输出 */

    m_1ms_count =0; /* 1ms 计数清 0 */
    timer0_start(1); /* 启动定时器 0,1ms 中断 1 次 */

    while(1){}
}
/* 定时器 0 中断服务 */
void _irq timer0_isr(void) {...}
/* 启动定时器 0 */
void timer0_start(uint32_t tm /* 定时时间(ms) */) {...}
```

在 Proteus 中仿真运行的结果如图 10-18 所示。

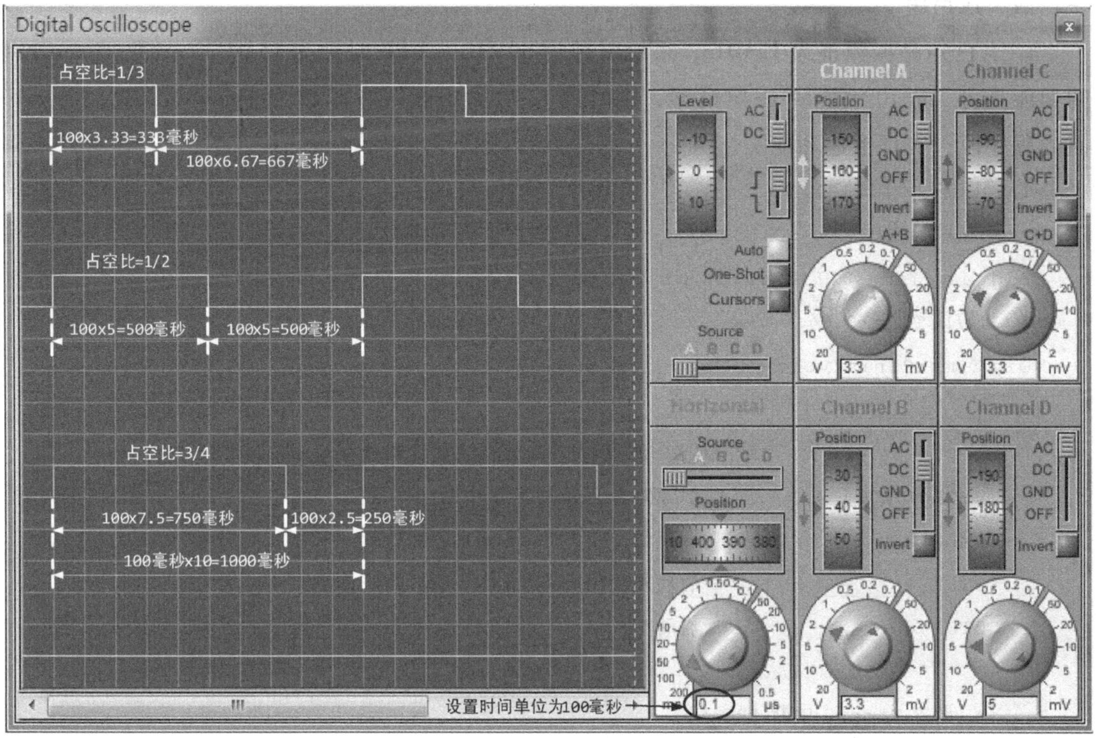

图 10-18　占空比为 1/3、1/2、3/4 的方波

习　　题

一、单项选择题

1. LPC2138 芯片 VIC 处理__________个中断输入信号。(　　)

A. 2　　B. 16　　C. 32　　D. 64

2. LPC2138 的 ARM 内核提供的中断信号数量为__________个。(　　)

A. 2　　B. 16　　C. 32　　D. 64

3. LPC2138 芯片 VIC 提供的向量中断数量为__________个。(　　)

A. 2　　B. 16　　C. 32　　D. 64

二、填空题

1. LPC2138 提供两个定时器，每个定时器有__________种工作和捕获工作方式。

2. LPC2138 定时器 1 与 VIC 连接的通道号为__________。

三、简答题

1. FIQ、IRQ 有什么不同，向量 IRQ 和非向量 IRQ 有什么不同？

2. LPC2138 有几个定时器？每个定时器有几种工作方式？

3. LPC2138 发生定时器中断后，如何判断是匹配中断还是捕获中断？

4. 以 LPC2138 定时器 0 为例，简述中断处理过程。

四、应用题

1. 若已知晶振频率为12MHz，系统时钟为60MHz，VPB时钟为15MHz。函数Timer0Init的功能是将Timer0设置成1s定时器，定时到1s后的中断服务函数为Timer0_ ISR。完善下面的程序段，实现上述功能。

```
#include <LPC213X.H>
/* 中断服务程序 Timer0_ISR */
void _irq Timer0_ISR(void) {...}
/* 初始化 Timer0 */
void Timer0Init(void)
{
    T0PR =________;     /* 对 PCLK 进行 100 分频,TC 计数频率为 150000Hz */
    T0MCR =0x03;         /* TC 和 MR 匹配时产生中断,TC 复位 */
    T0MR0 =________;     /* 匹配值 150000,1s 定时 */
    T0TCR =________;     /* 启动并复位 T0TC */
    T0TCR =________;     /* 启动 T0 */

    /* 设置 Timer0 中断 IRQ */
    VICIntSelect =0x00;
    VICVectCntl0 =(0x20 |4);
    VICVectAddr0 =(unsigned long);
    VICIntEnable =(1 << 4);
}
```

2. 函数timer0_ start的功能是将Timer0设置成tm毫秒钟定时器。完善下面的程序段，实现上述功能。

```
#include <LPC213X.H>
typedef unsigned long uint32_t;
typedef union {
    uint32_t data;
    struct { uint32_t mode :2, input :2; } field;
} reg_tmr_ctcr_t;/* 计数控制寄存器 */
typedef union {
    uint32_t data;
    struct { uint32_t enabled :1; uint32_t reset :1; } field;
} reg_tmr_tcr_t;/* 定时器控制寄存器 */
typedef union
{
    uint32_t    data;
```

```
    struct {
        uint32_t    mr0_interrupt    :1;
        uint32_t    mr0_reset        :1;
        uint32_t    mr0_stop         :1;
        ...
    } field;
} reg_tmr_mcr_t;/* 匹配控制寄存器 */
typedef uint32_t reg_tmr_tc_t/* 定时器计数器 */
    , reg_tmr_pr_t/* 预分频寄存器 */
    , reg_tmr_mr_t/* 匹配寄存器 */;
#define sys_pclk        15000000        /* 外设器件所使用的时钟频率(Hz) */
#define rT0TC           (* ((volatile reg_tmr_tc_t *) 0xE0004008))
#define rT0PR           (* ((volatile reg_tmr_pr_t *) 0xE000400C))
#define rT0MR0          (* ((volatile reg_tmr_mr_t *) 0xE0004018))
#define prT0MCR         ((volatile reg_tmr_mcr_t *) 0xE0004014)
#define prT0TCR         ((volatile reg_tmr_tcr_t *) 0xE0004004)
#define prT0CTCR        ((volatile reg_tmr_ctcr_t *) 0xE0004070)

void timer0_start(uint32_t tm /* 定时时间(ms) */) /* Timer0 为 tm 毫秒钟定时器 */
{
    prT0CTCR -> field.mode = ________; /* 定时模式 */
    rT0TC = 0;              /* 计数值复位 */
    rT0PR = ________;       /* 不分频 */
    rT0MR0 =                       /* 计数匹配值 */
        sys_pclk / (________ + 1)      /* 计数频率 */
        / 1000 * tm;                   /* 定时器输出频率 */
    prT0MCR -> field. __________ - 1;          /* 匹配后中断 */
    prT0MCR -> field. __________ = 1;      /* 匹配后复位 T0TC 寄存器 */
    prT0TCR -> field. __________ = 1;          /* 启动定时器 */
    /* 设置中断 */
    ...
}
```

第 11 章　异步串行通信

11.1　串 行 通 信

串行通信由于其方式简单、成本低等特点，在控制领域被广泛应用。

11.1.1　并行传输和串行传输

在计算机中有两种传输数据的方式：并行传输和串行传输。并行传输时通常使用 8 根或更多根导线来传送数据，例如打印机和硬盘都要用到由多根导线构成的电缆，并行传输的特点是同时可以传输多个二进制位，但是传输距离有限，如主机箱内连接硬盘的电缆、制作在印制电路板上的总线。为了实现长距离数据传输就要用到串行传输方式，相对于同时可传送多位数据的并行传输，串行传输时一次仅能传输一个二进制位。图 11-1 为并行传输和串行传输的对比。

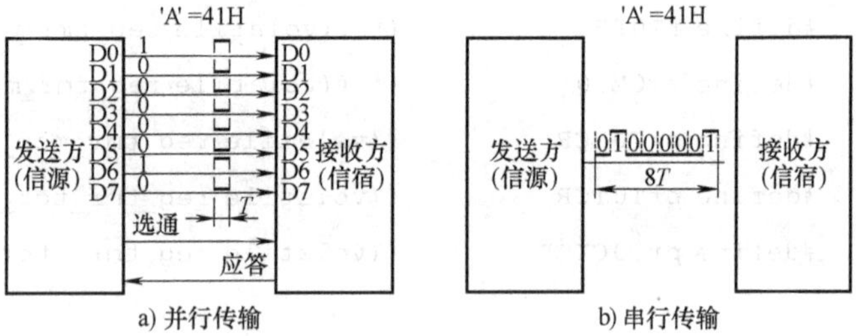

图 11-1　并行传输和串行传输的对比

并行传输所需数据信号线的数量通常有 32 根、64 根甚至更多。而串行传输时仅需一根数据信号线，由于传输线路简单，而且可以利用的传输介质很多，如电话线、光导纤维等，且成本低廉。通过串行传输而实现的串行通信可以使计算机进行远距离通信。

通过串行传输方式发送数据时，必须使用并行输入到串行输出的移位寄存器将并行数据转换为串行数据。接收数据的一方必须使用串行输入到并行输出的移位寄存器，将串行数据转换为并行数据。图 11-2 为并-串/串-并转换、调制/解调示意图。为了能长距离传输数据，必须将由高、低电平表示的二进制数据转换成适合远距离传输的模拟信号，这种模拟信号称为载波信号。例如，利用电话线传输时，数据被转换为语音信号（一种正弦波）。将数据信号转换为载波信号的装置称为调制器；接收一方须使用称为解调器的装置从载波信号中重建数据信号，如图 11-2 所示。既有调制器功能又有解调器功能的装置称为调制解调器

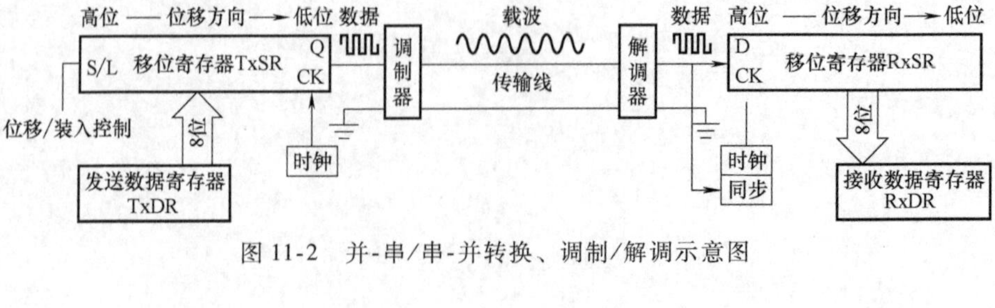

图 11-2　并-串/串-并转换、调制/解调示意图

(Modem)。如果传输的距离不是很远，则可以省略调制器和解调器，可直接传输电平信号。

11.1.2 串行传输线路的形式

1. 单工（simplex）通信

只允许单一方向的数据传输，如图 11-3a 所示，设备 A 只有发送器，设备 B 只有接收器，数据只能从 A 传送到 B。

2. 半双工（half-duplex）通信

设备 A 和设备 B 都有各自的发送器和接收器，数据可以从 A 传送到 B，也可以从 B 传送到 A。但是设备 A 和 B 之间仅有一条传输线路，数据的传输不能同时进行，而只能交替地进行。某一时刻 A 作为发送方，B 作为接收方，数据从 A 流向 B；另一时刻 B 作为发送方，A 作为接收方，数据从 B 流向 A，如图 11-3b 所示。

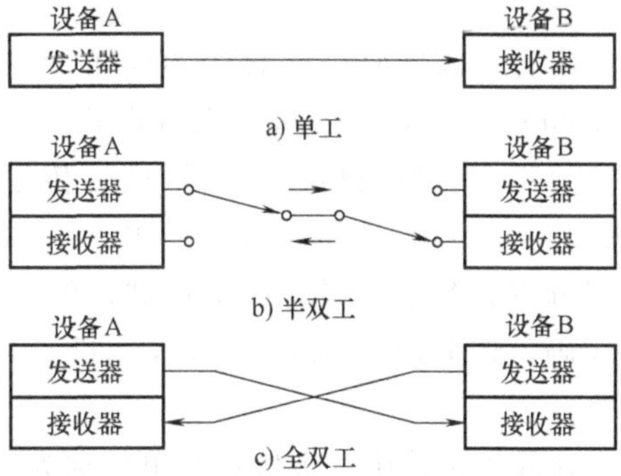

图 11-3　串行传输线路的三种形式

3. 全双工（full-duplex）通信

设备 A 和设备 B 都有各自的发送器和接收器，它们之间有两条传输线路，因此，在任意时刻能够在两个方向上同时进行数据传输，如图 11-3c 所示。

11.1.3 发送时钟和接收时钟

如图 11-2 中，发送数据时，数据从发送数据寄存器（Transmitting Data Register，TxDR）装入到发送移位寄存器（Transmitting Shift Register，TxSR），然后在时钟的控制下以特定的节拍逐位移位，将数据位传送至传输线路上，数据的每一位所持续的时间由时钟频率决定；接收时，接收设备依据接收时钟频率采样传输线路上的信号电平，逐位移入接收移位寄存器（Receiving Shift Register，RxSR），接收到规定的位数后一并传送到接收数据寄存器（Received Data Register，RxDR）。发送时钟频率决定了数据每一位所持续的时间，接收时钟频率划分出了数据每一位的界限。显然，如果发送时钟和接收时钟的频率和相位相同，那么所传输的数据能被正确地区分并接收，否则数据传输将被混淆。由于发送器与接收器之间的距离可能较远，发送时钟和接收时钟共用一个时钟源是不现实的，为此，发送方和接收方事先应就时钟频率等相关参数进行约定。

11.1.4 比特率与波特率

显而易见，时钟频率的高低决定了数据传输速率的高低，度量串行传输速率通常有两种单位：比特率和波特率。

比特率即每秒钟内所能传输二进制位的数量，其单位为 bit/s，如 1kbit/s 意为每秒可以传输 1000 个二进制位，注意 kbit/s，Mbit/s 等与 KB 和 MB 等度量存储容量单位中的 K、M 有着不同的含义，$1\text{Mbit/s} = 10^3\text{kbit/s} = 10^6\text{bit/s}$，$1\text{MB} = 2^{10}\text{KB} = 2^{20}\text{B}$。

波特率（Baud Rate），即每秒钟内硬件所产生的信号单元变化的次数。信号单元也称为波特，波特率就是信号单元改变的频率。1 个信号单元可以表示 1 个或多个二进制位。数字信号不经调制时，比特率与波特率相等。

国际上规定了标准波特率系列，标准波特率是最常用的波特率，有 110、300、600、1200、1800、2400、4800、9600、14400、19200、38400、57600、115200 等，波特率的单位为波特（Bd）。

11.1.5 异步传输

串行传输按时序配合的不同可分为异步传输（asynchronous transmission）和同步传输（synchronous transmission）两种形式。

异步传输将数据位分成组进行传送，发送方可以在任何时刻发送这些数据位组，而接收方从不知道它们何时会到达。一个常见的例子是计算机键盘与主机的通信，按下一个字母键、数字键或特殊字符键，就发送一个 8 位的 ASCII 代码。键盘可以在任何时刻发送代码，这取决于用户的输入速度，内部的硬件必须能够在任何时刻接收一个键入的字符。

在异步传输中，被传输的单位称为字符，每个字符可由 5 ~ 8 位数据位组成。每个字符前需加一位起始位，以逻辑 0 表示，标志一个字符的开始。在字符后加上一位可选的奇/偶校验位，以便接收方进行错误校验。然后再加上 1、1.5 或 2 位停止位，以逻辑 1 表示，标志一个字符的结束。当不发送信号时则一直发送空闲位，以逻辑 1 表示。接收方根据逻辑 1 至逻辑 0 的跳变来辨别一个新字符的开始。从起始位到最后一位停止位之间的各个位组成数据位序列称为帧（frame）。帧是按某一标准预先确定的若干位或字段组成的特定的信息结构。

图 11-4 所示是发送字符“A”和“a”的异步传输数据帧格式示例，该异步传输包含 1 位起始位、8 位数据位、1 位奇校验位和 2 位停止位。

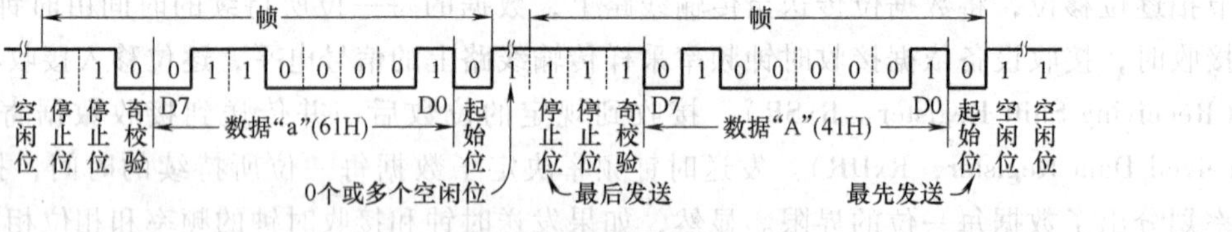

图 11-4 异步传输数据帧格式示例

奇/偶校验分为奇校验和偶校验两种。如果采用奇校验，当实际数据中“1”的个数为偶数的时候，这个校验位就是“1”，否则为“0”，也就是说数据位和校验位合在一起，其中“1”的个数应为奇数。接收方在收到数据时，将按照奇校验的要求检测除起始位和停止位外的数据中“1”的个数，如果是奇数，表示传送正确，否则表示传送错误。

如果采用偶校验，数据位和校验位合在一起，其中“1”的个数应为偶数。

总之，异步传输数据帧由下面几部分构成：

1）1 位起始位，起始位为逻辑 0，必选。

2）5 ~ 8 位数据，必选。

3）1 位奇/偶校验位，可选。

4）1 位、1.5 位或 2 位停止位，停止位为逻辑 1，必选。

在异步传输中，接收方并不知道数据何时到达，因此，每次都要以一个起始位作为传输的开始，以通知接收方有数据就要到达了，这就给了接收方响应、接收和缓存数据的时间。在传输结束时，停止位表示本次传输已终止。

由于每次传输都加上了起始位，因此计时的漂移不会产生大的积累，但却产生了额外的开销。一种典型的异步传输由1位起始位、8位数据位和1位停止位构成，传输1个字节的数据，实际上需要传输10个二进制位，即有效传输为总传输量的80%，因而传输效率并不高。因此，异步传输常用于低速设备。

11.1.6 RS-232C

RS-232C标准（协议）的全称是EIA-RS-232C标准，是EIA于1969年颁布的一种串行物理接口标准。EIA（Electronic Industry Association）是美国电子工业协会的缩写，RS为推荐标准（Recommended Standard），232为标识号，C为修改次数。RS-232C经常简称为RS-232。其他如EIA RS-422A、EIA RS-423A、EIA RS-485等。

RS-232C对串行通信接口的有关问题，如信号线功能、电气特性等都作了明确规定。目前微型计算机上的COM1、COM2接口就是RS-232C接口。RS-232C标准规定的数据传输速率可以为150bit/s、300bit/s、600bit/s、1200bit/s、2400bit/s、4800bit/s、9600bit/s、19200bit/s等。在通信速率低于20kbit/s时，RS-232C所直接连接的最大物理距离为15m（50ft）。

RS-232C标准中常用到两个通信设备的术语：

数据终端设备（Data Terminal Equipment，DTE）是指具有一定的数据处理能力和数据收发能力的设备，DTE可以是提供数据的信源，也可以是接收数据的信宿，或二者兼备，如计算机。

数据通信设备（Data Communications Equipment，DCE）是指位于DTE和传输介质之间的设备，如调制解调器。

1. RS-232C连接器

由于RS-232C并未定义连接器的物理特性，因此，出现了DB25、DB15和DE9各种类型的连接器，其引脚的定义也各不相同。

（1）DB25　DB25型连接器有25根信号线，如图11-5所示，信号分为4组：

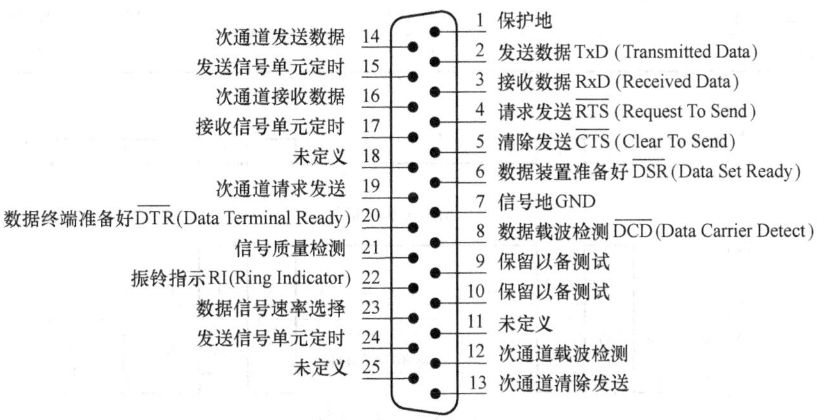

图11-5　RS-232C DB25型连接器（针状）

1）异步传输的9个电压信号（含信号地）：2，3，4，5，6，7，8，20，22。

2）20mA电流信号9个：12，13，14，15，16，17，19，23，24。

3）空6个：9，10，11，18，21，25。

4）保护地作为设备接地端：1。

（2）DE9　在使用中DE9型连接器通常称为DB9。DE9型连接器有9个信号定义，如图11-6所示。

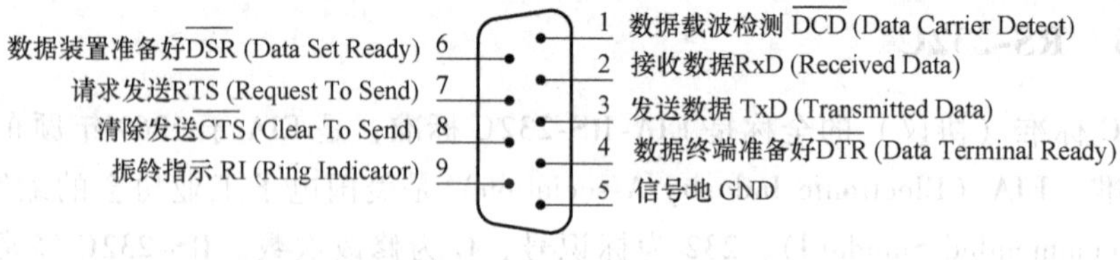

图11-6　RS-232C DE9型连接器（针状）

RS-232C DB25型连接器与DE9型连接器的转换如图11-7所示。

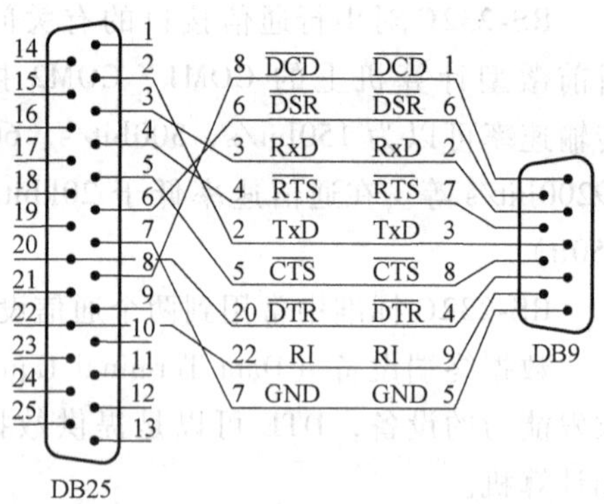

图11-7　RS-232C DB25型连接器与DE9型连接器的转换

2. RS-232C信号

（1）RS-232C信号电平　RS-232C规定在发送数据TxD（Transmitted Data）和接收数据RxD（Received Data）上 −15 ~ −3V为逻辑1，也称为MARK电平；3 ~15V为逻辑0，也称为SPACE电平，见表11-1。而TTL以高电平表示逻辑1，低电平表示逻辑0。两者的表达方式不同，如图11-8所示。

为了能够同计算机接口或终端的TTL器件连接，在RS-232C与TTL电路之间必须进行电平转换。目前广泛地使用集成电路转换器件，例如MAX232，可完成TTL与RS-232C双向电平的转换。

表11-1　TTL电平和RS-232电平

项　目	逻辑0	逻辑1
RS-232电平	3 ~15V　SPACE电平	−15 ~ −3V MARK电平
TTL电平	0V	3.3 ~5V

图11-8　TTL数据信号和RS-232C数据信号的比较

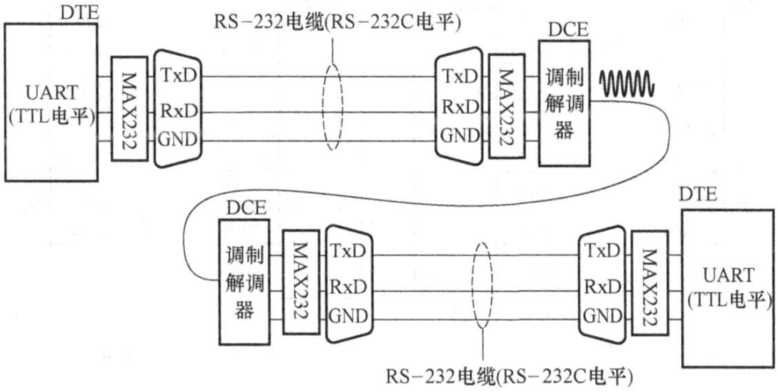

图 11-9 串行接口与 RS-232C 的连接

图 11-9 图示了使用 MAX232 实现串行接口输出的 TTL 电平与 RS-232C 电平之间的转换，这也是两台微型计算机之间进行串行通信时的典型连接，注意，RS-232C 电缆的长度不超过 15m。

(2) 联络控制/状态信号 数据终端准备好$\overline{\text{DTR}}$（Data Terminal Ready），当数据终端（如 PC 的 COM 端口）上电并通过自检后，$\overline{\text{DTR}}$即有效，表明数据终端可以使用。

数据发送准备好$\overline{\text{DSR}}$（Data Set Ready），当 DCE（如 Modem）上电并通过自检后，$\overline{\text{DSR}}$即有效，表明该 DCE 可以使用。

这两个是设备状态信号，表示设备本身是否可用，并不说明通信链路可以开始进行通信了，能否开始进行通信要由下面的控制信号决定。

请求发送$\overline{\text{RTS}}$（Request To Send），当 DTE（如 PC）有一个字节要发送时$\overline{\text{RTS}}$被置为有效以通知 DCE（如 Modem）。

清除发送$\overline{\text{CTS}}$（Clear To Send），为$\overline{\text{RTS}}$的应答，表示 DCE 准备好接收 DTE 发来的数据。

这对$\overline{\text{RTS}}$/$\overline{\text{CTS}}$请求应答联络信号可用于半双工 Modem 系统中发送方式和接收方式之间的切换。在全双工系统中，因配置双向通道，故不需要$\overline{\text{RTS}}$/$\overline{\text{CTS}}$联络信号，可使其为高电平。

数据载波检测$\overline{\text{DCD}}$（Data Carrier Detect），当 Modem 检测到一个有效的载波后，使$\overline{\text{DCD}}$有效以通知 DTE。

振铃指示 RI（Ring Indicator），由 DCE 输出，并输入到 DTE。当 Modem 收到对方拨号信号时 RI 有效，通知终端，已被呼叫。

在$\overline{\text{RTS}}$、$\overline{\text{CTS}}$、$\overline{\text{DSR}}$、$\overline{\text{DTR}}$和$\overline{\text{DCD}}$等控制/状态线上，以 RS-232C 的逻辑 0 表示有效/接通/ON 状态，此时电平为 3～15V；以 RS-232C 的逻辑 1 表示无效/断开/OFF 状态，此时电平为 -15～-3V。

3. DTE 与 DTE 直接连接

如果短距离内的两台计算机（即 DTE）需要通信，数据传输无需跨越类似电话线的模拟线路，因而不需要对数字信号进行调制，调制解调器可以省略，此种情况可以使用称为空调制解调器的解决方案，空调制解调器在没有 DCE 设备的环境下实现 DTE-DTE 的接口。图 11-10 给出两台微型计算机利用 RS-232C 接口通信的连线方式。

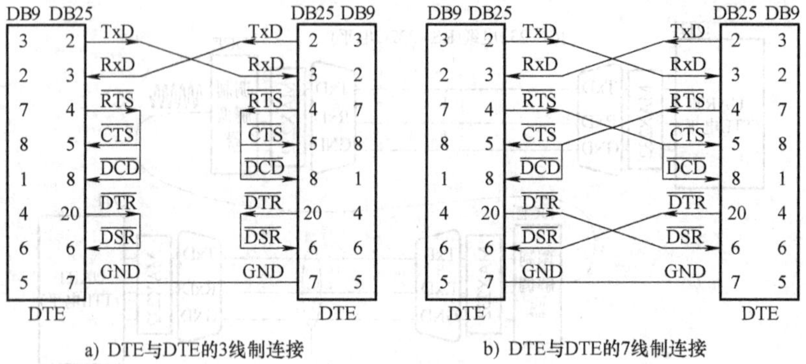

图 11-10　DTE 与 DTE 直接相连

11.2　LPC2138 异步串行口

LPC2138 芯片中集成了两个异步串行口 UART0 和 UART1。除了 UART1 多一组调制解调器（Modem）接口信号引脚外，这两个异步串行口的内部结构基本相同。UART0 和 UART1 引脚见表 11-2。UART0 和 UART1 是 APB（VPB）外设。在 UART0 和 UART1 都内置了波特率发生器并由 PCLK 提供时钟源，如图 11-11 所示。

表 11-2　UART0 和 UART1 相关引脚

引脚名称	方向	描　　述
RxD0	输入	UART0 串行接收。选用引脚 P0.1 作为 RxD0
TxD0	输出	UART 串行发送。选用引脚 P0.0 作为 TxD0
RxD1	输入	UART1 串行接收。选用引脚 P0.9 作为 RxD1
TxD1	输出	UART1 串行发送。选用引脚 P0.8 作为 TxD1
CTS1	输入	UART1 清除发送。选用引脚 P0.11 作为 CTS1
RTS1	输出	UART1 请求发送。选用引脚 P0.10 作为 RTS1
DCD1	输入	UART1 数据载波检测。选用引脚 P0.14 作为 DCD1
DSR1	输入	UART1 数据设备就绪。选用引脚 P0.12 作为 DSR1
DTR1	输出	UART1 数据终端就绪。选用引脚 P0.13 作为 DTR1
RI1	输入	UART1 振铃指示。选用引脚 P0.15 作为 RI1

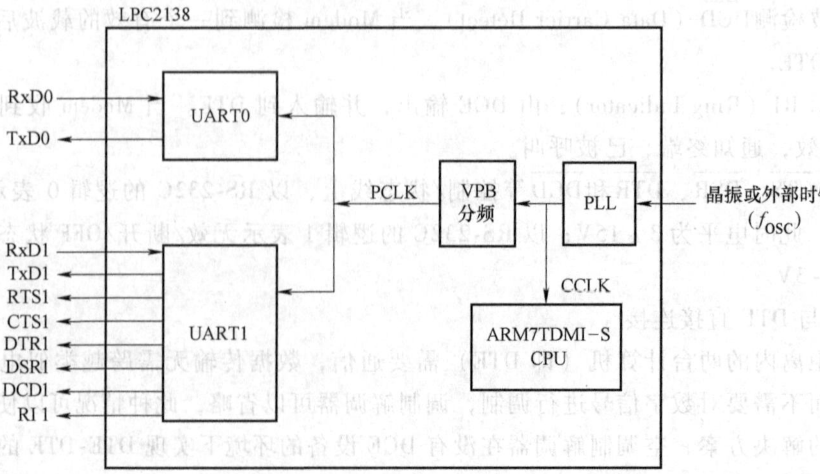

图 11-11　LPC2138 中的 UART0 和 UART1

图 11-12 给出了 UART1 内部结构。UART0 除了没有 Modem 接口信号外，其他部分与 UART1 是一致的。

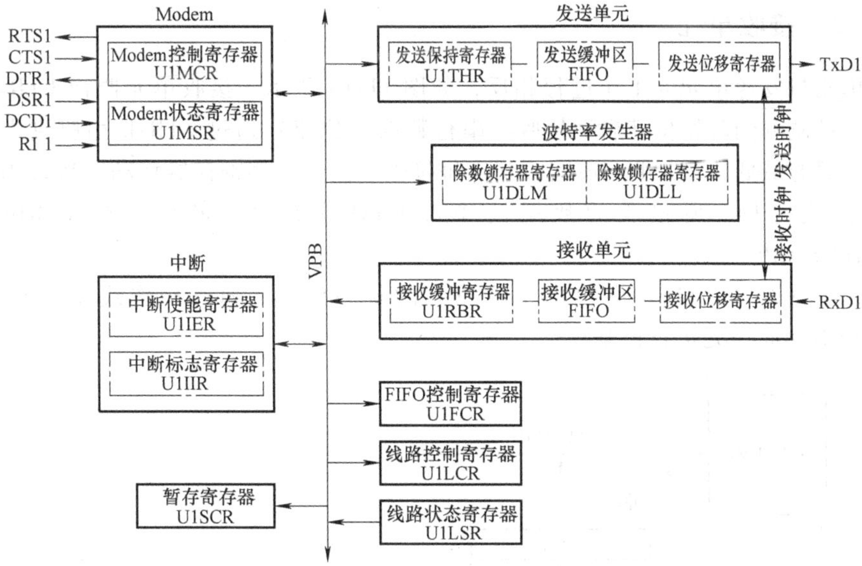

图 11-12　UART1 内部结构

11.2.1　发送单元

发送单元工作过程如图 11-13 所示，ARM7TDMI-S CPU 通过片内 VPB（APB）总线，以并行方式将数据写入发送保持寄存器 U1THR，U1THR 中的数据进入 FIFO 缓冲区。最终，数据逐位从 FIFO 移动到发送位移寄存器，并按照发送时钟的节拍将数据从 U1TxD 发送出去。

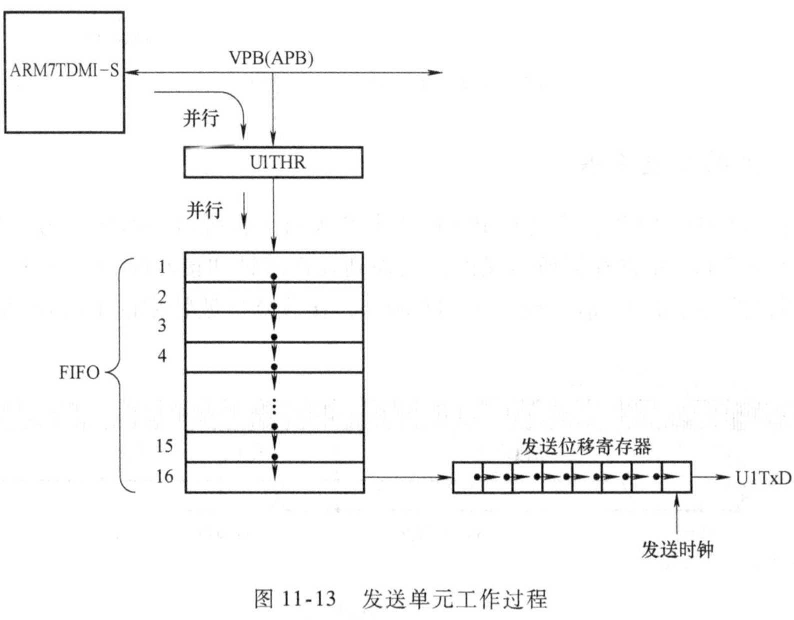

图 11-13　发送单元工作过程

线路状态寄存器 U1LSR 中包含发送单元的状态信息；通过操作线路控制器寄存器 U1LCR 可以对发送单元进行控制。

11.2.2 接收单元

接收单元与发送单元的工作过程相反，如图 11-14 所示。接收单元监视 U1RxD 引脚上的信号。一旦监测到起始位就启动接收。串行数据（位流）通过 U1RxD 引脚进入接收位移寄存器，数据的最低位（LSB）最先收到。每接收 1 位，位移寄存器移动一次；当检测到停止位后，接收完毕。所接收的数据被移入 FIFO 缓冲区，最终通过 U1RBR 被读入 ARM7TDMIS-S CPU。

线路状态寄存器 U1LSR 中包含接收单元的状态信息；通过操作线路控制器寄存器 U1LCR 可以对接收单元进行控制。

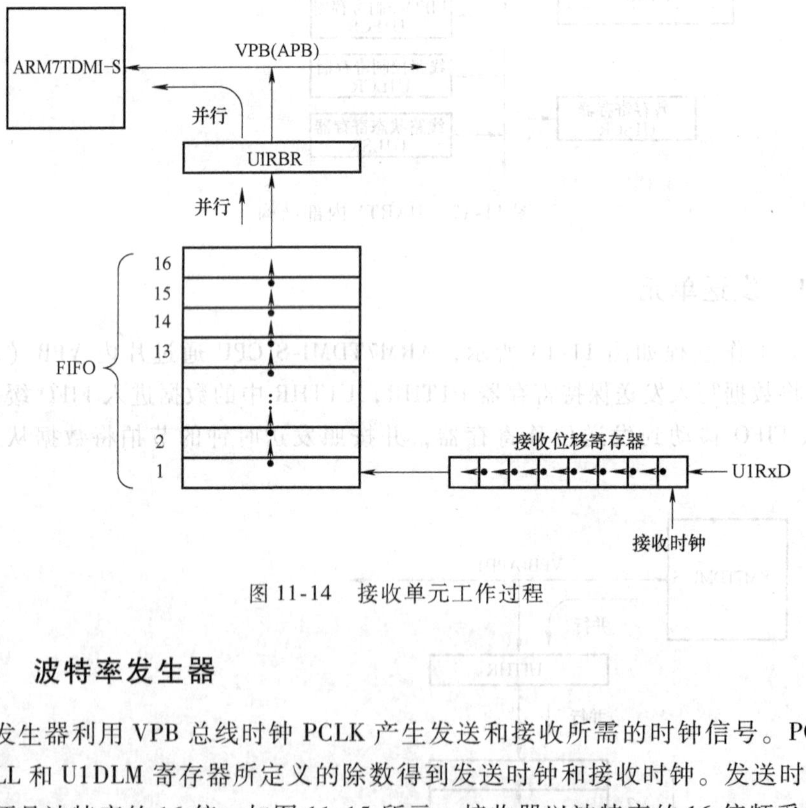

图 11-14　接收单元工作过程

11.2.3 波特率发生器

波特率发生器利用 VPB 总线时钟 PCLK 产生发送和接收所需的时钟信号。PCLK 信号频率除以 U1DLL 和 U1DLM 寄存器所定义的除数得到发送时钟和接收时钟。发送时钟和接收时钟的频率必须是波特率的 16 倍。如图 11-15 所示，接收器以波特率的 16 倍频采样 U1RxD。

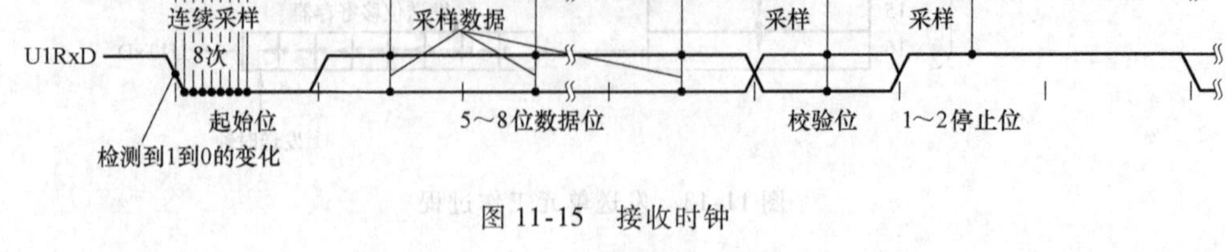

图 11-15　接收时钟

11.2.4 Modem 接口

Modem 单元提供一组 UART1 与 Modem 设备之间的握手信号。

11.2.5 中断接口

中断接口中包含中断使能寄存器 U1IER 和中断标识寄存器 U1IIR。接收单元、发送单元以及 Modem 接口都可以产生中断请求。

需要注意的是，由于 LPC2138 的 I/O 电平为 3.3V，UART 与其他系统的 RS-232C 接口通信时需要使用 TTL-RS-232 电平转换器。

11.3 串行通信口寄存器

LPC2138 UART0 寄存器见表 11-3，UART1 寄存器见表 11-4。在表中 DLAB 是线路控制寄存器 U0LCR/U1LCR 中的一个标志位。

表 11-3 UART0 寄存器

名　称	描　述	访　问	复位值	地　址
U0RBR	接收缓冲寄存器	只读	未定义	0xE000 C000 (DLAB = 0)
U0THR	发送保持寄存器	只写	未定义	0xE000 C000 (DLAB = 0)
U0DLL	除数锁存低位	读/写	0x01	0xE000 C000 (DLAB = 1)
U0DLM	除数锁存高位	读/写	0x00	0xE000 C004 (DLAB = 1)
U0IER	中断使能寄存器	读/写	0x00	0xE000 C004 (DLAB = 0)
U0IIR	中断标识寄存器	只读	0x01	0xE000 C008
U0FCR	FIFO 控制寄存器	只写	0x00	0xE000 C008
U0LCR	线路控制寄存器	读/写	0x00	0xE000 C00C
U0LSR	线路状态寄存器	只读	0x60	0xE000 C014
U0SCR	暂存寄存器	读/写	0x00	0xE000 C01C
U0TER	发送使能寄存器	读/写	0x80	0xE000 C030

表 11-4 UART1 寄存器

名　称	描　述	访　问	复位值	地　址
U1RBR	接收缓冲寄存器	只读	未定义	0xE001 0000 (DLAB = 0)
U1THR	发送保持寄存器	只写	未定义	0xE000 0000 (DLAB = 0)
U1DLL	除数锁存低位	读/写	0x01	0xE001 0000 (DLAB = 1)

（续）

名　称	描　述	访　问	复位值	地　址
U1DLM	除数锁存高位	读/写	0x00	0xE001 0004 (DLAB = 1)
U1IER	中断使能寄存器	读/写	0x00	0xE001 4004 (DLAB = 0)
U1IIR	中断 ID 寄存器	只读	0x01	0xE001 0008
U1FCR	FIFO 控制寄存器	只写	0x00	0xE001 0008
U1LCR	线路控制寄存器	读/写	0x00	0xE001 000C
U1MCR	调制解调器控制寄存器	读/写	0x00	0xE001 0010
U1LSR	线路状态寄存器	只读	0x60	0xE001 0014
U1MSR	调制解调器状态寄存器	只读	0x00	0xE001 0018
U1SCR	暂存寄存器	读/写	0x00	0xE001 001C
U1TER	发送使能寄存器	读/写	0x80	0xE001 0030

如表 11-3 和表 11-4 所示，寄存器 U*n*RBR、U*n*THR 和 U*n*DLL 的地址是相同的，U*n*IER 和 U*n*DLM 的地址也是相同的。通过读/写方式和 DLAB 位的组合，实现对这些寄存器的访问，见表 11-5。

表 11-5　对地址相同寄存器的访问方法

异步串口	寄存器	地址	访问方式
UART0	U0RBR	0xE000 C000	设置 DLAB = 0，对 0xE000 C000 进行读访问
	U0THR		设置 DLAB = 0，对 0xE000 C000 进行写访问
	U0DLL		设置 DLAB = 1，对 0xE000 C000 进行读/写访问
	U0IER	0xE000 C004	设置 DLAB = 0，对 0xE000 C004 进行读/写访问
	U0DLM		设置 DLAB = 1，对 0xE000 C004 进行读/写访问
UART1	U1RBR	0xE001 0000	设置 DLAB = 0，对 0xE001 0000 进行读访问
	U1THR		设置 DLAB = 0，对 0xE001 0000 进行写访问
	U1DLL		设置 DLAB = 1，对 0xE001 0000 进行读/写访问
	U1IER	0xE001 0004	设置 DLAB = 0，对 0xE000 C004 进行读/写访问
	U1DLM		设置 DLAB = 1，对 0xE000 C004 进行读/写访问

11.3.1　接收缓冲寄存器

U0RBR/U1RBR 是接收 FIFO 缓冲区的出口。寄存器中包含最先接收到的数据字节。如果接收到的数据不足 8 位，则在 U0RBR/U1RBR 的未使用的高位填 0。

11.3.2　发送保持寄存器

U0THR/U1THR 是发送 FIFO 缓冲区的出口。寄存器中包含发送到 FIFO 的最新数据字节。

11.3.3 除数锁存器

除数锁存器用来定义 UART 接收和发送波特率。以除数锁存器的值作为分频数，对 VPB 总线时钟 PCLK 进行分频后，得到发送时钟和接收时钟，最终得到波特率。

UART0 中的除数锁存器为 U0DLL 和 U0DLM；UART1 中的除数锁存器为 U1DLL 和 U1DLM。UART0 与 UART1 中的除数锁存器完全相同。以下以 UART1 为例介绍除数锁存器。

UART1 中，由除数锁存器 U1DLL 和 U1DLM 共同定义一个 16 位（2 字节）分频数。分频数的低 8 位存放在 U1DLL 中，高 8 位存放在 U1DLM 中。用这个分频数对 VPB 总线时钟 PCLK 进行分频，得到发送时钟和接收时钟。注意！发送时钟和接收时钟必须是波特率的 16 倍。因此，UART1 波特率的计算公式为

$$\text{波特率} = \frac{f_{\text{PCLK}}}{16 \times (256 \times \text{U1DLM} + \text{U1DLL})}$$

例如，LPC2138 ARM7TDMI-S 内核时钟 CCLK 信号的频率 $f_{\text{CCLK}} = 60\text{MHz}$。CCLK 信号经过 LPC2138 内部的 VPB 分频部件分频后得到 VPB 总线供外设使用的时钟信号 PCLK（P 表示 Peripheral——外设）。默认地，$f_{\text{PCLK}} = f_{\text{CCLK}}/4 = 15\text{MHz}$。假设 UART1 的波特率为 9600，通过波特率计算公式可得

$$256 \times \text{U1DLM} + \text{U1DLL} = \frac{15000000}{16 \times 9600} = 97$$

因此，设置 U1DLL = 97，U1DLM = 0。

11.3.4 中断使能寄存器

当 UART0 或 UART1 处于某些特定的状态时能够引发 ARM7TDMI-S CPU 中断。UART0 和 UART1 中有多个中断源，每个中断源有不同的中断优先级，见表 11-6。

表 11-6 中断源以及发生条件

中断类型	中断源以及发生条件	优先级
RLS	接收时发生溢出错误、奇偶校验错误、数据帧错误或接收到 BREAK	1(最高)
RDA	接收数据可用或接收 FIFO 达到触发点	2
CTI	字符超时指示，至少有 1 个字节数据停留在 FIFO 中超过规定的时间	2
THRE	发送保持寄存器空	3
Modem	Modem 接口信号 CTS、DSR、RI 或 DCD 发生变化	4(最低)

中断使能寄存器用使能（启用）或禁止 UART0 和 UART1 中断，见表 11-7 和表 11-8。

表 11-7 UART0 中断使能寄存器 U0IER

位	功 能	描 述	复位值
0	RBR 中断使能	0:禁止 RBR 中断	0
		1:使能 RBR 中断	
1	THRE 中断使能	0:禁止 THRE 中断	0
		1:使能 THRE 中断	
2	RLS 中断使能	0:禁止 RLS 中断	0
		1:使能 RLS 中断	
7:3	保留	保留，不要向保留位写入 1；从保留位读取的值没定义	未定义

表 11-8　UART1 中断使能寄存器 U1IER

位	功　　能	描　　述	复位值
0	RBR 中断使能	0:禁止 RBR 中断 1:使能 RBR 中断	0
1	THRE 中断使能	0:禁止 THRE 中断 1:使能 THRE 中断	0
2	RLS 中断使能	0:禁止 RLS 中断 1:使能 RLS 中断	0
3	Modem 中断使能	1:启用 Modem 中断 0:禁止 Modem 中断	0
7:4	保留	保留,不要向保留位写入 1;从保留位读取的值没定义	未定义

要注意的是，表中 RBR 中断是 RDA 和 CTI 中断的总称。中断源与中断使能寄存器的关系如图 11-16 所示。

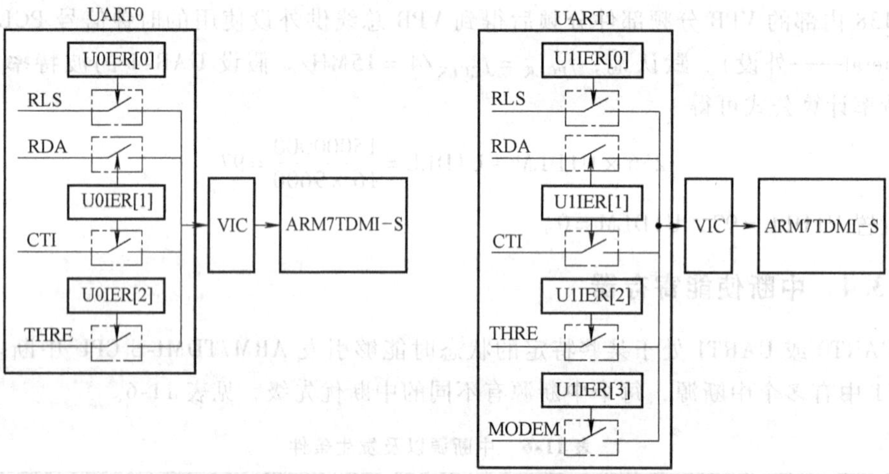

图 11-16　中断源与中断使能寄存器的关系

11.3.5　中断标识寄存器

从表 11-6 可知，LPC2138 中有多个引发中断的中断源。当中断发生后，通过查询 U0IIR 或 U1IIR 寄存器，可以知道究竟是哪个中断源引发了中断，见表 11-9 和表 11-10。

表 11-9　中断标识寄存器 U0IIR

<table>
<tr><th>位</th><th>功　能</th><th colspan="3">描　述</th><th>复位值</th></tr>
<tr><td>0</td><td>中断挂起</td><td colspan="3">0:至少有 1 个中断被挂起;1:没有挂起的中断</td><td>0</td></tr>
<tr><td rowspan="5">3:1</td><td rowspan="5">中断标识</td><td>值</td><td>中断源</td><td>优先级</td><td rowspan="5">0</td></tr>
<tr><td>011</td><td>RLS</td><td>1(最高)</td></tr>
<tr><td>010</td><td>RDA</td><td>2</td></tr>
<tr><td>110</td><td>CTI</td><td>2</td></tr>
<tr><td>001</td><td>THRE</td><td>3(最低)</td></tr>
<tr><td>5:4</td><td>保留</td><td colspan="3">保留,不要向保留位写入 1;从保留位读取的值没定义</td><td>未定义</td></tr>
<tr><td>7:6</td><td>FIFO 使能</td><td colspan="3">这些位等效于 U0FCR[0]</td><td>0</td></tr>
</table>

表 11-10　中断标识寄存器 U1IIR

<table>
<tr><th>位</th><th>功　能</th><th colspan="3">描　述</th><th>复位值</th></tr>
<tr><td>0</td><td>中断挂起</td><td colspan="3">0:至少有 1 个中断被挂起;1:没有挂起的中断</td><td>0</td></tr>
<tr><td rowspan="6">3:1</td><td rowspan="6">中断标识</td><td>值</td><td>中断源</td><td>优先级</td><td rowspan="6">0</td></tr>
<tr><td>011</td><td>RLS</td><td>1(最高)</td></tr>
<tr><td>010</td><td>RDA</td><td>2</td></tr>
<tr><td>110</td><td>CTI</td><td>2</td></tr>
<tr><td>001</td><td>THRE</td><td>3</td></tr>
<tr><td>000</td><td>Modem</td><td>4(最低)</td></tr>
<tr><td>5:4</td><td>保留</td><td colspan="3">保留,不要向保留位写入 1;从保留位读取的值没定义</td><td>未定义</td></tr>
<tr><td>7:4</td><td>FIFO 使能</td><td colspan="3">这些位等效于 U1FCR[0]</td><td>0</td></tr>
</table>

从图 11-17 可知，UART0 和 UART1 各有 1 根中断请求信号线与向量中断控制器 VIC 相连，而在 UART0 或 UART1 内部有多个中断源。当 ARM7TDMI-S CPU 响应中断转入中断服务程序 ISR 处理时，可以查询中断标识寄存器来确定中断并做相应的处理。此外，在对特定的寄存器操作后，UART0/UART1 中断源将被复位，见表 11-11。

表 11-11　中断复位

中断类型	中 断 复 位
RLS	对 U0LSR/U1LSR 寄存器进行读操作
RDA	对 U0RBR/U1RBR 寄存器进行读操作;FIFO 数据字节数低于触发点
CTI	对 U0RBR/U1RBR 寄存器进行读操作
THRE	对 U0IIR/U1IIR 寄存器进行读操作或对 U0THR/U1THR 进行写操作
Modem	对 U1MSR 寄存器进行读操作

11.3.6　FIFO 控制寄存器

FIFO 控制寄存器 U0FCR/U1FCR 中位的含义见表 11-12。

表 11-12　FIFO 控制寄存器 U0FCR/U1FCR

<table>
<tr><th>位</th><th>功　能</th><th>描　述</th><th>复位值</th></tr>
<tr><td>0</td><td>FIFO 使能</td><td>为 1 时,使能收发 FIFO,同时允许访问本寄存器。本位必须置为 1 才能实现正确的收发操作。本位任何变化将导致收发 FIFO 被清空</td><td>0</td></tr>
<tr><td>1</td><td>接收 FIFO 复位</td><td>为 1 时,清空接收 FIFO。清空操作完成后本位自动置为 0</td><td>0</td></tr>
<tr><td>2</td><td>发送 FIFO 复位</td><td>为 1 时,清空发送 FIFO。清空操作完成后本位自动置为 0</td><td>0</td></tr>
<tr><td>5:3</td><td>保留</td><td>保留,不要向保留位写入 1;从保留位读取的值没定义</td><td>未定义</td></tr>
<tr><td rowspan="4">7:6</td><td rowspan="4">接收触发点选择</td><td>00:触发点为 1 字节</td><td rowspan="4">0</td></tr>
<tr><td>01:触发点为 4 字节</td></tr>
<tr><td>10:触发点为 8 字节</td></tr>
<tr><td>11:触发点为 14 字节</td></tr>
</table>

如图 11-12 所示，发送 FIFO 和接收 FIFO 是发送操作和接收操作必经环节。因此，U0FCR[0] /U1FCR[1] 必须置为 1 才能实现正常的收发操作。

11.3.7 线路控制寄存器

线路控制寄存器 U0LCR/U1LCR 决定发送和接收数据格式，各位的含义见表 11-13。线路控制寄存器第 7 位是除数锁存访问位（DLAB）。

表 11-13 线路控制寄存器 U0LCR/U1LCR

位	功　能	描　述	复位值
1:0	数据长度选择	00:数据长度 5 字节 01:数据长度 6 字节 10:数据长度 7 字节 11:数据长度 8 字节	0
2	停止位选择	0:1 个停止位 1:2 个停止位	0
3	校验使能	0:禁止奇偶校验 1:启用奇偶校验	0
5:4	校验选择	00:奇校验 01:偶校验 10:写入 10 后被强制为 00 11:写入 11 后被强制为 01	0
6	间隔控制	0:禁止间隔发送 1:启用间隔发送	0
7	除数锁存访问位（DLAB）	0:禁止访问除数锁存器 1:允许访问除数锁存器	

11.3.8 Modem 控制寄存器

只有 UART1 中有 Modem 控制寄存器；UART0 中没有此寄存器。通过这个寄存器可以控制 UART1 中 Modem 的输出信号 DTR（数据终端就绪）和 CTS（请求发送）。Modem 控制寄存器中各个位的含义见表 11-14。

表 11-14 Modem 控制寄存器 U1MCR

位	功　能	描　述	复位值
0	DTR 控制	选择输出引脚 DTR	0
1	RTS 控制	选择输出引脚 RTS	0
2	保留	保留，不要向保留位写入 1；从保留位读取的值没定义	未定义
3	保留	保留，不要向保留位写入 1；从保留位读取的值没定义	未定义
4	回写模式选择	0:禁止回写模式 1:启用回写模式	0
7:5	保留	保留，不要向保留位写入 1；从保留位读取的值没定义	未定义

回写（Loop-back）模式是 Modem 提供的设备诊断机制。启用回写模式后，UART1 的发送器的串行输出在芯片内部连接到 UART1 的接收器的串行输入，从 UART1 发出的数据立刻又被 UART1 接收回来。

11.3.9 线路状态寄存器

线路状态寄存器 U0LSR/U1LSR 是只读寄存器。通过查询线路状态寄存器可以获取 UART0/UART1 中发送模块(Tx)和接收模块(Rx)的当前状态。线路状态寄存器中各个位的含义见表 11-15。

表 11-15 线路状态寄存器 U0LSR/U1LSR

位	功能	描述	复位值
0	接收数据就绪 (RDR)	1:接收缓冲区寄存器中有未读取的数据 0:接收缓冲区寄存器为空	0
1	溢出错误 (OE)	1:发生溢出错误 0:未发生溢出错误	0
2	奇偶校验错误 (PE)	1:发生奇偶校验错误 0:未发生奇偶校验错误	0
3	帧错误 (FE)	1:发生帧错误 0:未发生帧错误	0
4	间隔中断 (BI)	1:发生间隔中断 0:未发生间隔中断	0
5	发送保持寄存器空 (THRE)	1:发送保持寄存器为空 0:发送保持寄存器中有数据	1
6	发送器空 (TEMT)	1:发送保持寄存器或发送位移寄存器中有数据 0:发送保持寄存器和发送位移寄存器无数据	0
7	RX FIFO 错误 (RXFE)	1:接收过程中至少发生一个 RX 错误 0:接收过程没有发生 RX 错误	0

1. 溢出错误（Overrun Error，OE）

当接收位移寄存器完成了一个数据字节的接收而此时接收 FIFO 缓冲区已满，发生溢出错误。发生溢出错误时，接收位移寄存器收到的数据被丢弃，不会进入接收 FIFO。

2. 奇偶校验错误（Parity Error，PE）

如果启用了奇偶校验，当接收到的数据的奇偶校验位与线路控制器寄存器［5:4］的规定不符时，发生奇偶校验错误。注意：读取 U0LSR/U1LSR 会自动清零 PE 位。

3. 帧错误（Framing Error，FE）

当接收的数据的停止位为 0 时，发生帧错误。注意：读取 U0LSR/U1LSR 会自动清零 FE 位。

4. 间隔中断（Break Interrupt，BI）

当 RxD0 或 RxD1 接收到 SPACE 电平，且 SPACE 电平持续的时间超过接收 1 个字节数据（即接收启动位、数据位、校验位和停止位所用）的时间时，产生间隔中断错误。注意：

读取 U0LSR/U1LSR 会自动清零 BI 位。

5. 发送保持寄存器空（Transmitter Holding Register Empty，THRE）

THRE = 1 只表示发送保持寄存器已为空。此时，发送位移寄存器并不一定为空。例如，数据从发送保持寄存器移入了发送 FIFO 时，THRE = 1。而此时，发送位移寄存器不为空，正在发送数据。

6. 发送器空（Transmitter Empty，TEMT）

TEMT = 1 表示发送保持寄存器和发送位移寄存器全为空。

7. RX FIFO 错误（Error in RX FIFO，RXFE）

RX 错误是 OE、PE、FE 和 BI 错误的统称。当一个发生了 OE、PE、FE 或 BI 错误的数据装入到 U0RBR 或 U1RBR 时，RXFE = 1。注意：读取 U0LSR/U1LSR 会自动清零位。

11.3.10 Modem 状态寄存器

只有 UART1 有 U1MSR 寄存器，它是只读寄存器，提供 Modem 输入信号的当前状态。寄存器内部各个位的含义见表 11-16。

表 11-16 Modem 状态寄存器 U1MSR

位	功 能	描 述	复位值
0	Delta CTS	0:CTS(请求发送)输入没有变化	0
		1:CTS(请求发送)输入变化	
1	Delta DSR	0:DSR(数据设备就绪)输入没有变化	0
		1:DSR(数据设备就绪)输入变化	
2	后沿 RI	0:RI(振铃指示)输入没有发生由低到高的变化	0
		1:RI(振铃指示)输入发生由低到高的变化	
3	Delta DCD	0:DCD(载波检测)输入没有变化	0
		1:DCD(载波检测)输入变化	
4	CTS	CTS(清除发送)输入	0
5	DSR	DSR(数据设备就绪)输入	0
6	RI	RI(振铃指示)输入	0
7	DCD	DCD(载波检测)输入	0

11.3.11 暂存寄存器

U0SCR/U1SCR 是一个可自由读写的 8 位寄存器。对 UART0/UART1 的串行输入、输出操作没有任何影响。

11.4 编 程 实 例

11.4.1 UART 编程步骤

对 UART0/UART1 编程的步骤如下：

1）选择引脚，连接 UART0 或 UART1。所要操作的寄存器为 PINSEL0。

2）设置串口的波特率。根据 PCLK 的频率计算分频数。置 U0LCR ［7］ 或 U1LCR ［1］ 为 1，然后向 U0DLL/U0DLM 或 U1DLL/U1DLM 写入分频数。

3）设置串口工作模式。工作模式包括数据位个数、停止位个数、有无奇偶校验。如果有奇偶校验，还需选择是奇校验还是偶校验。所要操作的寄存器为 U0LCR 或 U1LCR。

4）接收数据，所要操作的寄存器为 U0RBR/U1RBR；发送数据，所要操作的寄存器为 U0THR/U1THR。

5）在收发过程中，通过读取 U0LSR/U1LSR 检查串口状态。采用中断方式收发时，通过读取 U0IIR/U1IIR 获取中断详细信息。

11.4.2 中断方式接收数据处理

采用中断方式接收数据时要注意以下几点：

1）使能 UART0/UART1 中断 U0IER[0]/U1IER[0]，也就是使能了 RBR 中断。中断时，在中断服务程序中查询 U0IIR[3:1]/U1IIR[3:1]，确定是 RDA 中断还是 CTI 中断。

2）如果是 RDA 中断，则根据接收触发点的值，正常读取 U0RBR/U1RBR。

3）如果是 CTI 中断，则需要根据 U0LSR[1]/U1LSR[0] 的状态，将滞留在 FIFO 中的数据全部读出。

11.4.3 实例

【例 11-1】 以查询方式接收数据。程序完成以下功能：

- 使用 UART0 收发数据，波特率为 9600，8 位数据位，1 位停止位，无奇偶校验。
- 以查询方式读取 UART0 输入的数据。
- 将收到的数据发送出去。

```
//文件名:main.c
#include <LPC213X.H>
typedef unsigned char uint8;
/********************
* 初始化 UART0
********************/
void InitUART0()
{
    /**
    * fosc =11.059MHz
    * M = 4
    * fcclk = M* fosc = 44.236MHz
    * VPB 分频数 = 4
    * fpclk = fcclk/4 = 11.059MHz
    **/
    U0LCR = 0x80;      // 设置 DLAB = 1,准备向 U0DLL 和 U0DLM 写入值
    U0DLL = 72;        // 波特率 9600 对应的除数值为 72
```

```
    U0DLM = 0;
    U0LCR = 0x03;    // 8 个数据位,1 个停止位,无奇偶校验
}
/********************
* 发送数据
********************/
void SendByte(uint8 data)
{
    U0THR = data;
    // 等待发送完成
    while((U0LSR & 0x40) == 0);
}
/********************
* 以查询方式接收数据
********************/
uint8 GetByte()
{
    uint8 data;
    // 查询线路状态寄存器 U0LSR[0]
// 如果 U0LSR[0]=1 表示接收到数据;否则 U0LSR[0]=0
    while((U0LSR & 0x01) == 0);
    // 将接收到的数据读出
    data = U0RBR;
    return data;
}
/********************
* 程序入口
********************/
int main()
{
    int data;
    // 选择 P0.0 作为 TxD0
    // 选择 P0.1 作为 RxD0
    PINSEL0 = 0x00000005;
    InitUART0();
    // 主循环
    while(1)
    {
        data = GetByte();
        // 将接收的数据立即发送出去
        SendByte(data);
    };
}
```

【例 11-2】 以中断方式接收数据。程序完成以下功能：

- 使用 UART0 收发数据，波特率为 115200，8 位数据位，1 位停止位，无奇偶校验。
- 以中断方式读取 UART0 输入的数据。
- 将收到的数据再发送出去。

（1）文件名：RingBuffer. h

```
typedef unsigned char uint8;
// 环形缓冲区函数声明
void RingBufferInit(void);
void AddToRingBuffer(uint8 data);
uint8 GetFromRingBuffer(uint8 * pData);
```

（2）文件名：RingBuffer. c

```
#include "RingBuffer.h"
// 环形缓冲区大小
const int MAXSIZE  =  100;
// 缓存区
uint8 buffer[MAXSIZE];
// 首元素下标
int front;
// 尾元素下标
int rear;
/****************************************
* 初始化环形缓冲区
****************************************/
void RingBufferInit()
{
    front = 0;
    rear = 0;
}
/****************************************
* 将数据添加到环形缓冲区末尾
****************************************/
void AddToRingBuffer(uint8 data)
{
    // 如果缓冲区满则退出
    if(((rear + 1) % MAXSIZE) == front) return;
    // 添加到缓冲区末尾
    buffer[rear] = data;
    // 移动尾元素下标到下一个位置
    rear = (rear + 1 + MAXSIZE) % MAXSIZE;
}
/****************************************
* 从环形缓冲区取出数据
```

```
*  参数:
*     int * pData -指向取出数据的指针
*  返回值:
      *       成功时返回 1;失败时返回 0;
****************************************/
uint8 GetFromRingBuffer(uint8 * pData)
{
    if(front == rear) return 0;
    * pData = buffer[front];
    front = (front + 1 + MAXSIZE) % MAXSIZE;
    return 1;
}
```

(3) 文件名：main. c

```
# include <LPC213X.H>
# include "RingBuffer.h"
/****************************************
* UART0 中断服务程序
****************************************/
void _irq UART0ISR()
{
uint8 i = 0;
switch(U0IIR & 0x0f)
{
    // 处理 RDA 中断
    // 由于接收触发点 =8,一次将 8 个字节数据读出
    case 0x04:
        for(i =0; i <8; i ++)
        {
            AddToRingBuffer(U0RBR);
        }
        break;
    // 处理 CTI 中断
    // 滞留在接收 FIFO 中的数据字节数不定,根据 U0LSR[0]状态,读出全部数据
    case 0x0c:
        while((U0LSR & 0x01) == 1)
        {
            AddToRingBuffer(U0RBR);
        }
        break;
    default:
        break;
    }
    //使能中断
```

```
    VICVectAddr = 0x00;
}
/****************************************
* 发送环形缓冲区中的全部数据
****************************************/
void SendBuf()
{
    uint8 data;
    while(GetFromRingBuffer(&data) == 1)
    {
        U0THR = data;
    }
}
/****************************************
* 初始化 UART0
****************************************/
void UART0Init()
{
    /**
    * fosc =11.059MHz
    * M =4
    * fcclk = M* fosc = 44.236MHz
    * VPB 分频数 =4
    * fpclk = fcclk/4 = 11.059MHz
    ** /
    U0LCR = 0x80;         // DLAB = 1
    U0DLL = 6;            // 波特率 = 115200
    U0DLM = 0;
    U0LCR = 0x03;         // 8 个数据位,1 个停止位,无奇偶校验
}
/****************************************
* 程序入口
****************************************/
int main()
{
    //环形队列初始化
    RingBufferInit();

    // P0.0 选作 TxD0;
    // P0.1 选作 RxD0
    PINSEL0 = 0x00000005;

    UART0Init();
```

```
    U0FCR = 0x81;          // 设置接收 FIFO 触发点为 8
    U0IER = 0x01;          // 使能接收中断(RDA 中断和 CTI 中断)
    VICIntSelect = 0x00;                         // 选择 IRQ 向量中断
    VICVectCntl0 = (0x20 |6);                    // 将 UART0 中断设置到 0# 通道
    VICVectAddr0 = (unsigned int)UART0ISR;   //挂接中断服务程序
    VICIntEnable = (1 << 6);                     //使能 IRQ 中断
    // 主循环
    while(1)
    {

        // 发送
        SendBuf();
    }
}
```

习　题

一、单项选择题

1. 串行通信分为同步方式和异步方式。同步方式与异步方式相比，其特点是（　　）。

A. 电路简单，传输速度慢　　B. 电路简单，传输速度快

C. 电路复杂，传输速度慢　　D. 电路复杂，传输速度快

2. 在异步串行通信中，每秒钟传输二进制位数的多少，称为（　　）。

A. 发送时钟频率　B. 接收时钟频率　C. 波特率　D. 比特率

二、填空题

假定串行传输字符'D'，其 ASCII 码为 1000100，通信采用奇校验，2 个停止位，请写出二进制位的传输顺序：（　　）。如果波特率为 1200bit/s，传输 400 个字符的时间为（　　），传输效率为（　　）。

三、简答题

1. 简述串行发送/接收时钟的作用。
2. 简述 UART 初始化的主要步骤。
3. 简述通信线路状态寄存器中各个位的含义。
4. 如何根据 VPB 总线时钟 PCLK 求波特率。

第 12 章　数/模与模/数转换

在工业生产过程中，许多被测的和受控的参量往往是连续变化的模拟量，如电压、电流、温度、力、压力、速度、位移和流量等，为了实现对工业生产过程中的计算机监测和控制，必须将模拟量转换为计算机可以处理的数字量，这就是模拟量的输入；为了实现控制或自动调节，必须将数字量转换为模拟量去驱动执行机构，这就是模拟量的输出。模拟量的输入/输出是微型计算机与控制对象之间的一种重要接口，是实现工业生产过程监测和控制的重要组成部分。

本章介绍模拟量输入（A/D）和输出（D/A）的工作原理，以及 LPC2138 中的 8 路 10 位 A/D 转换器和 10 位 D/A 转换器的应用。

12.1　模拟量的输入与输出通道

模拟量输入、输出通道结构框图如图 12-1 所示，典型的模拟量输入通道由以下几部分组成：

传感器：将非电量转换成电量（电流或电压）的器件称为传感器，如热电偶能把温度转换为几毫伏或十几毫伏的电信号。有些传感器是把电阻值、电容值或电感值的变化作为输出来反映被测参量的变化。

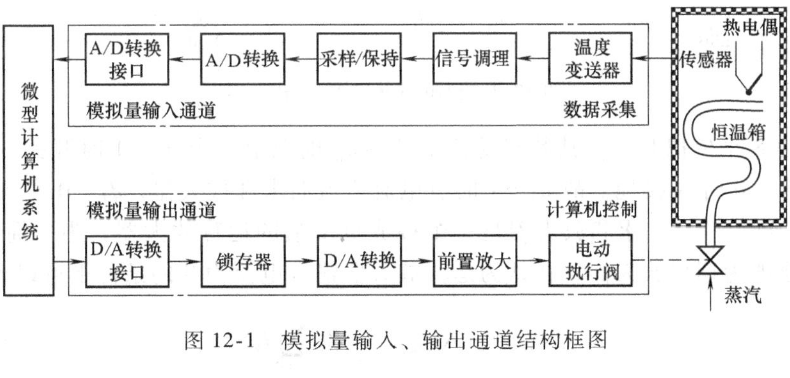

图 12-1　模拟量输入、输出通道结构框图

变送器：将微弱电信号或电阻值等非电量转换成 0 ~ 10mA 或 4 ~ 20mA 的统一电流信号，或 0 ~ 5V 的电压信号的器件称为变送器。

信号调理：滤除干扰信号、线性补偿等。若传感器的输出信号未经变送，信号调理还应进行放大。

采样/保持：将时间上连续的模拟量转换成时间上离散的模拟量，并保持下来使 A/D 转换有足够的时间进行处理。

A/D 转换：这是模拟量输入通道的核心环节，其作用是通过量化和编码将模拟量转换为数字量，以便计算机读取和分析处理。

计算机输出的信号是以数字量的形式给出的，而执行元件要求提供模拟的电流或电压，因而必须采用模拟量输出通道来实现。典型的模拟量输出通道由以下几部分组成：

D/A 转换：这是模拟量输出通道的核心环节，其作用是把计算机输出的数字量转换成模拟的电压或电流。

锁存器：计算机输出的数据在数据总线上稳定的时间很短，而 D/A 转换需要一定的时间，为了保证在转换期间数据的稳定，必须用锁存器来保持数据的稳定。

前置放大：经 D/A 转换得到的模拟信号一般须经过低通滤波器使其输出波形平滑，同时为了能驱动执行元件，须进行功率放大。

12.2 数/模（D/A）转换器

12.2.1 D/A 转换原理

1. 权电阻网络 D/A 转换器

图 12-2 位 8 位权电阻网络 D/A 转换器，由权电阻网络、8 个模拟开关和 1 个求和放大器组成。

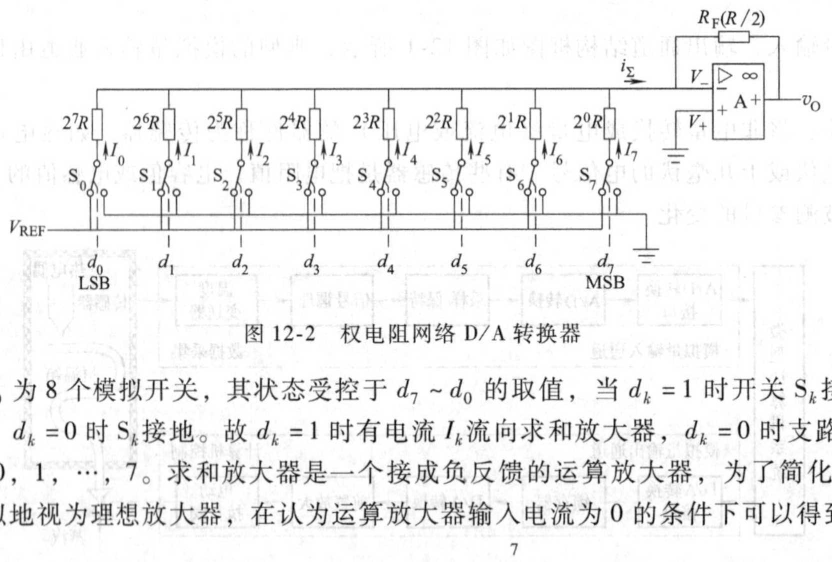

图 12-2 权电阻网络 D/A 转换器

$S_7 \sim S_0$ 为 8 个模拟开关，其状态受控于 $d_7 \sim d_0$ 的取值，当 $d_k=1$ 时开关 S_k 接到参考电压 V_{REF} 上；$d_k=0$ 时 S_k 接地。故 $d_k=1$ 时有电流 I_k 流向求和放大器，$d_k=0$ 时支路电流为 0，其中，$k=0$，1，…，7。求和放大器是一个接成负反馈的运算放大器，为了简化分析计数，可将其近似地视为理想放大器，在认为运算放大器输入电流为 0 的条件下可以得到

$$v_O = -R_F i_\Sigma = -R_F \sum_{k=0}^{7} I_k \tag{12-1}$$

由于 $V_- \approx 0$，因而各支路电流为

$$I_k = \frac{V_{REF}}{2^{n-k-1}R} d_k ,\text{其中 } n=8, k=0,1,\cdots,n-1$$

将其代入式（12-1），并取 $R_F = R/2$，则得到

$$v_O = -\frac{V_{REF}}{2^n}\sum_{k=0}^{n-1} d_k 2^k \tag{12-2}$$

式（12-2）表明输出的模拟电压 v_O 正比于输入的数字量 $d_{n-1}d_{n-2}\cdots d_1 d_0$，当 $d_{n-1}\cdots d_1 d_0 = 00\cdots00\text{B}$ 时，$v_O=0$；当 $d_{n-1}d_{n-2}\cdots d_1 d_0 = 11\cdots11\text{B}$ 时，$v_O = -\frac{2^n-1}{2^n}V_{REF}$。当图12-2中

$S_7 \sim S_0$ 都断开时，$v_O = 0$；$S_7 \sim S_0$ 都合上时，$v_O = -\frac{255}{256}V_{REF}$。

由此可见，D/A 转换器的转换精度与基准电压 V_{REF} 的精度、权电阻和模拟开关的精度及位数有关。显然，位数越多转换精度越高，但同时权电阻阻值的差异也越大。若取 $R = 10\text{k}\Omega$，则 $2^7R = 1.28\text{M}\Omega$，在这样大阻值范围内要保证每个电阻都具有高精度是十分困难的，对于制作集成电路尤为不利。

2. T 形电阻网络 D/A 转换器

由于在集成电路中制造高阻值的精密电阻十分困难，因此常用 $R-2R$ T 形电阻网络代替权电阻网络构成 D/A 转换器，如图 12-3 所示，电阻网络中仅有 R 和 $2R$ 两种阻值的电阻，使得集成电路的设计和制作非常方便。

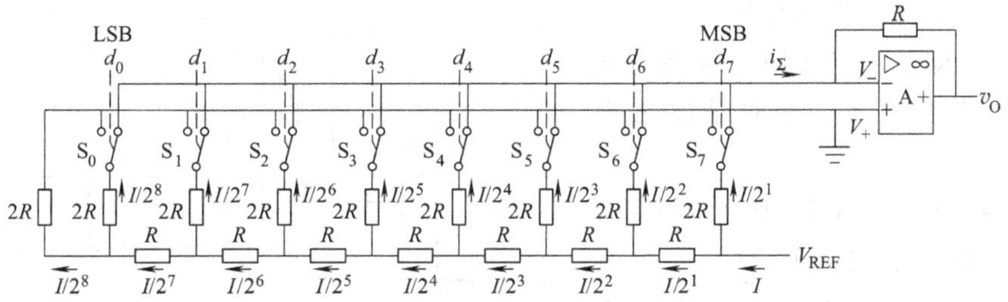

图 12-3　$R-2R$ T 形电阻网络 D/A 转换器

由于 $V_- \approx 0$，无论开关接到哪边都相当于接“地”，流过每条支路的电流始终不变。当 $d_k = 0$ 时使开关 S_k 接地，即接到放大器的输入端 V_+ 上；而当 $d_k = 1$ 时使 S_k 接到放大器的输入端 V_- 上，则可知

$$i_\Sigma = \frac{I}{2^1}d_7 + \frac{I}{2^2}d_6 + \frac{I}{2^3}d_5 + \frac{I}{2^4}d_4 + \frac{I}{2^5}d_3 + \frac{I}{2^6}d_2 + \frac{I}{2^7}d_1 + \frac{I}{2^8}d_0 = \sum_{k=0}^{n-1}\frac{I}{2^{n-k}}d_k\text{，其中 } n=8$$

在求和放大器的反馈电阻阻值为 R 时，输出电压为

$$v_O = -Ri_\Sigma = -\frac{V_{REF}}{2^n}\sum_{k=0}^{n-1}d_k 2^k \tag{12-3}$$

式（12-3）说明输出的模拟电压正比于输入的数字量，且与权电阻网络 D/A 转换器输出电压计算式（12-2）具有相同的形式。

12.2.2　D/A 转换器的主要技术指标

1. 分辨率

分辨率表征的是 D/A 转换器对模拟量的分辨能力，当输入数值量中仅有最低有效位为 1 时，D/A 转换器输出模拟量的值确定了其所能产生最小模拟量的变化。分辨率通常用数字量的位数表示，如 8 位、10 位、12 位、16 位、20 位等；也可以用 D/A 转换器能分辨出来的最小输出电压与最大输出电压的比值来表示，即 $\frac{1}{2^n-1}$，如 10 位的 D/A 转换器的分辨率为 $\frac{1}{2^{10}-1} = \frac{1}{1023} \approx 0.001$。

2. 转换精度

转换精度有绝对精度和相对精度之分。绝对精度，也称绝对误差，是指 D/A 实际输出电压与理论值之间的误差，由 D/A 转换器的增益误差（当输入数字量为全 1 时，实际输出值与理想输出值之差）、零点误差（数字量输入为全 0 时，D/A 转换器的非零输出值）、非线性误差和噪声等造成。绝对精度通常用数字量最小有效位 LSB 的分数表示，如 ±1LSB、±1/2LSB、±1/4LSB 等，最大误差应小于 1LSB。相对精度，也称相对误差，与绝对精度表示同一含义，是指在满量程（Full Scale Range）校准后实际输出特征曲线与理论特征曲线之间的最大偏差，一般用该偏差与满量程值的百分比表示。相对精度更为常用。

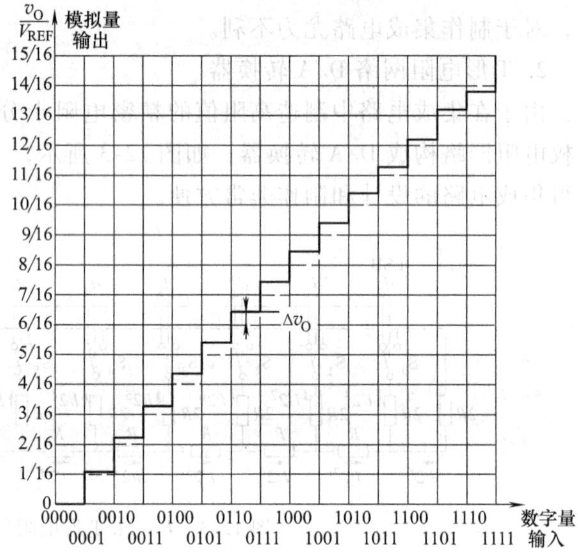

图 12-4　4 位 D/A 转换器的转换特征曲线

图 12-4 为一个 4 位 D/A 转换器的转换特征曲线，最大误差（即绝对精度）为 $\Delta v_O = \pm 1/2\text{LSB}$，若满量程电压 $V_{FSR} = 10\text{V}$，其分辨率为 $\frac{1}{2^4-1} = 0.0667$，所能分辨出的最小电压为 0.0625V，相对精度为

$$\frac{\frac{1}{2}\times\frac{1}{2^4}V_{FSR}}{V_{FSR}}\times 100\% = 3.125\%$$

若 1 个 10 位 D/A 转换器的满量程电压 $V_{FSR} = 10\text{V}$，绝对精度为 ±1/2LSB，则相对精度为 0.0488%，分辨率为 0.000977，所能分辨出的最小电压为 0.977mV。可见 D/A 转换器的位数越多，其分辨率越高，相对精度也越高。但应当注意的是分辨率和精度尽管具有一定的联系，却是两个不同的指标，分辨率取决于转换器的位数，而精度取决于转换器各部件的精度和稳定性，如温度漂移、线性不良等仍会使 D/A 转换器的精度变差。

3. 转换速度

通常用建立时间 t_{set} 来描述 D/A 转换器的转换速度。建立时间是指从输入的数字量发生突变时开始直到输出值进入与稳态值相差 ±1/2LSB 以内的时间，如图 12-5 所示。数字量的突变一般是从全 0 到全 1，或从全 1 到全 0。这是描述 D/A 转换速度的一个指标。

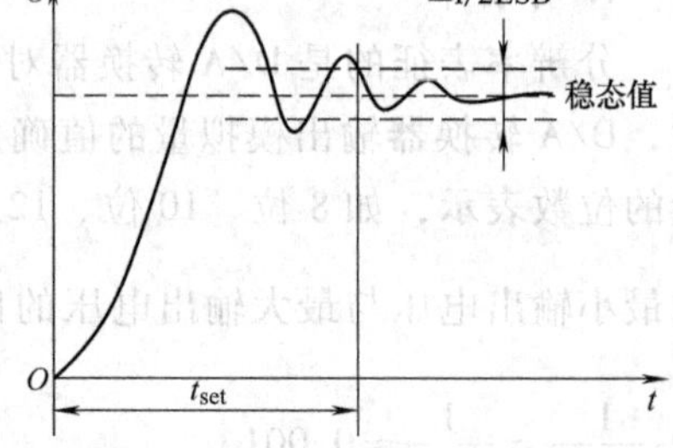

图 12-5　D/A 转换器的建立时间

$t_{set} < 1\mu\text{s}$ 的 D/A 转换器称为超高速 D/A 转换器，建立时间为 1～10μs 的 D/A 转换器为高速，建立时间为 10～100μs 的 D/A 转换器为中速，建立时间在 100μs 以上的 D/A 转换器为低速 D/A 转换器。

D/A 转换器还有其他指标，如：线性误差、微分线性误差、温度系数、电源敏感度和输出电压一致性等。

12.3 LPC2138 中的 D/A 转换器

LPC2138 芯片上集成了 1 路 D/A 转换输出，引脚见表 12-1。这个 D/A 转换器具有以下特点：

1）10 位 D/A 转换器。

2）电阻串联结构。

3）缓冲输出。

4）转换速度与引脚输出功率有关。

表 12-1 LPC2138 上与 D/A 相关的引脚

引脚名称	类型	描述
A_{out}	输出	模拟输出。当 D/A 转换控制寄存器 DACR 写入一个新值选择好设定时间后，该引脚上的电压（相对 V_{SSA}）为 VALUE/1024 × V_{REF}
V_{REF}	参考电压	参考电压。提供 D/A 转换器的转换参考电压
V_{DDA}，V_{SSA}	电源	模拟电源 V_{DDA} 和地 V_{SSA}。V_{DDA} 与 V_{DD} 的电压相同，但为了降低噪声，V_{DDA} 与 V_{DD} 应当隔离

12.4 D/A 寄存器

LPC2138 上的 D/A 转换只有一个控制寄存器 DACR（地址为 0xE006C000）。该寄存器是一个读/写寄存器，DACR 中有包含用于转换的数字量值、一个用来调节转换性能和功率的控制位，见表 12-2。

表 12-2 D/A 转换控制器寄存器

位	名称	描述	复位值
5:0	保留	保留，不要向保留位写入 1；从保留位读出的值未被定义	未定义
15:6	VALUE	该字段写入一个新值后，A_{out} 引脚上的输出电压为 VALUE/1024 × V_{REF}	0
16	BIAS	为 0 时，设置 DAC 的建立时间最大为 1μs，最大电流为 700μA 为 1 时，设置 DAC 的建立时间为 2.5μs，最大电流为 350μA	0
31:17	保留	保留，不要向保留位写入 1；从保留位读出的值未被定义	未定义

D/A 建立时间是指从设置了数字量 VALUE 开始，到 A_{out} 引脚上稳定输出所需的时间。表中 BIAS = 1 是为了配合 LPC2138 低功耗运行模式。使用 LPC2138 D/A 转换器输出时要注意：

1）用作 D/A 输出的引脚是 P0.25/AD0.4/A_{out}。

2）只能输出单极性信号。

3）实际使用时需要外部调理电路。

12.5　D/A 实例

D/A 转换的编程步骤如下：

1）设置寄存器 PINSEL1，选择引脚 P0.25 作为 A_{out}功能。

2）根据应用需要计算输出信号的频率（周期）。

3）输出。

【例 12-1】 利用 D/A 输出三角波信号。

（1）DAC.h

```
typedef unsigned int uint32;
typedef unsigned char uint8;

/* D/A 控制寄存器 */
typedef union
{
    uint32data;
    struct
    {
        uint32          :6;
        uint32  value   :10;
        uint32  bias    :1;
    } field;
} reg_da_cr;

/* D/A 转换控制寄存器 */
#define rDACR           (*((volatile reg_da_cr *) 0xE006C000))
```

（2）main.c

```
#include <LPC213X.H>
#include "DAC.h"

int main(void)
{
     uint32 aOut, i;

    /* P0.25 置为 DA 输出 */
    PINSEL1 = 0x00080000;

    aOut = 0;
    while(1)
    {
        rDACR.field.value = aOut++;
        /* 最大值为1023(10 位)*/
        if(aOut > 1022) aOut = 0;
```

```
        /* 延时,以便观察 */
    for(i=0;  i<0x000000100; i++);
    }
}
```

【例 12-2】 利用 D/A 输出正弦波。

（1） DAC. h

```
typedef unsigned int uint32;
typedef unsigned char uint8;

/* D/A 控制寄存器 */
typedef union
{
    uint32 data;
    struct
    {
        uint32          :6;
        uint32  value   :10;
        uint32  bias    :1;
    } field;
} reg_da_cr;

/* D/A 转换控制寄存器 */
#define rDACR          (*((volatile reg_da_cr *) 0xE006C000))
```

（2） main. c

```
#include <LPC213X.H>
#include "DAC.h"
/* 正弦波在半个周期内的数值点 */
uint8 sinx[256] =
{
  0 , 0 , 0 , 0 , 0 , 0 , 0 , 0 , 0 , 0 , 0 , 1 , 1 , 1 , 1 , 2,
  2 , 2 , 3 , 3 , 3 , 4 , 4 , 5 , 5 , 5 , 6 , 6 , 7 , 8 , 8 , 9,
  9 , 10, 10, 11, 12, 12, 13, 14, 15, 15, 16, 17, 18, 19, 19, 20,
 21 , 22, 23, 24, 25, 26, 27, 28, 29, 30, 31, 32, 33, 34, 35, 36,
 37 , 38, 39, 40, 42, 43, 44, 45, 46, 48, 49, 50, 51, 53, 54, 55,
 56 , 58, 59, 60, 62, 63, 64, 66, 67, 69, 70, 71, 73, 74, 76, 77,
 79 , 80, 81, 83, 84, 86, 87, 89, 90, 92, 93, 95, 96, 98, 99,101,
103 ,104,106,107,109,110,112,113,115,117,118,120,121,123,124,126,
127 ,129,131,132,134,135,137,138,140,142,143,145,146,148,149,151,
152 ,154,156,157,159,160,162,163,165,166,168,169,171,172,174,175,
176 ,178,179,181,182,184,185,186,188,189,191,192,193,195,196,197,
199 ,200,201,202,204,205,206,207,209,210,211,212,213,215,216,217,
218 ,219,220,221,222,223,224,225,226,227,228,229,230,231,232,233,
```

```
234,235,236,236,237,238,239,240,240,241,242,243,243,244,245,245,
246,246,247,247,248,249,249,250,250,250,251,251,252,252,252,253,
253,253,254,254,254,254,255,255,255,255,255,255,255,255,255,255
};
int main(void)
  {
    uint32 i = 0;
    uint8 half = 0;

    /* P0.25 置为 DA 输出 */
    PINSEL1 = 0x00080000;

    while(1)
    {
       rDACR.field.value = sinx[i];
       if(half == 0)
          i++;
       else
          i--;

       if(i == 256)
       {
          half = 1;
          i = 255;
       }
       else if(i == 0)
       {
          half = 0;
          i = 1;
       }
    }
}
```

12.6 模/数（A/D）转换器

12.6.1 A/D 转换原理

1. 采样、保持、量化和编码

A/D 转换器是可将模拟信号转换为 n 位二进制数的装置，对于 A/D 转换器，输入的是在时间和幅值上连续变化的模拟量，输出则是在幅值上离散的数字量，转换分为四步进行，如图 12-6 所示。

采样（Sample）是指将时间上连续的模拟量 $F(t)$ 转换成时间上离散（断续变化）的

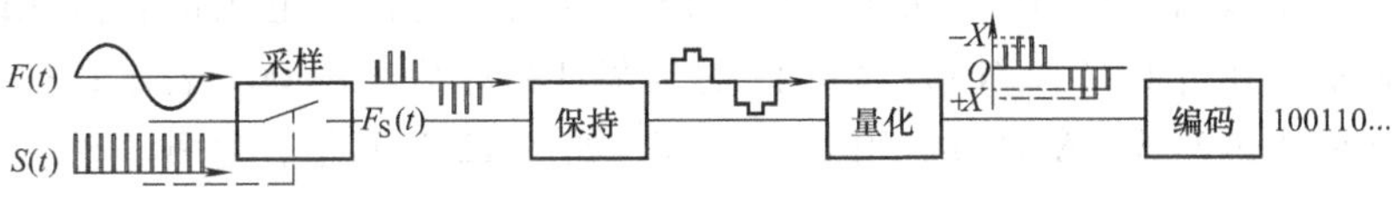

图 12-6　从模拟信号到数字信号

模拟量，其过程可用 $F_S(t)=F(t)S(t)$ 表示，$S(t)$ 为采样脉冲序列，当 $S(t)=1$ 时，$F_S(t)=F(t)$；当 $S(t)=0$ 时，$F_S(t)=0$，如图 12-7 所示。为了保证能从采样信号 $F_S(t)$ 重建足够精度的原始信号 $F(t)$，必须满足 $f_S \geqslant 2f_{i(max)}$，$f_S$ 为采样频率，$f_{i(max)}$ 为模拟信号 $F(t)$ 中最高频率分量的频率，这就是香农采样定理。

保持（Hold）是将采样所得到的模拟量幅值保持下来，即在 $S(t)=0$ 期间保持最后瞬时的采样值，如图 12-7 所示，以使后续的 A/D 转换有足够的时间进行处理，同时控制了量化误差。

如果 A/D 转换的速度比模拟信号变化的速度快许多倍，可直接对模拟信号进行 A/D 转换，否则就应在 A/D 转换前加上采样保持电路，使得在 A/D 转换期间输入的模拟信号保持稳定不变。

量化过程是 A/D 转换的核心，数字信号不仅在时间上是离散的，数值大小的变化也是不连续的，即任何一个数字量的大小只能是某个规定最小数量单位的整数倍，量化就是用这个规定的最小数量单位将数值上连续的模拟量转换为数值上离散的数字量，所取的最小数量单位称为量化单位，记作 Δ，显然，数字信号仅当最低有效位（LSB）为 1 时所代表的数量大小就等于 Δ。由于模拟量幅值的连续性，那么它就不一定能被 Δ 整除，也就存在着如何取舍的问题，这个舍入误差就是量化误差。

编码就是将量化得到的数值用某种码制表示出来，通常采用二进制的原码或偏移码。

例如要将 0～1V 的模拟电压信号转换为 3 位二进制，一种方法是取 Δ = 1/8V，凡在 [0,1/8) 区间内的模拟电压都当做 0Δ 对待，用二进制数 000 表示；在 [1/8,2/8) 区间内的当做 1Δ 对待，用 001 表示；……；在 [7/8,1] 区间内的当做 7Δ 对待，用 111 表示，如图 12-7 所示，这种方法为只舍不入法，最大量化误差为 Δ，即 1/8V。

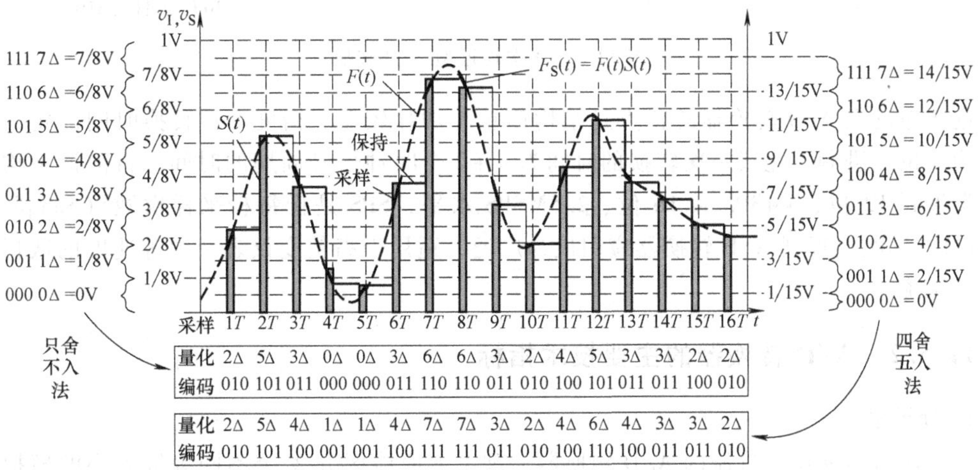

只舍不入法：

采样	1T	2T	3T	4T	5T	6T	7T	8T	9T	10T	11T	12T	13T	14T	15T	16T
量化	2Δ	5Δ	3Δ	0Δ	0Δ	3Δ	6Δ	6Δ	3Δ	2Δ	4Δ	5Δ	3Δ	3Δ	2Δ	2Δ
编码	010	101	011	000	000	011	110	110	011	010	100	101	011	011	100	010

四舍五入法：

采样	1T	2T	3T	4T	5T	6T	7T	8T	9T	10T	11T	12T	13T	14T	15T	16T
量化	2Δ	5Δ	4Δ	1Δ	1Δ	4Δ	7Δ	7Δ	3Δ	2Δ	4Δ	6Δ	4Δ	3Δ	3Δ	2Δ
编码	010	101	100	001	001	100	111	111	011	010	100	110	100	011	011	010

图 12-7　对模拟信号的采样、保持、量化和编码

另一种方法是取 $\Delta=2/15\text{V}$，凡在［0,1/15）区间内的模拟电压都当做 0Δ 对待，用二进制数000表示；在［1/15,3/15）区间内的当做 1Δ 对待，用001表示；……；在［13/15,14/15］区间内的当做 7Δ 对待，用111表示，如图12-7所示，这种方法为四舍五入法，最大量化误差为 $1/2\Delta$，即 1/15V。

2. 逐次逼近型A/D转换器

逐次逼近型A/D转换器的原理框图如图12-8a所示，包括比较器A、D/A转换器、寄存器、时钟脉冲源和控制逻辑等组成部分。

转换开始前先将寄存器清零，加到D/A转换器的数字量为全0。当转换控制信号 v_L 变为高电平时开始转换，时钟信号首先将寄存器的最高位置1，使之输出为10…00B，该数字量由D/A转换器转换成模拟电压 v_C，并送至比较器A与模拟输入进行比较，若 $v_C > v_I$，说明该数字量过大，这个1应舍去；若 $v_C < v_I$，说明该数字量过大，这个1应保留。然后使寄存器的次高位置1，并比较 v_C 与 v_I 的大小以确定是否应保留这一位1。如此重复直到寄存器的最低位为止，此时寄存器中所存的数字量就是所求的结果，比较过程示意图如图12-8b所示。

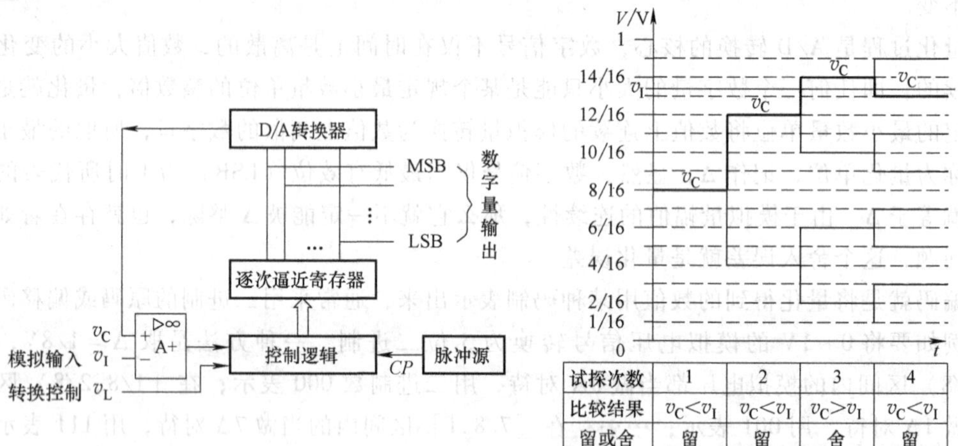

试探次数	1	2	3	4
比较结果	$v_C<v_I$	$v_C<v_I$	$v_C>v_I$	$v_C<v_I$
留或舍	留	留	舍	留
数字输出	1	1	0	1

a) 原理框图　　b) 转换过程示意图

图12-8　逐次逼近型A/D转换

逐次逼近型A/D转换器的特点是结构简单、功耗较低、精度高；转换时间固定，如果输出为 n 位二进制，完成一次转换的时间为 $n+2$ 个时钟信号周期的时间。目前该结构的产品已发展到12位、4MSPS和16位、2.5MSPS水平，SPS是指每秒采样次数（Samples Per Second）。逐次逼近型A/D转换器应用最为广泛，适用于高精度仪表及中等速度的数据采集和测量系统。

12.6.2　A/D转换器的主要技术指标

1. 分辨率

对于输出为 n 位二进制的A/D转换器，理论上应能区分 2^n 个不同等级大小的模拟电压输入，A/D转换器的分辨率就是模拟输入为满量程的 $1/2^n$ 时的电平值，如10位的A/D转换器，满量程为5V，其分辨率为$5V/2^{10}=4.88mV$。由于分辨率直接与A/D转换器的位数有关，所以一般可简单地用数字量的位数表示。

2. 量化误差

量化误差是A/D转换时由于取整所产生的固有误差，对于四舍五入量化法该误差在±1/2LSB之间。

3. 转换精度

A/D转换精度与D/A转换精度的定义相同，即分绝对精度（误差）和相对精度(误差)。

4. 转换时间

转换时间是指完成一次A/D转换所需的时间。A/D转换器的转换时间取决于转换电路的类型，相差悬殊。并联型A/D转换器的转换时间最短，可小于50ns；逐次逼近型A/D转换器的转换时间多在10～100μs；双积分型A/D转换器的转换时间多在数十毫秒至数百毫秒之间。

A/D转换器还有其他指标如：工作温度范围、电源敏感度、量程等。

12.7 LPC2138中的A/D转换器

LPC2138中ADC的主要特性如下：

1）2个10位逐次逼近式A/D转换器。

2）16路模拟输入通道。

3）测量范围$0\sim V_{REF}$。V_{REF}是参考电压，通常为3.3V；不能超过V_{DDA}电平。

4）10位转换最短时间2.44μs。

5）1路或多路Burst转换模式。

6）转换触发方式：引脚输入跳变触发或定时器匹配触发。

PCLK经分频后，为A/D转换器提供转换时钟。转换工作时钟频率的上限为4.5MHz。ADC完成一次10位的转换需要11个时钟周期。LPC2138芯片上与A/D相关的引脚见表12-3，与通道的对照表见表12-4。

表12-3　LPC2138芯片上与A/D相关的引脚

引　脚	类型	描　述
AD0.[7:0]/AD1:[7:0]	输入	模拟信号输入：A/D转换器可测量16个输入信号的电压
V_{REF}	参考	电压参考：为所有ADC提供电压参考电平
V_{DDA}，V_{SSA}	电源	模拟电源（V_{DDA}）和模拟地（V_{SSA}）：ADC专用3.3V电源和模拟地。使用中，V_{DDA}/V_{SSA}应该与V_{DD}/V_{SS}隔离，以减少噪声对转换过程的干扰

LPC2138提供的16路A/D输入引脚分成2组。每组拥有8路A/D输入以及独立的A/D转换器和相应的寄存器组，如图12-9所示。

表 12-4　A/D 输入通道与端口引脚对照表

端口引脚	A/D 输入通道	端口引脚	A/D 输入通道
P0.27	AD0.0	P0.6	AD1.0
P0.28	AD0.1	P0.8	AD1.1
P0.29	AD0.2	P0.10	AD1.2
P0.30	AD0.3	P0.12	AD1.3
P0.25	AD0.4	P0.13	AD1.4
P0.26	AD0.5	P0.15	AD1.5
P0.4	AD0.6	P0.21	AD1.6
P0.5	AD0.7	P0.22	AD1.7

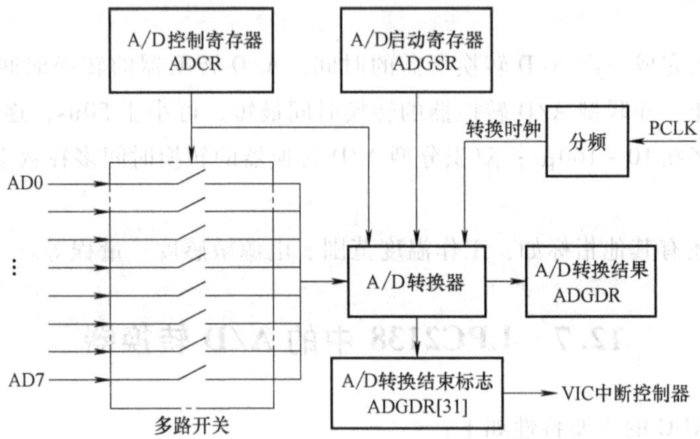

图 12-9　A/D 模块的寄存器功能

12.8　A/D 寄存器

A/D 寄存器见表 12-5。

表 12-5　A/D 寄存器

名称	描　述	存取方式	复位值	地址与名称	
				AD0	AD1
ADCR	A/D 控制寄存器：开始 A/D 转换前必须设置此寄存器来选择工作模式	读/写	1	0xE003 4000 ADOCR	0xE006 0000 AD1CR
ADGDR	数据寄存器：这个寄存器含有转换过程结束标志位（DONE）以及 10 位的转换结果	读/写	未定义	0xE003 4004 AD0GDR	0xE006 0004 AD1GDR
ADGSR	启动寄存器：设置这个寄存器可以使 AD0 或 AD1 各通道同时启动	只写	0	0xE003 4008 ADGSR	

12.8.1　A/D 控制寄存器

A/D 控制寄存器（ADCR）控制多路开关，输入的模拟电压通过多路开关进入转换器，如图 12-9 所示，各位的描述见表 12-6。在 ADCR 控制下，多路开关有两种接通模式：软件控制模式和引脚自动扫描模式。在软件控制模式下，一次只能选择 1 路 A/D 输入对其进行采样和转换；在硬件自动扫描模式下能够实现对多路 A/D 输入依次接通，实现多路输入的采样和转换，这就是所谓的 BURST 方式。

A/D 转换时钟是由 VPB 总线时钟 PCLK 分频后得到，分频值由寄存器中的 CLKDIV 设置。分频值计算公式为

$$CLKDIV = \frac{f_{PCLK}}{f_{ADCLK}} - 1$$

式中 f_{PCLK}——转换时钟频率；

f_{ADCLK}——由模拟信号频率特性和应用需求决定。在 LPC2138 中 f_{ADCLK} 的上限为 4.5MHz。

表 12-6　A/D 控制寄存器（AD0CR/AD1CR）

位	符号	描　述	复位值
7:0	SEL	从 AD0.7:0/AD1.7:0 中选择采样的引脚。第 0 位对应 AD0.0/AD1.0 引脚，第 7 位对应 AD0.7/AD1.7 引脚。引脚值为 1 表示对应引脚被选中 在软件控制模式下，只能选择 1 个引脚 在硬件扫描模式下，可以同时选择 1～8 个引脚	0x01
15:8	CLKDIV	A/D 转换时钟是通过对 VPB 时钟 PCLK 分频后得到的。A/D 转换时钟频率的上限为 4.5MHz。转换时钟 = f_{PCLK}/(CLKDIV + 1)	0
16	BURST	为 0 时，转换由软件控制，需要 11 个时钟完成转换；为 1 时，转换以 CLKS 位域规定的速度重复执行转换，并从 SEL 位域中为 1 的位对应引脚开始扫描。A/D 转换启动后，首先从 AIN 通道编号最低的通道开始，然后是编号高的通道。例如 SEL 中选中了 AN1、AN3、AN5，那么 A/D 转换器的采用次序是：AN1→AN3→AN5 清零这个位，完成了当前转换后结束重复转换	0
19:17	CLKS	这个位域用于选择 BURST 模式下每次转换使用的时钟数和 A/D 转换结果的有效位数。CLKS 可在 11 个时钟(10 位)～3 个时钟(3 位)之间选择： 000：11 个时钟，10 位 001：10 个时钟，9 位 010：9 个时钟，8 位 011：8 个时钟，7 位 100：7 个时钟，6 位 101：6 个时钟，5 位 110：5 个时钟，4 位 111：4 个时钟，3 位	000
20		保留。不要向保留位写入数据；读取保留位的值无意义	未定义
21	PDN	0：A/D 转换器处于掉线模式 1：A/D 转换器处于操作模式	0
23:22		保留。不要向保留位写入数据；读取保留位的值无意义	未定义
26:24	START	当 BURST 为 0 时，这个位域控制 A/D 转换启动时间 000：不启动(使用该值清零 PDN) 001：立即启动转换 010：当 EDGE 规定的边沿出现在 P0.16/EINT0.2/CAP0.2 引脚时启动 011：当 EDGE 规定的边沿出现在 P0.22/AD1.7/CAP0.0/MAT0.0 引脚时启动 100：当 EDGE 规定的边沿出现在 MAT0.1 引脚时启动 101：当 EDGE 规定的边沿出现在 MAT0.3 引脚时启动 110：当 EDGE 规定的边沿出现在 MAT1.0 引脚时启动 111：当 EDGE 规定的边沿出现在 MAT1.1 引脚时启动	0
27	EDGE	本位只有当 START 位域为 010～111 时才有意义 1：在所选 CAP/MAT 信号的下降沿启动转换 0：在所选 CAP/MAT 信号的上升沿启动转换	0
31:28		保留。不要向保留位写入数据；读取保留位的值无意义	未定义

12.8.2 A/D 数据寄存器

寄存器 AD0GDR/AD1GDR 各个位的含义见表 12-7。其中[16:5]位是转换结果，31 位是 DONE 标志位。读取转换结果时，首先要等待 DONE 置位。

表 12-7 A/D 数据寄存器（AD0GDR/AD1GDR）

位	符号	描述	复位值
5:0		保留。不要向保留位写入数据;读取保留位的值无意义	未定义
16:5	RESULT	当 DONE = 1 时,本位域包含 A/D 转换的结果	未定义
23:16		保留。不要向保留位写入数据;读取保留位的值无意义	未定义
26:24	CHN	CHN 位域指示 RESULT 所在的通道。000 表示通道 0,111 表示通道 7	未定义
29:27		保留。不要向保留位写入数据;读取保留位的值无意义	未定义
30	OVERRUN	BURST 模式下,如果有一个或多个转换结果丢失或被覆盖,本位置 1;读取 ADCR 寄存器,本位清零	0
31	DONE	A/D 转换完成标志。当 A/D 转换结束时该位被置 1;当读取这个寄存器或向 ADCR 写入时,该位清零。如果 ADCR 在转换过程中被写入,本位置 1 并启动一次新的转换	0

当一次转换结束时 DONE = 1，此时 ADC 通过 VIC 的 18 通道发出中断请求，如图 12-10 所示。当读取寄存器 AD0GDR/AD1GDR 时获取转换结果，DONE 被清零。

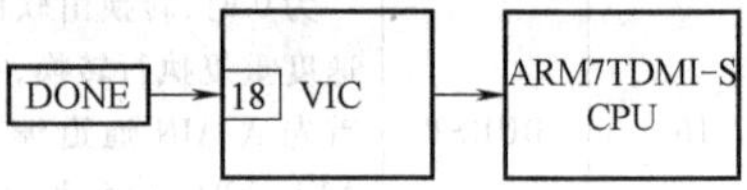

图 12-10 DONE 标志与中断

12.8.3 A/D 启动寄存器

与 AD0CR 或 AD1CR 不同的是，寄存器 ADGSR 可同时启动 2 个 ADC。这个寄存器中各个位的含义见表 12-8。

表 12-8 A/D 启动寄存器 ADGSR

位	符号	描述	复位值
15:0		保留。不要向保留位写入数据;读取保留位的值无意义	未定义
16	BURST	为 0 时,转换由软件控制,需要 11 个时钟完成转换;为 1 时,转换以 CLKS 位域规定的速度重复执行转换,并从 SEL 位域中为 1 的位对应引脚开始扫描。A/D 转换启动后,首先从 AIN 通道编号最低的通道开始,然后是编号高的通道。例如 SEL 中选中了 AN1、AN3、AN5,那么 A/D 转换器的采用次序是:AN1→AN3→AN5 清零这个位,完成了当前转换后结束重复转换	0
23:17		保留。不要向保留位写入数据;读取保留位的值无意义	未定义
26:24	START	当 BURST 为 0 时,这个位域控制 A/D 转换启动时间 000:不启动(使用该值清零 PDN) 001:立即启动转换 010:当 EDGE 规定的边沿出现在 P0.16/EINT0.2/CAP0.2 引脚时启动 011:当 EDGE 规定的边沿出现在 P0.22/AD1.7/CAP0.0/MAT0.0 引脚时启动 100:当 EDGE 规定的边沿出现在 MAT0.1 引脚时启动 101:当 EDGE 规定的边沿出现在 MAT0.3 引脚时启动 110:当 EDGE 规定的边沿出现在 MAT1.0 引脚时启动 111:当 EDGE 规定的边沿出现在 MAT1.1 引脚时启动	0
27	EDGE	本位只有当 START 位域为 010 ~ 111 时才有意义 1:在所选 CAP/MAT 信号的下降沿启动转换 0:在所选 CAP/MAT 信号的上升沿启动转换	0
31:28		保留。不要向保留位写入数据;读取保留位的值无意义	未定义

12.9 A/D 实例

如图 12-11 所示电路，LPC2138 引脚 AD0.1 通过一个可变电阻 RV1 与 3.3V 直流电源相连，通过调节可变电阻可改变引脚 AD0.1 电压。利用软件启动方式，循环对 AD0.1 引脚电压进行 A/D 转换，并利用 UART0 将转换结果输出。

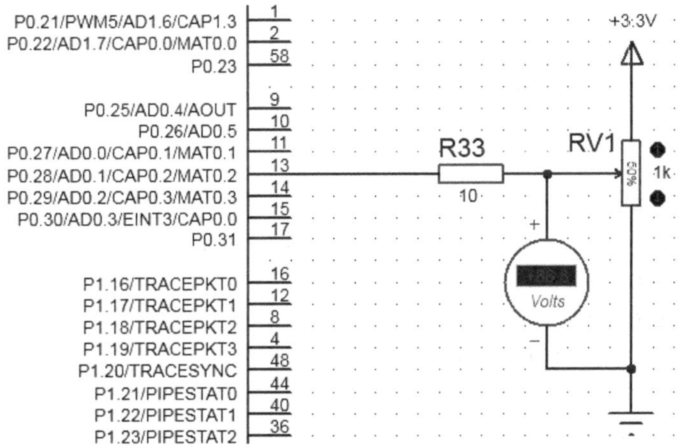

图 12-11　例题电路原理图

（1）UART0.h

```
#ifndef _UART0_H_
#define _UART0_H_
/* UART0 函数声明 */
void UART0Init(void);
void UART0SendString(char * );
#endif
```

（2）UART0.c

```
#include <LPC213X.H>
/****************************************************************
*   初始化 UART0,波特率 9600,8 个数据位,1 个停止位,无奇偶校验
* ------------------------------------------------------------
*   fosc = 11.059MHz, PLL 倍频数 M = 4, VPB 分频数 P = 4
*   fpclk = 11.059MHz = 11059000Hz
*   与 9600 波特对应的分频数 = 11059000/(16 * 9600) = 72
****************************************************************/
void UART0Init()
{
    /* DLAB = 1,设置除数锁存器 */
    U0LCR = 0x80;
    /* 分频数 72 */
    U0DLM = 0;
```

```
    U0DLL = 72;
    /* DLAB = 0,8 个数据位,1 个停止位,无奇偶校验 */
    U0LCR = 0x03;
}
/******************************************************************
*   通过 UART0 发送字符串
* --------------------------------------------------
*   参数:
*       char * str -指针待发送字符串
******************************************************************/
void UART0SendString(char * str)
{
    while(* str!='\0')
    {
        U0THR = * str++;
        /* 等待发送完成 */
        while((U0LSR & 0x40) == 0);
    }
}
```

(3) ADC.h

```
#ifndef _ADC_H_
#define _ADC_H_

typedef unsigned int     uint32;
typedef unsigned short   uint16;
typedef unsigned char    uint8;

/* A/D 控制寄存器 */
typedef union
{
    uint32 data;
    struct
    {
        uint32 sel          :8; /* 7:0*/
        uint32 clkdiv       :8; /* 15:8*/
        uint32 burst        :1; /* 16*/
        uint32 clks         :3; /* 19:17*/
        uint32              :1; /* 20*/
        uint32 pdn          :1; /* 21*/
        uint32              :2; /* 23:22*/
        uint32 start        :3; /* 26:24*/
        uint32 edge         :1; /* 27*/
        uint32              :4; /* 31:28*/
```

```
    } field;
} reg_ad_cr;

#define    Channel(n)   (1 << n)

/* A/D 数据寄存器 */
typedef union
{
    uint32 data;
    struct
    {
        uint32                  :6; /* 5:0*/
        uint32 result           :10; /* 15:6*/
        uint32                  :8; /* 23:16*/
        uint32 chn              :3; /* 26:24*/
        uint32                  :3; /* 29:27*/
        uint32 overrun          :1; /* 30*/
        uint32 done             :1; /* 31*/
    } field;
} reg_ad_gdr;

/* A/D 启动寄存器 */
typedef union
{
    uint32 data;
    struct
    {
        uint32                  :16; /* 15:0*/
        uint32 burst            :1; /* 16*/
        uint32                  :7; /* 23:17*/
        uint32 start            :3; /* 26:24*/
        uint32 edge             :1; /* 27*/
        uint32                  :4; /* 31:28*/
    } field;
} reg_ad_gsr;

/* A/D Converter 0 (AD0) */
#define rAD0CR          (* ((volatile reg_ad_cr * ) 0xE0034000))
#define rAD0GDR         (* ((volatile reg_ad_gdr * ) 0xE0034004))

/* A/D Converter 1 (AD1) */
#define rAD1CR          (* ((volatile reg_ad_cr * ) 0xE0060000))
#define rAD1GDR         (* ((volatile reg_ad_gdr * ) 0xE0060004))
```

```
/* A/D Converter Global */
#define rADGSR        (* ((volatile reg_ad_gsr * ) 0xE0034008))

#endif
```

(4) Main. c

```
#include    <LPC213X.H>
#include    <stdio.h>
#include    "UART0.h"
#include    "ADC.h"

/* VPB 时钟频率 */
const uint32 Fpclk = 11059000;

/*****************************************************************
*   延时函数
    *       参数:
    *         unit32 dly-毫秒数
*****************************************************************/
void Delay(uint32 dly)
{
    uint32  i;
    for(; dly > 0; dly--)
        for(i=0; i < 50000; i++);
}
/*****************************************************************
*   程序入口 main()
*****************************************************************/
int main(void)
{
    uint32 adc_data;
    char message[20] = {0};
    reg_ad_cr cr;
    uint8 chn;

    /* P0.0 选作 TxD0;P0.1 选作 RxD0 */
    PINSEL0 = 0x00000005;
    /* 初始化 UART0 */
    UART0Init();

    /* 设置引脚 P0.30/AD1 连接到 AD 功能 */
    PINSEL1 = 0x10000000;

    /* 初始化 AD0 */
    cr.field.sel = Channel(1);                 /* 选择通道 1,即 AD0.1 */
    cr.field.clkdiv = Fpclk / 1000000 - 1; /* 分频数,转换时钟频率约 1.1MHz */
```

```
    cr.field.burst = 0;                        /* 软件控制模式 */
    cr.field.clks = 0;                         /* 转换结果为10位数据 */
    cr.field.pdn = 1;                          /* 正常工作模式 */
    cr.field.start = 1;                        /* 立即启动 */

    /* 写入AD0CR */
    rAD0CR = cr;

    /* 主循环 */
    while(1)
    {
        /* 等待转换结束 */
        while(rAD0GDR.field.done == 0);

        /* 获取转换结果 */
        adc_data = rAD0GDR.field.result;
        /* 获取通道号 */
        chn = rAD0GDR.field.chn;
        /* 数据处理 */
        adc_data = adc_data * 3300;
        adc_data = adc_data / 1024;

        /* 从UART0输出结果 */
        sprintf(message, "AD0.%d:%5dmV\r\n", chn, adc_data);
        UART0SendString(message);
        Delay(10);

        /* 再次启动 */
        rAD0CR.field.start = 1;
    }
}
```

仿真结果如图12-12所示。

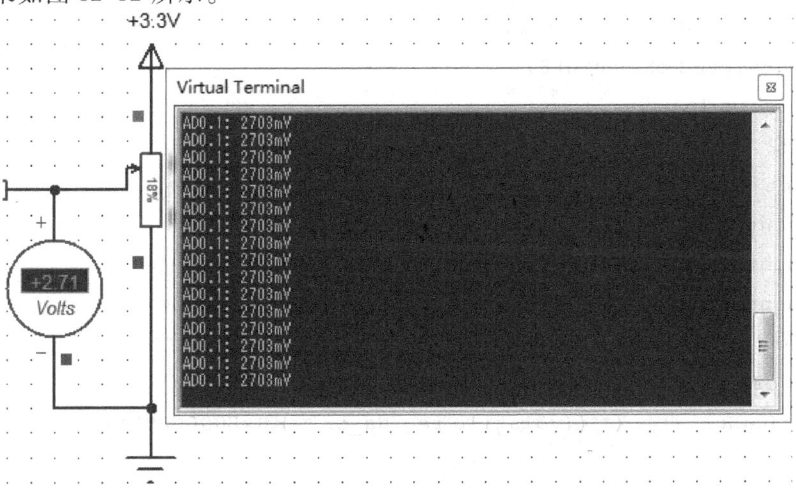

图12-12　仿真结果

习　　题

一、单项选择题

1. 某 8 位 D/A 转换芯片，其最大输出电压为 5V，若输入数据为 01H，则输出的电压为(　　)。

A. 1/255 ×5V　　B. 1/256 ×5V　　C. 255/256 ×5V　　D. 5V

2. 若使满量程电压为 5V 的 D/A 转换器的分辨率达到 10mV，该转换器的数字输入至少应有（　　）。

A. 8 位　　B. 10 位　　C. 12 位　　D. 16 位

3. 一个 10 位 A/D 转换器，满量程为 10V，绝对精度为 ±1/2LSB，则其分辨率约为(　　)。

A. 4.88mV　　B. 5mV　　C. 9.77mV　　D. 10mV

4. 在 A/D 转换中，输入模拟信号中最高频率分量是 10kHz，则最低采样频率为(　　)。

A. 5kHz　　B. 10kHz　　C. 20kHz　　D. 100kHz

二、填空题

1. 量程为 0~10V 的 10 位 A/D 转换器芯片，当输入电压信号为 5V 时，A/D 转换器对应的输出数据为______ H。

2. 一个 4 位 D/A 转换器，当输入码为 1001 时，产生 4.5V 的输出电压，若输入码为 0011 时，输出电压值为______。

3. 对于 A/D 转换器，输入的是在时间和幅值上______变化的模拟量，输出则是在幅值上______的数字量。

4. 逐次逼近型 A/D 转换器在一次转换中要进行多次比较，如果此过程输入信号变化超过 1LSB，还应在 A/D 转换器前加上______。

三、应用题

完善下面的程序，实现利用 D/A 输出三角波信号。

```
#include <LPC213X.H>
typedef unsigned int   uint32;
typedef unsigned char uint8;
typedef union {
    uint32  data;
    struct {
        uint32        :6;
        uint32  value:10;
        uint32  bias :1;
    } field;
} reg_da_cr; /* D/A 控制寄存器 */
#define rDACR        (* ((volatile reg_da_cr * ) 0xE006C000))

int main(void)
```

```
{
    uint32 aOut, i;
    PINSEL1 = 0x00080000; /* P0.25 置为 D/A 输出 */
    aOut = 0;
    while(________)
    {
        rDACR.      . ______ = aOut ++;
        if(aOut > 1022) aOut =______; /* 最大值为1023(10 位)*/
        for(i =0; i <300; i ++)
            ______;/* 延时,以便观察 */
    }
}
```

第 13 章　上机实验

13.1　C 语言程序设计实验

13.1.1　GCC 编译器

1. 下载并安装 GCC 编译器

1）在浏览器中键入网址：gcc. gnu. org，进入首页，如图 13-1 所示。

图 13-1　gcc. gnu. org 首页

2）单击“Download”栏目下的超链接：Binaries，进入 Installing GCC：Binaries 页面，如图 13-2 所示。

3）单击超链接：MinGW，进入 www. mingw. org 首页，单击按钮：“Download Installer”，如图 13-3 所示。

4）当如图 13-4 的页面出现后将弹出下载保存的“mingw-get-setup. exe”提示，若计时至 0 时仍无提示，请单击超链接：“direct link”。

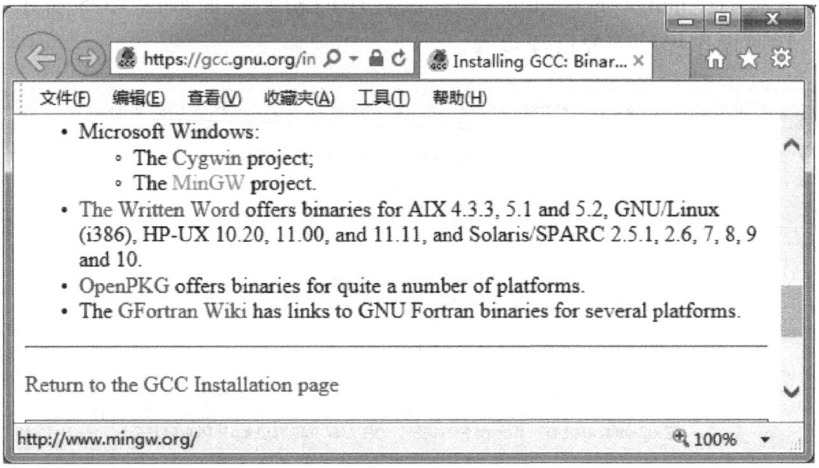

图 13-2 Installing GCC：Binaries 页面

图 13-3 www. mingw. org 首页

图 13-4 MinGW 下载页

5）运行下载的：mingw-get-setup. exe，该程序的初始页面如图 13-5 所示，单击“Install”按钮，按照操作提示完成后续步骤。

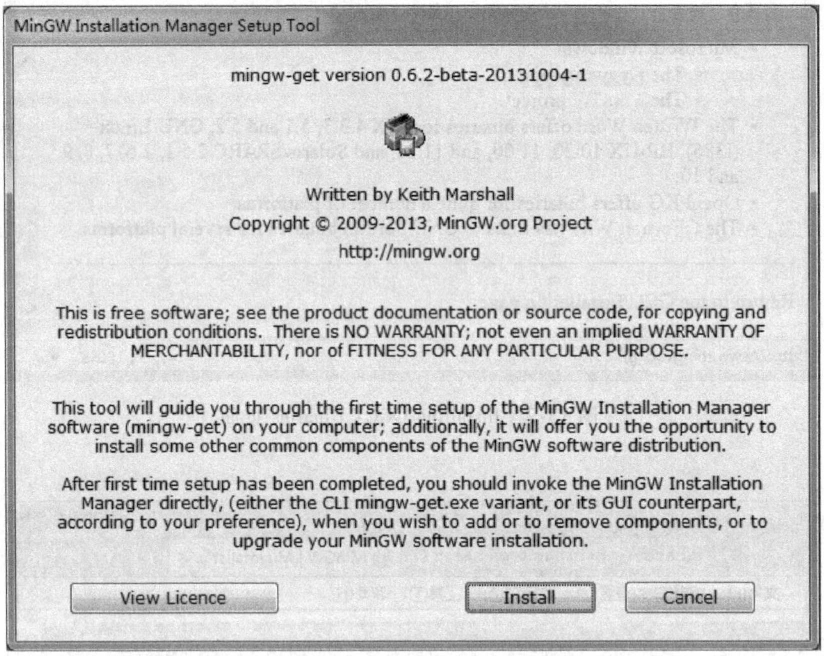

图 13-5　mingw-get-setup 程序的初始画面

2. 配置 GCC 编译器

若操作系统为 Windows 7，GCC 安装文件夹是“C:\MinGW”，配置环境变量的步骤如下：

1）右键单击桌面上的“计算机”图标。

2）在右键菜单中选择：“属性”。

3）在弹出窗口中单击链接：“高级系统设置”。

4）在“系统属性”窗口中单击“环境变量”按钮。

5）在“环境变量”对话框中的“系统变量”列表中选中变量名为“Path”的行，然后单击“编辑”按钮。

6）在“编辑系统变量”对话框中的变量值一栏的末尾添加引号中的文本：“C:\MinGW\bin;”，然后单击“确定”按钮。

7）在“环境变量”对话框中，单击“系统变量”列表下方的“新建”按钮。

8）在“新建系统变量”对话框中，变量名一栏填写：LIBRARY_PATH，变量值一栏填写：C:\MinGW\lib；然后单击“确定”按钮。

9）按照步骤 7 和 8，新建系统变量：C_INCLUDE_PATH，其值为：C:\MinGW\include。

3. 运行 GCC 编译器

启动“命令提示符”程序：单击任务栏上的“开始”按钮；选择“所有程序”菜单；选择“附件”菜单；选择“命令提示符”菜单。

在“命令提示符”窗口中输入：gcc -v，然后回车，若 GCC 已经成功安装并配置好，会显示其版本信息。

4. GCC 编译器的基本使用方法

1）GCC 默认的文件扩展名有以下几种：

① .c，C 源程序文件。

② .h，头文件。

③ .i，预处理后的 C 源程序文件。

④ .s，汇编语言源程序。

⑤ .o，目标文件。

2）GCC 命令的基本格式为：gcc -参数选项 文件名 ...，其中参数选项可省略。

① gcc hello.c，含义如下：

编译并链接 hello.c，生成名为 a.exe 的程序。

② gcc -o hello.exe hello.c 或 gcc hello.c -o hello.exe，含义如下：

编译并链接 hello.c，生成名为 hello.exe 的程序。

③ gcc -E hello.c -o hello.i，含义如下：

对 hello.c 进行预处理，预处理的结果输出到文件：hello.i。

④ gcc -S hello.c，含义如下：

对 hello.c 进行预处理和编译，生成名为 hello.s 的文件。

13.1.2 实验 1：求最大公约数程序设计

1. 实验目的

熟悉和掌握 while 语句、格式化输入的 scanf 函数、格式化输出的 printf 函数。

2. 实验环境

本实验要求计算机中安装有 Windows 系列操作系统、GCC 编译器。

3. 实验步骤

1）编辑源程序：在纯文本编辑软件（如记事本程序）中录入程序，然后保存，文件名为 gcd.c。假设该文件保存在“X：\微型计算机原理与接口技术\例题与习题\CH13\C_EX1”目录（即文件夹）中。

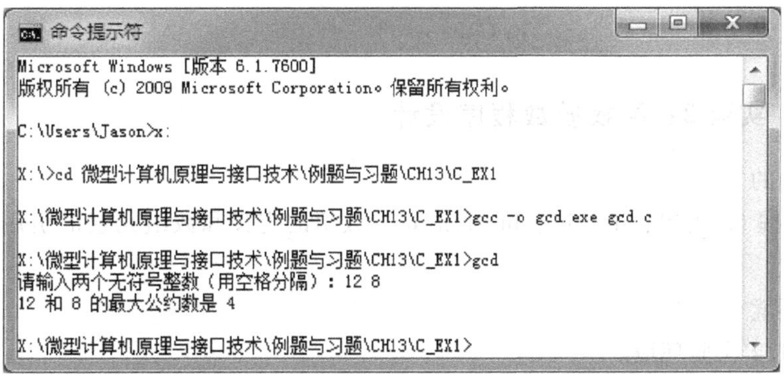

图 13-6 切换盘符和路径、编译、运行过程

2）启动“命令提示符”程序。

3）切换盘符和路径：在“命令提示符”窗口中键入盘符，如“x:”；键入路径，如“cd 微型计算机原理与接口技术\例题与习题\CH13\C_ EX1”。

4）编译：在“命令提示符”窗口中键入“gcc gcd. c”或“gcc -o gcc. exe gcd. c”。

5. 运行：在“命令提示符”窗口中键入“gcd”，然后键入“12 8”。

上述3）~5）步在“命令提示符”窗口中的键入过程如图 13-6 所示。

4. 参考程序

```
#include <stdio.h>

int main(void)
{
    unsigned gcd(unsigned u, unsigned v);
    unsigned u, v;
    unsigned t;

    printf("请输入两个无符号整数(用空格分隔):");
    scanf("%u %u", &u, &v);
    printf("%u 和 %u 的最大公约数是 %u\n", u, v, gcd (u, v));
}

/* gcd: 找出两个非负整数 u 和 v 的最大公约数 */
unsigned gcd (unsigned u, unsigned v)
    {
    unsigned t;
    while (v)
    {
      t = u % v;
      u = v;
      v = t;
    }
    return u;
}
```

13.1.3 实验2：寻找质数程序设计

1. 实验目的

熟悉和掌握 for 语句、if 语句、break 语句、数组的定义和数组元素的引用、格式化输出的 printf 函数。

2. 实验环境

参见 13.1.2 实验环境。

3. 实验步骤

参见 13.1.2 实验步骤，设该程序的源文件名为 prime. c，则编译命令如下：

gcc -o prime.exe prime.c

4. 参考程序

```
#include <stdio.h>

int main(void)
{
    const int pmax = 50;   /* 质数序列项数 */
    int p[pmax];           /* 质数数组定义 */
    int n, i, is_prime, pindex;

    p[0] = 2;       /* 第 1 个质数 */
    p[1] = 3;       /* 第 2 个质数 */
    pindex = 2;  /* 下一个质数在数组中的位置 */
    for(n = 5; pindex < pmax; n += 2)     /* 循环求剩余 48 个质数 */
    {
      is_prime = 1;     /* 假定 n 为质数 */
      for(i = 1; n / p[i] >= p[i]; i ++)  /* 判定 n 是否存在质因子 */
      {
        if( n % p[i] == 0)     /* p[i]是 n 质数因子 */
        {
            is_prime = 0;          /* n 不是质数 */
            break;                 /* 终止循环 */
        }
    }

    if(is_prime)             /* n 是质数 */
        p[pindex ++] = n; /* 存储 n 到质数数组中,递进下一个质数位置 */
}

    printf("前 50 个质数是:\n");
    for (i = 0; i < pmax; i ++)
        printf ("%d; ", p [i]);
    printf ("\n");
}
```

13.1.4 实验 3：数组排序程序设计

1. 实验目的

掌握冒泡法排序的算法，巩固 for 语句、if 语句、break 语句、数组的定义和数组元素的引用、格式化输出的 printf 函数。

2. 实验环境

参见 13.1.2 实验环境。

3. 实验步骤

参见 13.1.2 实验步骤，设该程序的源文件名为 bubble.c，则编译命令如下：

```
gcc -o bubble.exe bubble.c
```

4. 参考程序

```
#include <stdio.h>

void bubble_sort(int v[], int n);
void display(int v[], int n);

int main(void)
{
    int a[10], n = sizeof(a) / sizeof(int), i;

    for(i = 0; i < n; i ++)
    {
        printf("请输入第 %d 个整数并回车:", i + 1);
        scanf("%d", &a[i]);
    }

        bubble_sort(a, n); /* 冒泡法排序 */

        printf("\n 排序完成后: ");
        display (a, n);

        return 0;
}

void bubble_ sort (int v [], int n) /* 冒泡法排序 */
{
    int i, j, t;
    int exchanged;

    for (i = 0; i < (n -1); i ++) /* n -1 次扫描 */
    {
        exchanged = 0;
        for (j = (n -1)  -1; j >= i; j--) /* 从次末元素开始到 i 号元素, */
        if (v [j] > v [j +1]) /* 比较相邻元素，前者大于后者则交换之 */
         {
              t = v [j];
              v [j] = v [j +1];
              v [j +1] = t;
              exchanged = 1;
         }
```

```
        printf ("第 %d 次扫描后: ", i + 1);
        display (v, n);

        if (! exchanged)
            break;
        }
}

void display (int v [], int n) /*  显示数组的各个元素 */
{
        int i;
        for (i = 0; i < n; i ++)
            printf ("%d, ", v [i]);
        printf ("\n");
}
```

5. 思考

参考程序调试通过后，第一次运行时输入的 10 个整数为 10、9、8、7、6、5、4、3、2、1，请观察运行结果。第二次运行时输入的 10 个整数为 1、2、3、4、5、6、7、8、9、10，请观察运行结果。比较两次运行结果的异同。

请删除，或注释参考程序中粗体字部分，重复上述过程，比较两次运行结果的异同。请思考变量 exchanged 的作用。

13.1.5 实验 4：递归函数设计

1. 实验目的

熟悉和掌握递归函数的定义与调用，巩固 printf 函数。

前 15 个斐波那契（Fibonacci）为 0，1，1，2，3，5，8，13，21，34，55，89，144，233，377，其计算公式为 $f(n)=\begin{cases}0 & n=0\\1 & n=1\\f(n-2)+f(n-1) & n>1\end{cases}$。

2. 实验环境

参见 13.1.2 实验环境。

3. 实验步骤

参见 13.1.2 实验步骤，设该程序的源文件名为 fib. c，则编译命令如下：

```
gcc -o fib.exe fib.c
```

4. 参考程序

```
#include <stdio.h>

int fibonacci(int n);

int main(void)
{
```

```
    int i;

    printf("前 15 个斐波那契数为:\n");
    for (i = 0; i < 15; i ++)
        printf ("%d\t%d\n", i, fibonacci (i));

    return 0;
}

int fibonacci (int n) /*  第 n 个斐波那契数 */
{
    if (n == 0) return 0;
    else if (n == 1) return 1;
    else return fibonacci (n - 2) + fibonacci (n - 1);
}
```

13.1.6 实验 5：字符串操作程序设计

1. 实验目的

熟悉和掌握指针的概念及应用，掌握常用字符串函数的实现，掌握一个程序中多个函数的设计方法。

2. 实验要求

输入并保存两个字符串，每输入完一个字符串后以字符串常数的形式显示，并显示其长度；显示两个字符串比较的结果；将第二个字符串拼接到第一个字符串的尾部，并显示；统计拼接后字符串中大写字母、小写字母、数组、其他字符的数量，并显示。运行结果例如：

```
请输入不超过 50 个字符的字符串(以空格、回车、Tab 结束):
12345! @ # $ %
"12345! @ # $ % "的长度为:10
请输入不超过 50 个字符的字符串(以空格、回车、Tab 结束):
qwertQWERT
" qwertQWERT "的长度为:10
两个字符串不同
拼接后的字符串为:"12345! @ # $ % qwertQWERT "
其中大写字母有 5 个,小写字母有 5 个,数字有 5 个,其他字符有 5 个。
```

3. 实验环境

参见 13.1.2 实验环境。

4. 实验步骤

参见 13.1.2 实验步骤，设该程序的源文件名为 strings.c，则编译命令如下：

```
gcc -o strings.exe strings.c
```

5. 参考程序

```
#include <stdio.h>
/* 请完善下面省略的函数声明 */
```

```
…

int main(void)
{
    char s1[101], s2[51], * p;
    int nbof_upper, nbof_lower, nbof_digit, nbof_other;

    printf("请输入不超过50个字符的字符串(以空格、回车、Tab结束):\n");
    scanf ("%s", s1);
    printf ("\"%s\"的长度为:%d\n", s1, str_len(s1));

    printf("请输入不超过50个字符的字符串(以空格、回车、Tab结束):\n");
    scanf ("%s", s2);
    printf ("\"%s\"的长度为:%d\n", s2, str_len(s2));

    printf("两个字符串%s\n", str_cmp(s1, s2) == 0 ? "相同" : "不同");

    str_cat(s1, s2);
    printf("拼接后的字符串为:\"%s\"\n", s1);

    nbof_upper = nbof_lower = nbof_digit = nbof_other = 0;
    for(p = s1; * p != '\0'; p ++)
    {
        if(is_upper(* p))
            nbof_upper ++;
        else if(is_lower(* p))
            nbof_lower ++;
        else if(is_digit(* p))
            nbof_digit ++;
        else
            nbof_other ++;
    }
    printf("其中大写字母有%d个,小写字母有%d个,数字有%d个,其他字符有%d个。\n"
        , nbof_upper, nbof_lower, nbof_digit, nbof_other);

    return 0;
}

int is_upper(char c) /* c为大写字母时返回1,否则返回0 */
{
        if(c >= 'A' && c <= 'Z')
            return 1;
    return 0;
```

```
}
int is_lower(char c) /*  c 为小写字母时返回 1,否则返回 0 */
    {
    /* 请根据函数 is_upper 的定义,完善该函数 */
}
int is_digit(char c) /*  c 为数字时返回 1,否则返回 0 */
{
    /* 请根据函数 is_upper 的定义,完善该函数 */
}
int str_len(char * s) /*  计算字符串 s 长度 */
{
    /* 请参见 6.4 节,完善该函数 */
}
int str_cmp(char * s, char * t) /*  字符串 s 与 t 相等返回 0;s < t 时返回负数;s > t 时返回正数
*/
{
    /* 请参见 6.4 节,完善该函数 */
}
void str_cat(char * s, char * t) /*  将字符串 t 拼接到字符串 s 尾部 */
{
    /* 请参见 6.4 节,完善该函数 */
}
```

13.1.7 实验 6：环形缓冲区程序设计

1. 实验目的

熟悉和掌握由多个源文件组成程序的设计方法，熟悉和掌握 switch 语句、外部变量定义和声明、宏替换、条件编译。

2. 环形缓冲区

环形缓冲区是嵌入式系统中十分重要的一种数据结构，如在串行通信中发送方将环形缓冲区中数据逐一取出通过串行接口发送出去，而接收方将收到的数据依次置入环形缓冲区中，待检测到收到一个完整的数据帧后通知上位进行处理。环形缓冲区是一个先进先出（First In First Out，FIFO）的队列，如图 13-7 所示。

环形缓冲区占用内存中一块连续的地址空间，可用一个数组来定义。数据只能从尾部添加，从头部获取，如图 13-7 d 所示。缓冲区为空时如图 13-7a 所示，此时头尾的位置相同；缓冲区为满时如图 13-7c 所示，此时头尾紧邻。若一个缓冲区有 25 个数据项，为了能区分空和满的状态，缓冲区实际上只能存储 24 个数据项。

环形缓冲区的基本操作及函数原型如下：

1）获取缓冲区是否为空的状态，函数原型为 int is_empty(void)。

2）获取缓冲区是否已满的状态，函数原型为 int is_full(void)。

3）获取缓冲区数据项数量，函数原型为 int get_size(void)。

4）获取缓冲区容量，即最大数据项数，函数原型为 int get_capacity(void)。

5）向缓冲区添加一个数据项，函数原型为 void push(char e)。

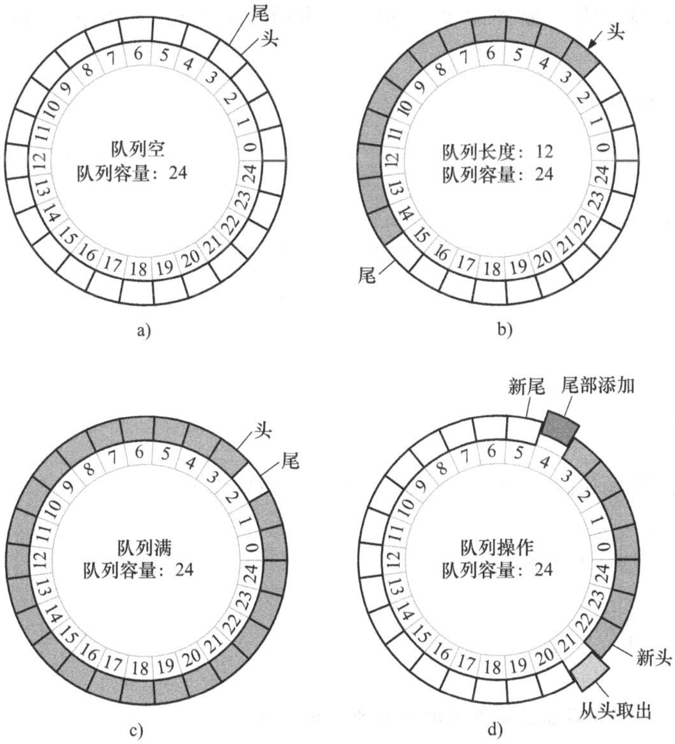

图 13-7　环形缓冲区

6）从缓冲区取出一个数据项，函数原型为 char pop(void)。

7）清空缓冲区，函数原型为 void clear(void)。

8）显示缓冲区内容及状态，函数原型为 void display(void)。

环形缓冲区以及缓冲区的头尾位置为外部变量，以便于上述诸函数操作。其定义如下：

```
char m_ring_buff[BUFF_SIZE]; /* 环形缓冲区 */
int m_ front = 0;       /* 头部位置 */
int m_ rear = 0;        /* 尾部位置 */
```

3. 实验要求

编程实现环形缓冲区的基本操作，程序分为多个源文件：

1）在 rbop. c 中实现：push、pop、clear、display 函数的定义。

2）在 rbst. c 中实现：is_empty、is_full、get_size、get_capacity 函数的定义。

3）在 rbvd. c 中实现：m_ring_buff、m_front、m_rear 外部变量的定义。

4）在 rbuff. h 中完成环形缓冲区大小的符号常量的定义、函数声明、外部变量声明。

5）在 main. c 中实现：扫描输入的字符串，遇到“+”则其后的字符被添加到环形缓冲区中，遇到“-”则从缓冲区中移出一项，遇到“!”则结束程序，如输入的字符串为 +A +B- +C +D-- +E- +F!，则最后缓冲区内容及状态应为缓冲区：[E F]；头：4；尾：6；占用：2；容量：24。

4. 实验环境

参见 13. 1. 2 实验环境。

5. 实验步骤

参见 13.1.2 实验步骤，编译命令为 gcc -o rbuff.exe main.c rbop.c rbst.c rbvd.c。

6. 参考程序

（1）源文件：main.c

```
#include "rbuff.h"

int main(void)
{
    char s[100];
    int i, stopped = 0;

while(! stopped)
{
    printf("输入字符串(如:+A+B-+C+D--+E-+F!):\n");
    scanf("%s", s);
    for(i = 0; s[i] != '\0'; i++)
    {
        switch(s[i])
        {
        case '+': /*  +后面的字符将被添加到缓冲区中 */
            i++;
            push(s[i]);
            display();
            break;
        case'-': /* 从缓冲区移除一项 */
            pop();
            display();
            break;
        case'!': /* 结束程序运行 */
            stopped = 1;
            break;
        default:
            break;
        }
    }
}
return 0;
}
```

（2）源文件：rbop.c

```
#include "rbuff.h"

void push(char e) /* 向缓冲区添加一个数据项 */
{
```

```
        if(is_full())
            return;                         /* 缓冲区满,无法添加,返回 */
        /* 缓冲区不满 */
        m_ring_buff[m_rear] = e;            /* 将字符 e 添加到尾部 */
        ++m_rear;                           /* 递进新尾部位置 */
        m_rear %= BUFF_SIZE;                /* 绕回新尾部位置*/
}
char pop(void) /* 从缓冲区取出一个数据项 */
{
    char e = INVALID_ELEM;      /* 缓冲区为空时返回无效字符 */
    if(! is_empty())    /* 缓冲区非空 */
    {
        e = m_ring_buff[m_front];           /* 从头部取出一个字符 */
        ++m_front;                  /* 递进新头部位置 */
        m_front %= BUFF_SIZE;/* 绕回新头部位置 */
    }
    return e;/* 返回取到的字符,或无效字符 */
}
void clear(void) /* 清空缓冲区 */
{
    m_rear = m_front = 0;
}
void display(void) /* 显示缓冲区内容及状态 */
{
    int i = m_front;
    printf("缓冲区:[ ", m_ring_buff[i]);
    while(i != m_rear)
    {
        printf("%c ", m_ring_buff[i]);
        i ++;
        i %= BUFF_SIZE;
    }
    printf("]; 头:%d; 尾:%d; 占用:%d; 容量:%d\n"
        , m_front, m_rear, get_size(), get_capacity());
}
```

（3）源文件：rbst.c

```
#include "rbuff.h"

int is_empty(void) /* 获取缓冲区是否为空的状态 */
{
     return (m_front == m_rear);
}
    int is_full(void) /* 获取缓冲区是否已满的状态 */
```

```
    {
    return (m_rear + 1) % BUFF_SIZE == m_front;
}
int get_size(void) /* 获取缓冲区数据项数量 */
    {
    if (m_rear < m_front)
        return BUFF_SIZE -m_front + m_rear;
    else
        return m_rear -m_front;
}
int get_capacity(void) /* 获取缓冲区容量 */
{
    return BUFF_SIZE -1;
}
```

（4）源文件：rbvd. c

```
#include "rbuff.h"

/* 外部变量定义 */
char m_ring_buff[BUFF_SIZE];               /* 环形缓冲区 */
int m_front = 0;                           /* 头部位置 */
int m_rear = 0;                            /* 尾部位置 */
```

（5）头文件：rbuff. h

```
#ifndef_RBUFF_H_
#define_RBUFF_H_

#include <stdio.h>

/* 常数定义 */
#define BUFF_SIZE    25                    /* 环形缓冲区大小的符号常量 */
#define INVALID_ELEM(-1)                   /* 表示无效数据项的符号常量 */

/* 函数声明 */
int is_empty(void);                        /* 获取缓冲区是否为空的状态 */
int is_full(void);                         /* 获取缓冲区是否已满的状态 */
int get_size(void);                        /* 获取缓冲区数据项数量 */
int get_capacity(void);                    /* 获取缓冲区容量 */

oid push(char e);                          /* 向缓冲区添加一个数据项 */
char pop(void);                            /* 从缓冲区取出一个数据项 */
void clear(void);                          /* 清空缓冲区 */
void display(void);                        /* 显示缓冲区内容及状态 */

/* 外部变量声明 */
```

```
extern char m_ring_buff[BUFF_SIZE];   /* 环形缓冲区 */
extern int m_front;                   /* 头部位置 */
    extern int m_rear;                /* 尾部位置 */

#endif
```

13.1.8 实验7：链表程序设计

1. 实验目的

巩固由多个源文件组成程序的设计方法，熟悉和掌握结构的概念及应用、用typedef定义类型名、外部变量定义和声明、指针、数组。

2. 实验要求

请将7.5节中介绍的有关链表、队列、堆栈的程序在计算机上调试、运行。

3. 实验环境

参见13.1.2实验环境。

4. 实验步骤

参见13.1.2实验步骤，编译命令如下：

```
gcc -o quest.exe main.c linklist.c queue.c stack.c
```

5. 参考程序

源文件：main.c、LinkList.c、LinkList.h、Queue.c、Queue.h、Stack.c和Stack.h请参见7.5.3节。

13.2 LPC2138微控制器实验

13.2.1 Keil μVision和Proteus简介

1. Keil μVision

Keil公司是一家在业界领先的微控制器（Micro Controller Unit，MCU）软件开发工具的独立供应商。Keil公司开发和销售的开发工具包括ANSI C编译器、宏汇编程序、调试器、链接器、库管理器、固件和实时操作系统核心。Keil公司2005年被ARM公司收购。

μVision是Keil公司开发的一个集成开发环境（IDE），包括工程管理、源代码编辑、编译设置、下载调试和模拟仿真等功能，μVision目前有μVision2、μVision3、μVision4、μVision5四种版本，它提供一个集成的环境以易于开发者操作。μVision通用于Keil的开发工具中，如MDK、PK51、PK166、DK251等。

微控制器开发套件（Microcontroller Development Kit，MDK），也称MDK-ARM、Keil MDK、RealView MDK、Keil For ARM，ARM公司现在统一称为MDK-ARM。MDK的设备数据库中有很多厂商的芯片，MDK是一种开发微控制器的工具，用以满足嵌入式软件开发的工程师需求，目前支持ARM7、ARM9、Cortex-M4/M3/M1和Cortex-R0/R3/R4等ARM微控制器内核。

PK51，即Keil C51，是基于μVision IDE并支持绝大部分8051内核的微控制器开发工具。PK166，即 Keil C166，是基于 μVision IDE 并支持绝大部分 XC16x、C16x 和 ST10 系列的微控制器开发工具。DK251，即 Keil C251，是基于 μVision IDE 并支持绝大部分基于 251 核的微控制器的开发工具。

Keil 公司目前有四款独立的嵌入式软件开发工具，即 MDK、PK51、PK166、DK251，均基于 μVision 集成开发环境。

Keil 公司的官方网址为 www. keil. com，可从其下载第 5 版的微控制器开发套件（MDK Version 5）试用并学习，若进行商业性开发应购买正版的开发工具。

2. Proteus

Proteus 是英国 Lab Center Electronics 公司开发的电子设计自动化（Electronic Design Automatic，EDA）工具软件，Proteus 集电路仿真、印制电路板（Printed Circuit Board，PCB）布局设计和虚拟模型仿真于一身，其支持的处理器包括 8051、HC11、PIC10/12/16/18/24/30/DsPIC33、AVR、ARM、8086、MSP430、Cortex 和 DSP 等，在编译方面支持 IAR、Keil 和 MATLAB 等多种编译器。

Proteus 的主要功能包括电路原理图布局、PCB 自动或人工布线、电路级模拟仿真（Simulation Program with Integrated Circuit Emphasis，SPICE）等。在绘制好原理图后，调入已编译好的目标代码文件，如 *. hex，就可以在 Proteus 的原理图中看到模拟的实物运行状态和过程。

Lab Center Electronics 公司官方网址为 www. labcenter. com，可从其下载教学演示版来学习。

13.2.2 在 Keil μVision 的 IDE 中进行程序设计

本小节以 9.5.1 节中点亮 P1.16 外接的一个发光二极管为例，介绍在 Keil μVision 的

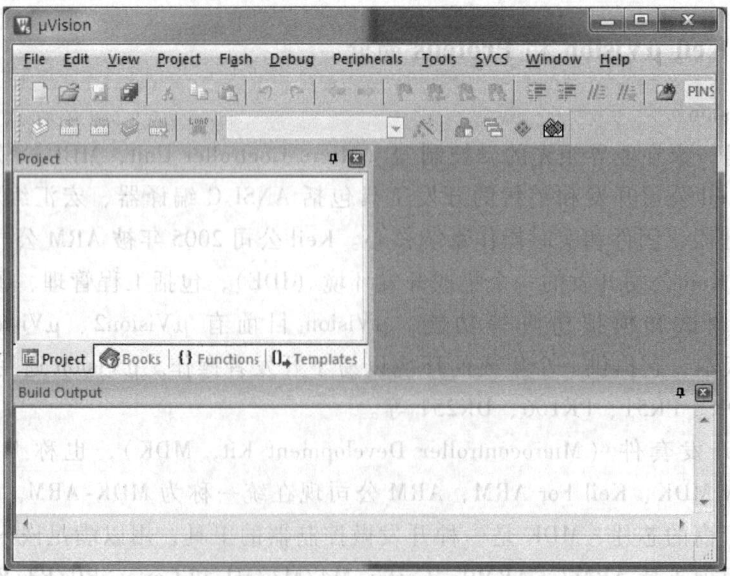

图 13-8 μVersion5 启动后的画面

IDE 中进行程序设计的步骤。

1. 新建工程

1）启动 Keil μVersion5，如图 13-8 所示。

2）选择菜单："Proect" → "New μVersion Project…"，操作如图 13-9 所示。

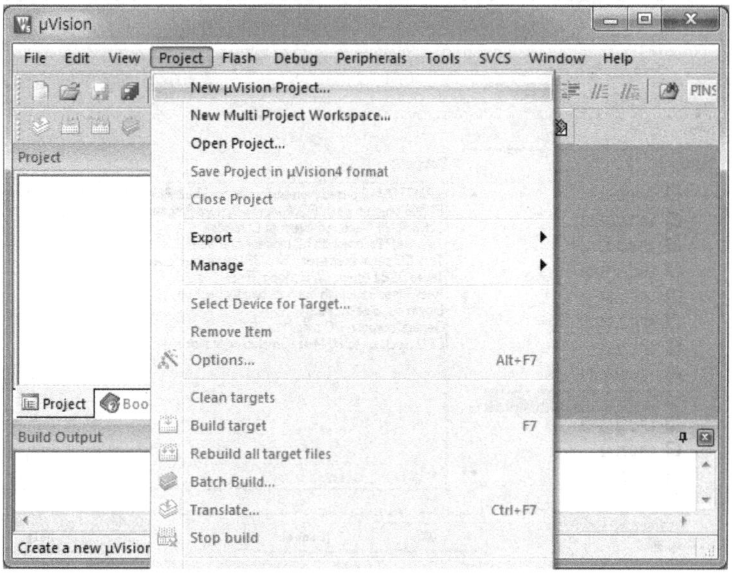

图 13-9　新建工程操作

3）如图 13-10 所示，在"Create New Project"对话框中选择保存新工程的文件夹，或创建一个新文件夹用来保存新工程，然后键入工程的名称：myfirst，之后单击"保存"按钮。

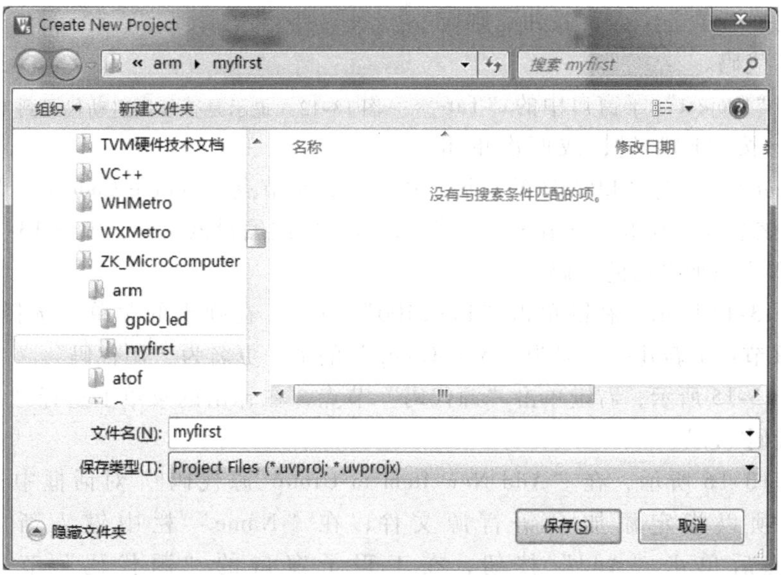

图 13-10　设置新工程的存储位置

4）如图 13-11 所示，在“Select Device for Target ' Target 1 '…”对话框中左侧的设备树上展开“NXP”节点，然后选择“LPC2138”，右侧的描述框中将显示 LPC2138 的基本特性，之后单击“OK”按钮。

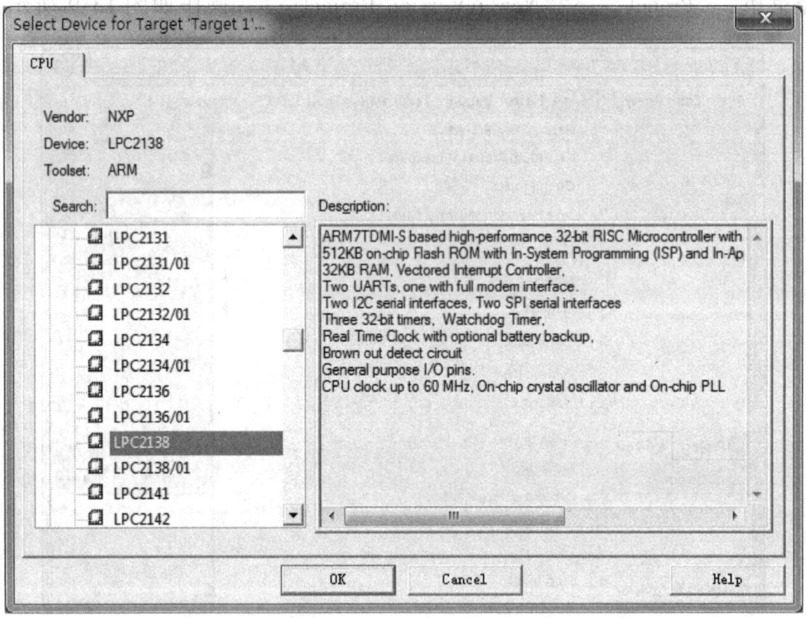

图 13-11　选择芯片

5）当出现 μVersion 的询问“是否复制启动代码到工程文件夹并添加该文件”的对话框时单击“是”按钮，如图 13-12 所示，让 Keil μVersion 来完成适合所选设备的启动代码，若单击“否”按钮，则应自行编写启动代码。

图 13-12　提示是否复制启动代码到工程文件夹

6）选择“Project”子窗口中的“Target 1”节点，按“F2”键，或两次单击之，将“Target 1”改为“LPC2100”。展开该节点，将节点“Source Code 1”更名为“启动代码”，展开该节点，双击“Startup. s”节点，可浏览或编辑该文件，如图 13-13 所示。

2. 向工程中添加自己的代码

1）如图 13-14 所示，右键单击“LPC2100”节点，在弹出的菜单上选择“Add Group ...”，将在该节点下新建一个名为“New Group”的组，更名为“源代码”。

2）如图 13-15 所示，右键单击“源代码”节点，在弹出的菜单上选择“Add New Item to Group '源代码' ...”。

3）如图 13-16 所示，在“Add New Item to Group '源代码'”对话框中选择“C File (. c)”列表项以指定添加 C 语言源文件，在“Name”栏中键入新文件的名称“main. c”，然后单击“Add”按钮，在工程子窗口的“源代码”节点下将出现“main. c”节点。

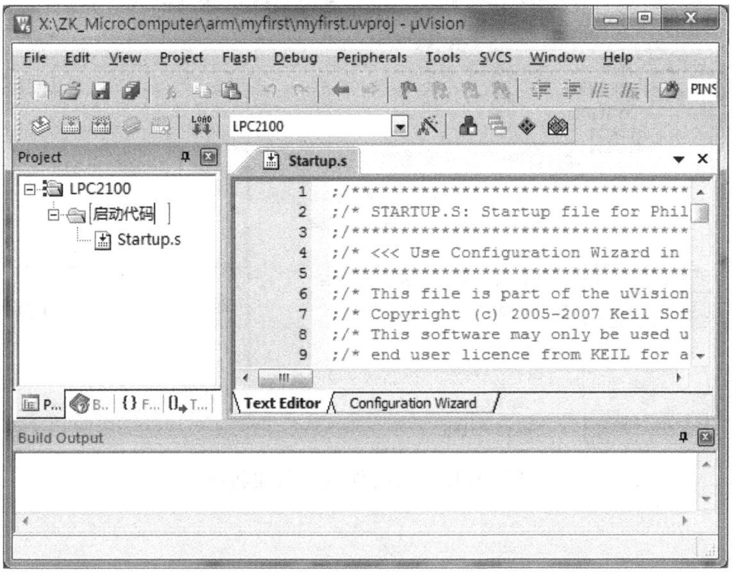

图 13-13　修改工程目标和文件组

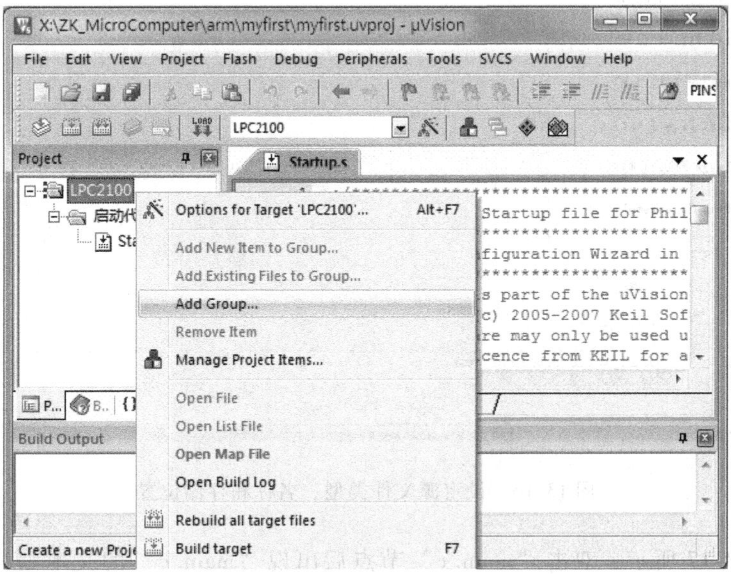

图 13-14　添加文件组

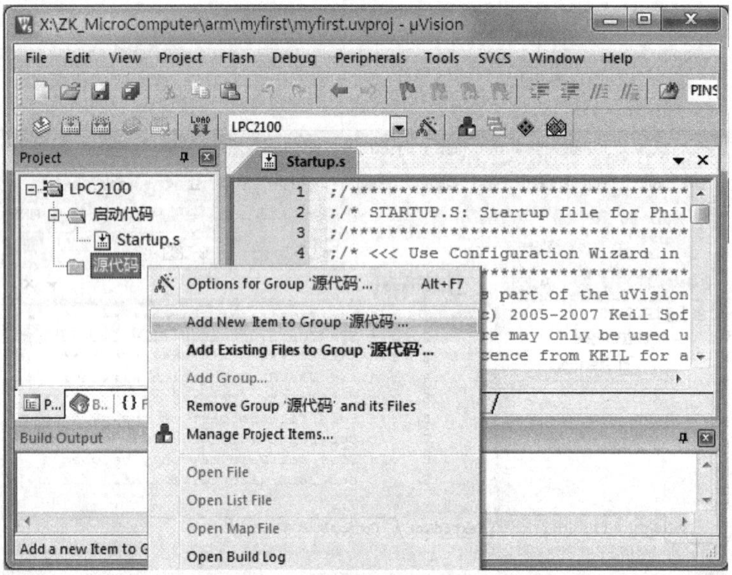

图 13-15　向文件组中添加新项

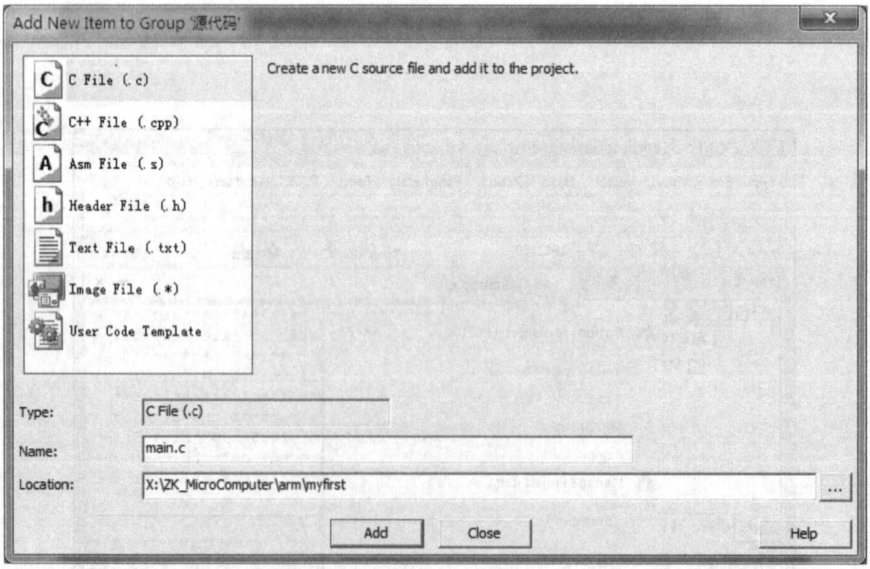

图 13-16　设定源文件类型、名称和存储位置

4）如图 13-17 所示，双击“main. c”节点后出现“main. c”的文本编辑器，在空白处单击右键，在弹出的菜单上选择“Insert '#include < LPC213X. H >'”，“main. c”的第一行将是#include < LPC213X. H >。

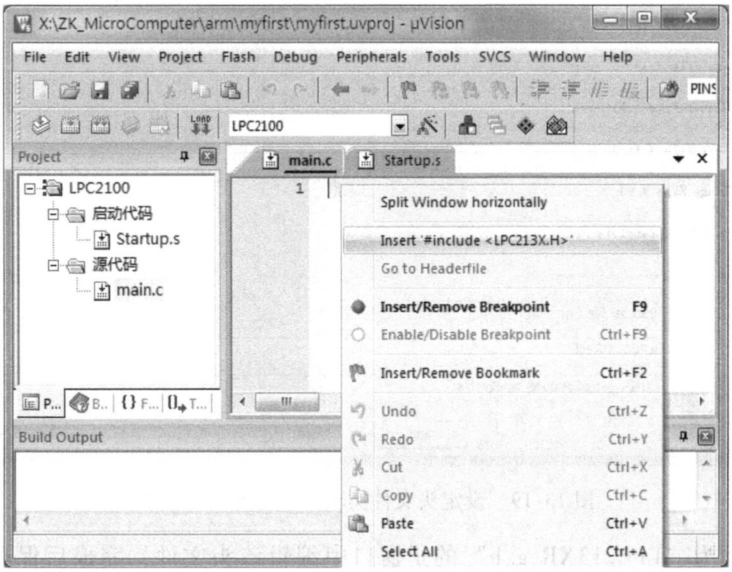

图 13-17 添加包含文件

5）如图 13-18 所示，编写主函数 main。

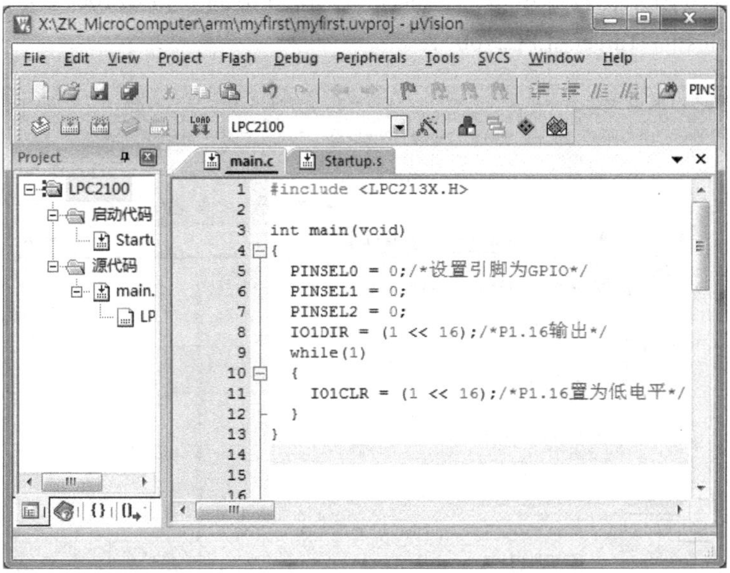

图 13-18 编写主函数

6）若需添加自己的头文件，如 LPC213XReg. h，方法如下：

右键单击工程子窗口中的“源代码”节点，在“Add New Item to Group '源代码'”对话框中选择“Header File (. h)”列表项以指定添加头文件，在“Name”栏中键入新文件的名称：“LPC213XReg”，然后单击“Add”按钮，如图 13-19 所示。

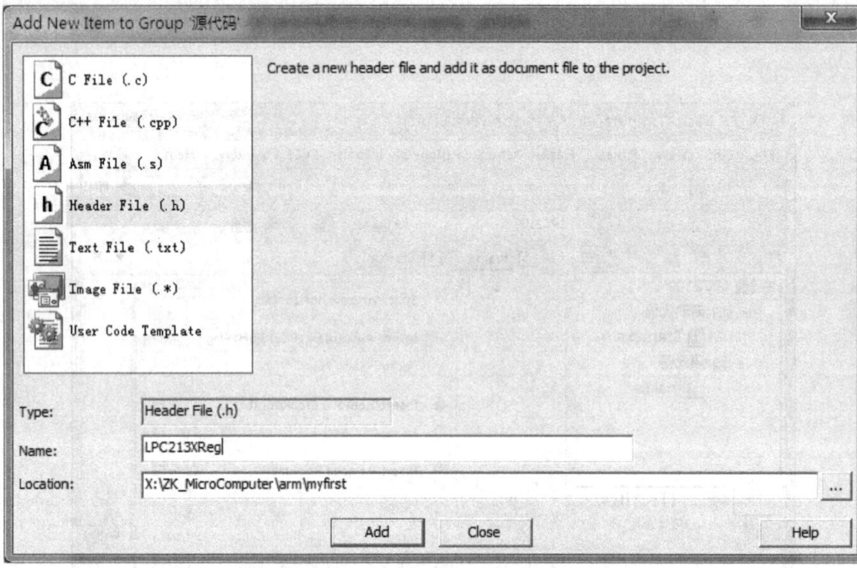

图 13-19　设定头文件类型、名称和存储位置

在卡片标题为“LPC213XReg. h”的子窗口中编辑该头文件，完成后保存。若该头文件被某个“. c”文件包含，如 main. c 中有预处理命令：#include 'LPC213XReg. h'，当工程编译完成后该头文件会出现在“main. c”节点之下；否则不会出现在工程树状图中。

3. 配置工程

1）如图 13-20 所示，右键单击“Project”子窗口中的“LPC2100”节点，在弹出的菜单上选择“Options for Target 'LPC2100'...”。

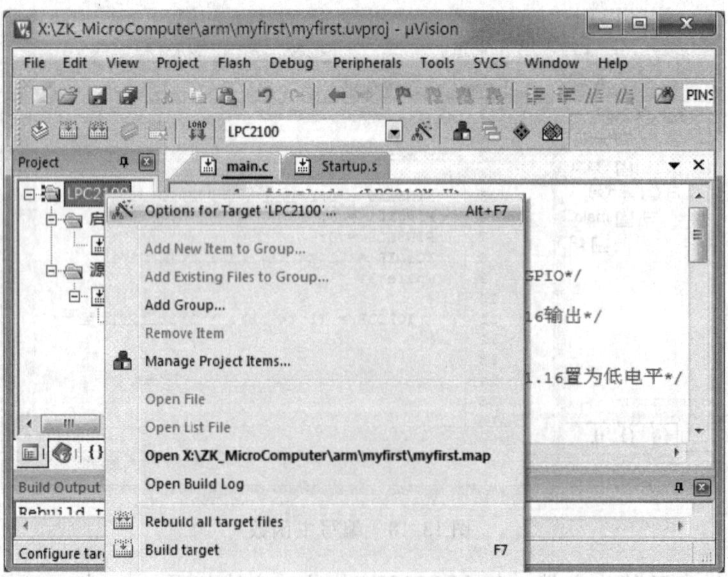

图 13-20　配置工程选项

2）在“Options for Target 'LPC2100'”对话框中选择“Target”选项卡，设置 Xtal 为 12MHz，如图 13-21 所示。

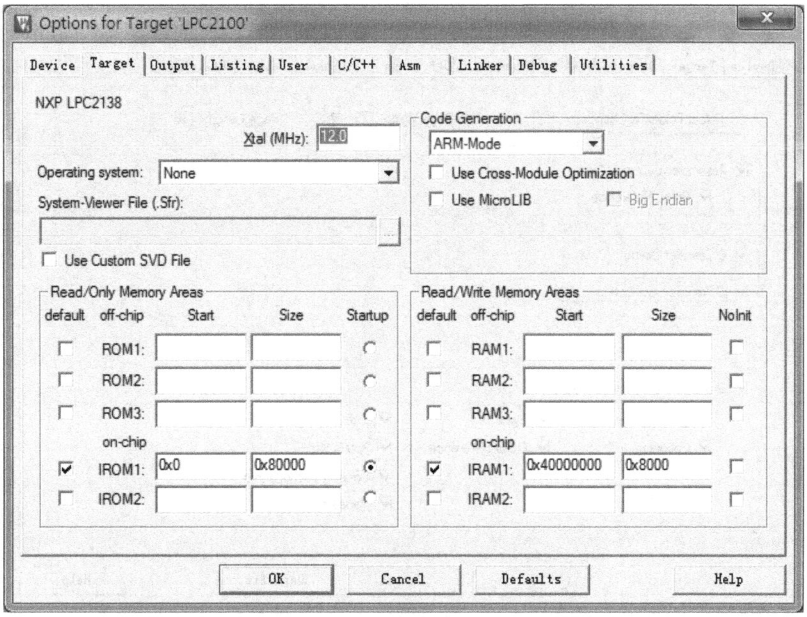

图 13-21　配置工程——目标芯片选项

3）如图 13-22 所示，选择“Output”选项卡，勾选“Create HEX File”选项，以指定生成 HEX 格式的文件。

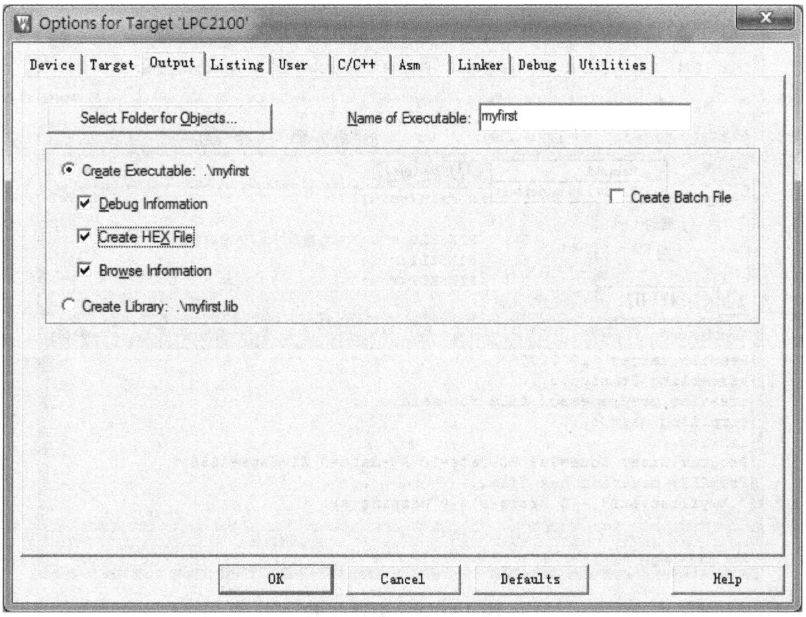

图 13-22　配置工程——输出文件选项

4）如图 13-23 所示，选择“Listing”选项卡，勾选“C Compiler Listing：.*.txt”和“C Preprocessor Listing：.*.i”选项。

4. 编译工程

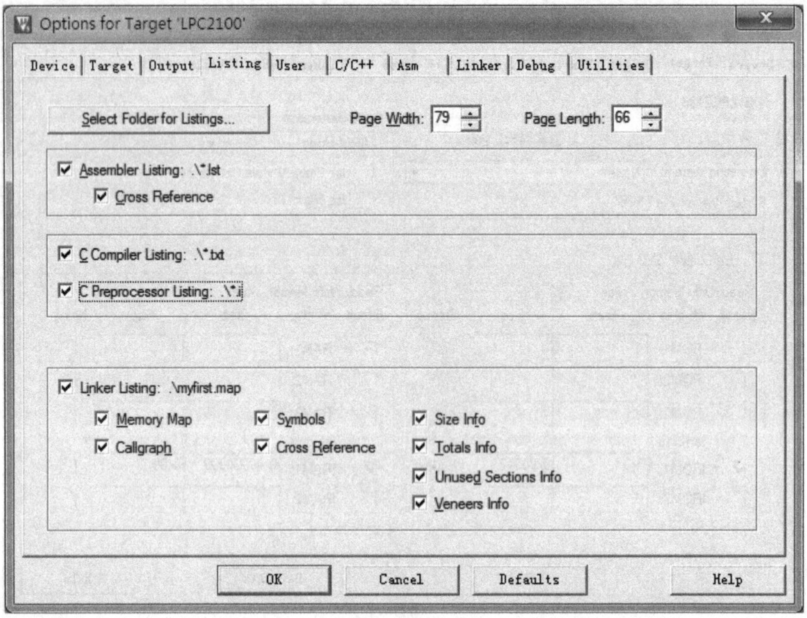

图 13-23　配置工程——输出文件选项

如图 13-24 所示，单击工具栏上的或，或者选择菜单“Project”→“Build target”或“Project”→“Rebuild all target files”，由 Keil μVersion5 完成编译过程。

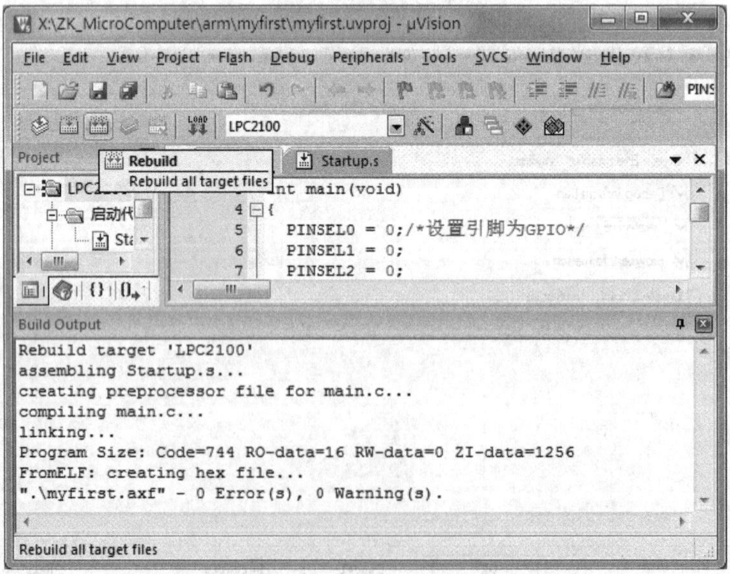

图 13-24　编译工程

13.2.3　在 Proteus 中进行仿真

本小节以 9.5.1 节中点亮 P1.16 外接的一个发光二极管为例，介绍在 Proteus 中进行仿真的步骤。

1. 新建工程

1）启动 Proteus，如图 13-25 所示，选择菜单“File”→“New Project”，或在主页上的 Start 栏单击“New Project”，将出现新建工程向导。

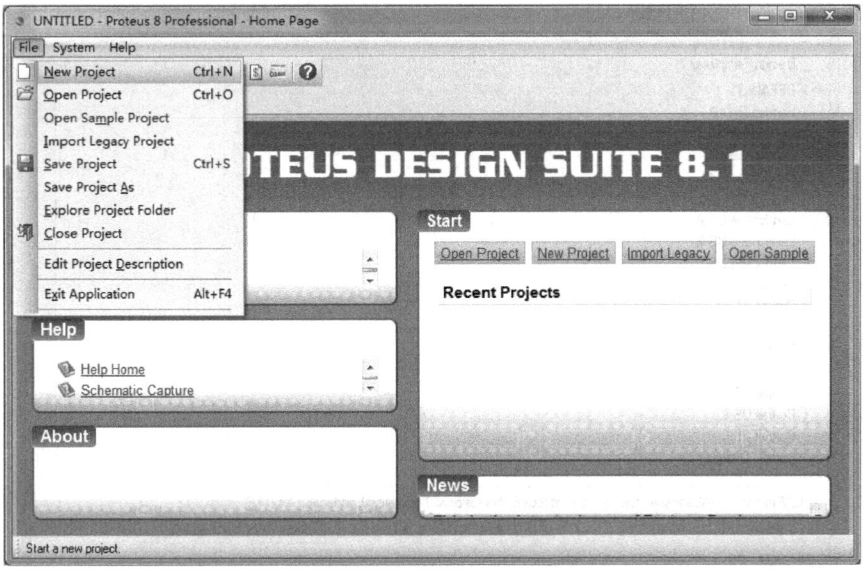

图 13-25 Proteus 启动后的画面

2）如图 13-26 所示，在新建工程向导的起始页上，设定新建工程的名称和存储位置，之后单击“Next”按钮。

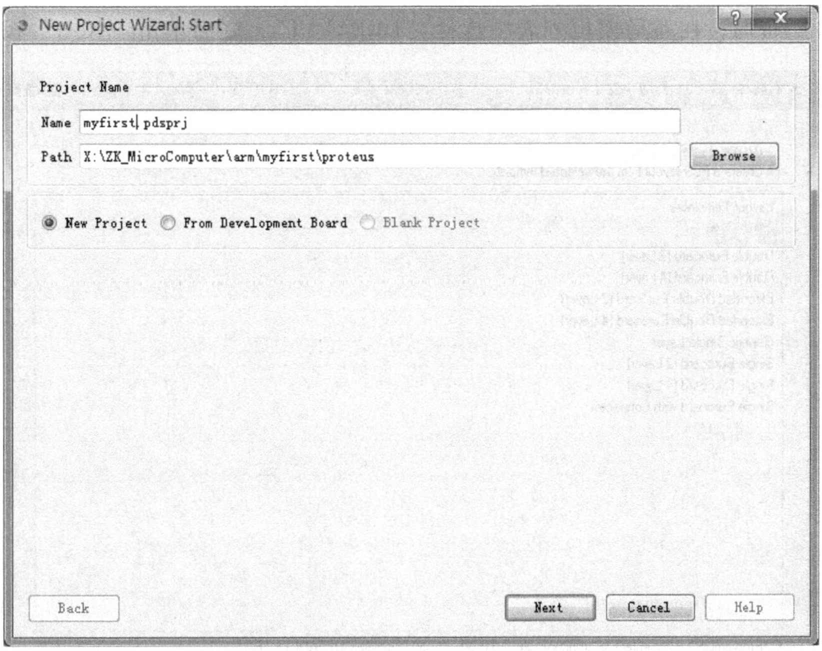

图 13-26 设定工程名称和存储位置

3）如图 13-27 所示，在新建工程向导的电路原理图设计页面，选择“Create a schematic from the selected template.”选项，即选择从指定的模板创建电路原理图；在设计模板列表中选择“Landscape A4”，之后单击“Next”按钮。

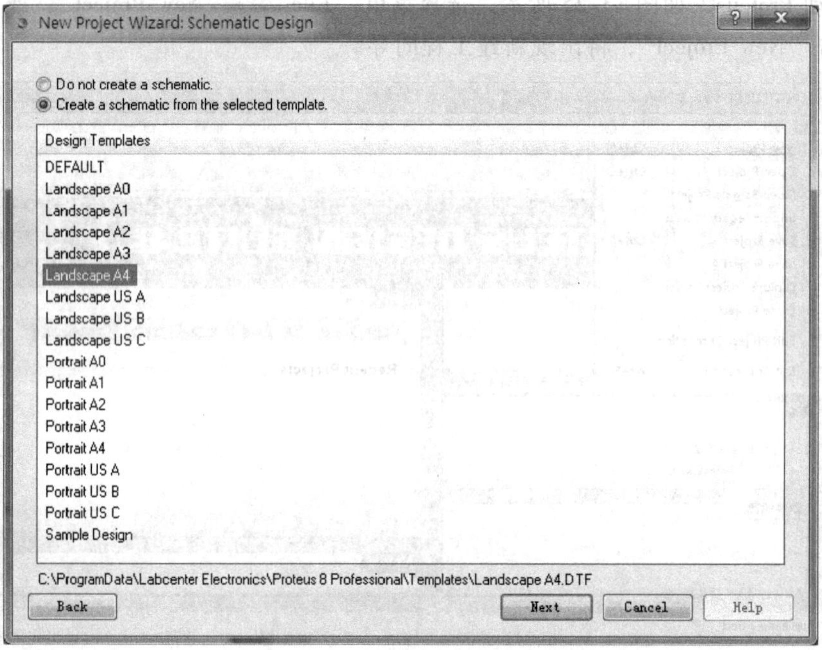

图 13-27　设定电路原理图页面类型

4）如图 13-28 所示，在新建工程向导的印制电路板布局页面：选择“Create a PCB layout from the selected template.”选项，即选择从指定的模板创建印制电路板（Printed Circuit Board，PCB）布局；在布局模板列表中选择“DEFAULT”，之后单击“Next”按钮。

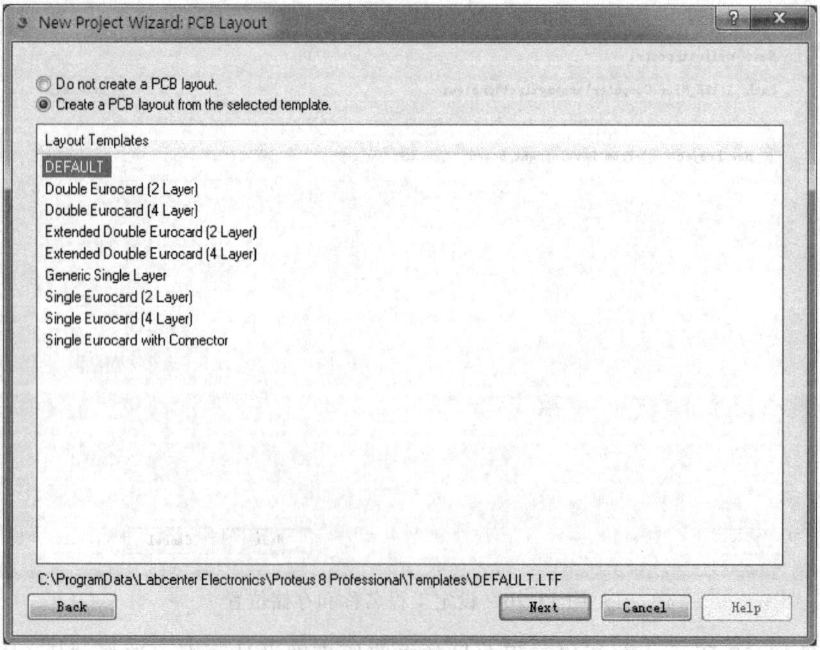

图 13-28　设定 PCB 布局类型

5）如图 13-29 所示，在新建工程向导的印制电路板分层用法页面，使用默认设置，单击“Next”按钮。

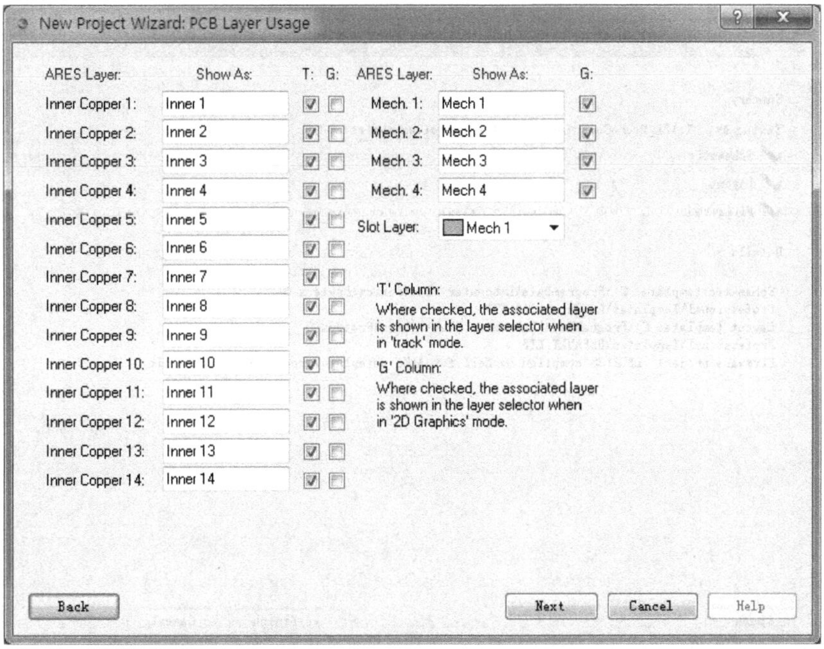

图 13-29　设定 PCB 分层用法

6）如图 13-30 所示，在新建工程向导的固件页面，选择“Create Firmware Project”选项，即选择创建固件工程；指定 Family 为“ARM7”；指定 Controller 为“LPC2138”；指定 Compiler 为“Keil for ARM (not configured)”；勾选“Create Quick Start Files”选项；之后单击“Next”按钮。

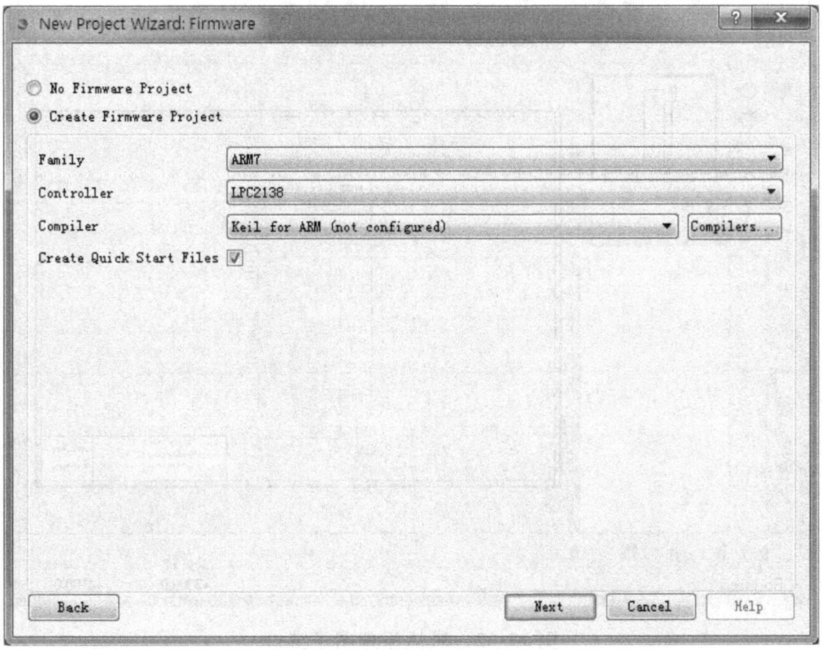

图 13-30　设定固件属性

7）如图 13-31 所示，新建工程向导的总结页面列出了先前各步骤的选择结果，单击“Finish”按钮让向导完成新建工程的工作。

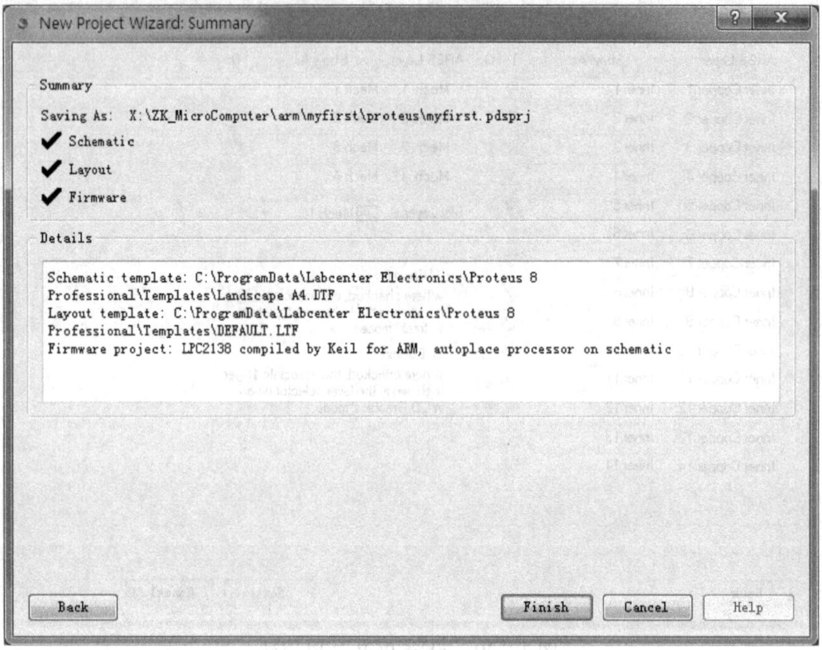

图 13-31　新建工程向导总结页面

2. 设计电路原理图

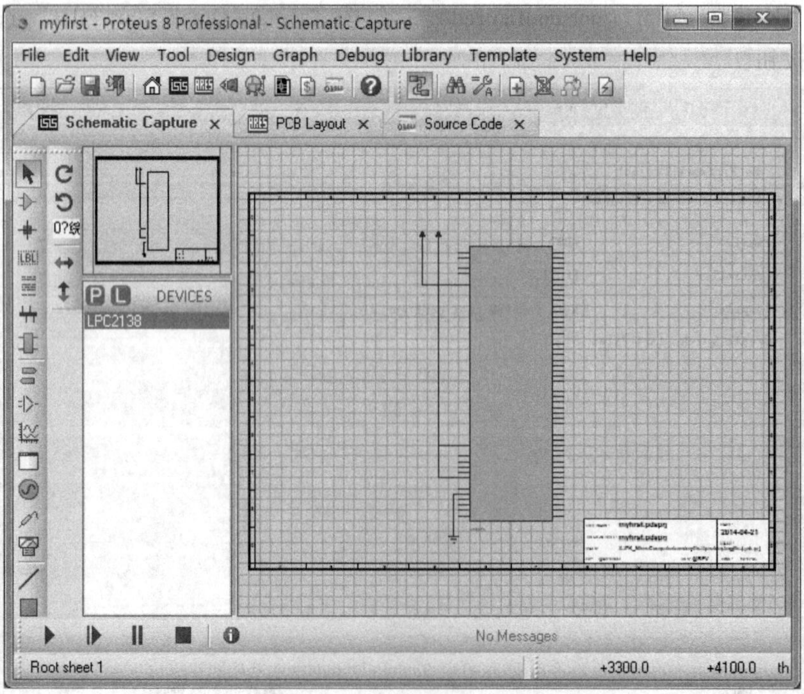

图 13-32　激活原理图子窗口

向导完成新建工程后，Proteus 的工作区将出现 3 个子窗口：Schematic Capture（电路图绘制）、PCB Layout（印制电路板布局）和 Source Code（源代码）。如图 13-32 所示，激活 Schematic Capture 子窗口以完成电路原理图的设计。

（1）摆放发光二极管

1）如图 13-33 所示，选择菜单：“Library”→“Pick parts from libraries”。

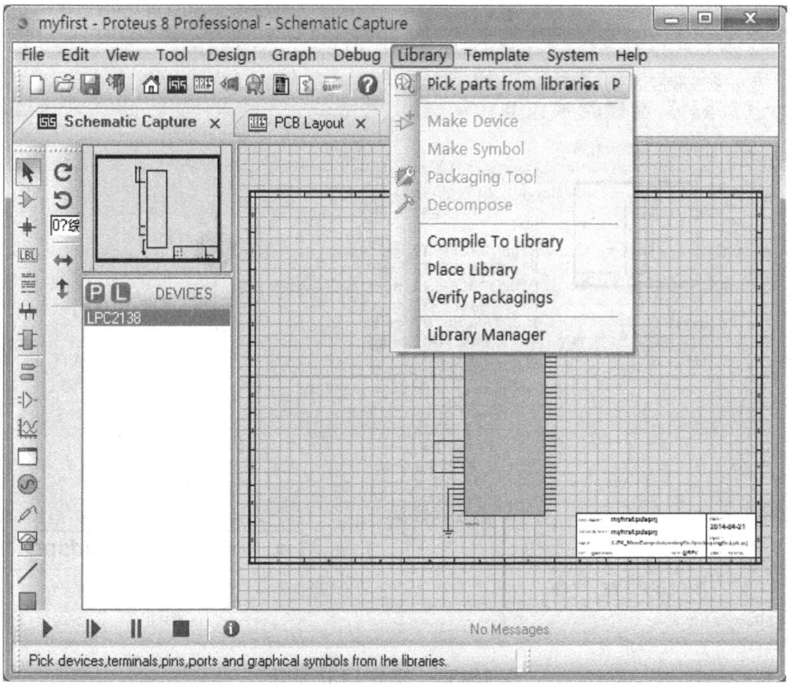

图 13-33　选择元器件菜单

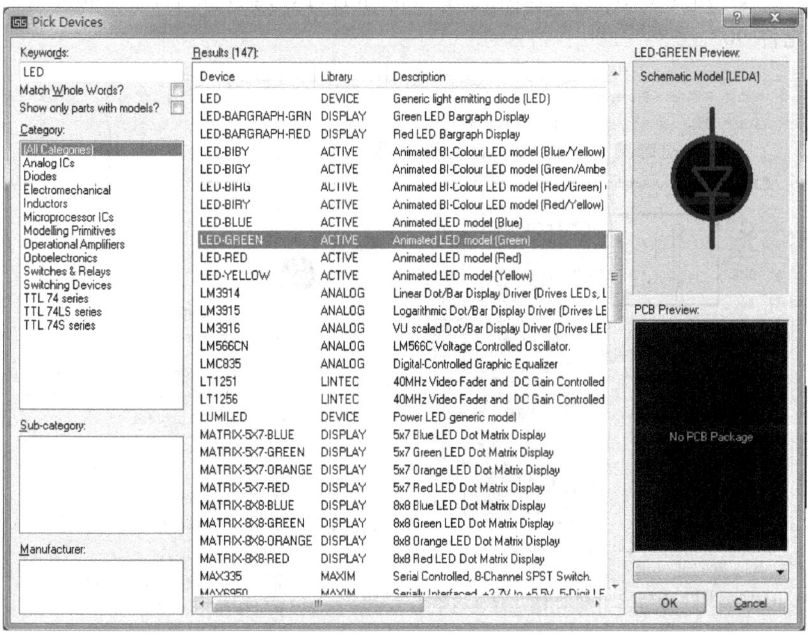

图 13-34　搜索、选择 LED 元件

2）如图 13-34 所示，在选取设备“Pick Devices”对话框的“Keywords”输入框中输入：LED；在搜索结果中选取名为“LED-GREEN”的设备；之后单击“OK”按钮。

3）如图 13-35 所示，放大电路原理图至合适的比例，在左侧的工具栏上单击 ，在左侧的设备列表中选择“LED-GREEN”，在原理图的空白处单击鼠标左键后将出现 LED 的图形符号，移动到合适的位置再单击鼠标左键，完成元件的摆放。

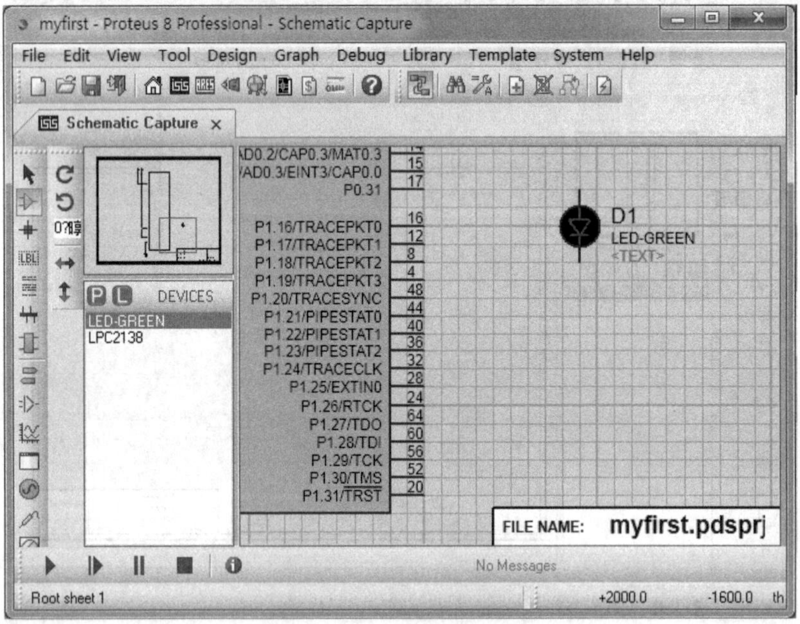

图 13-35　摆放 LED 元件

4）如图 13-36 所示，在元件 LED 上单击鼠标右键，选择菜单：“Rotate Clockwise”，以顺时针旋转元件 90°。

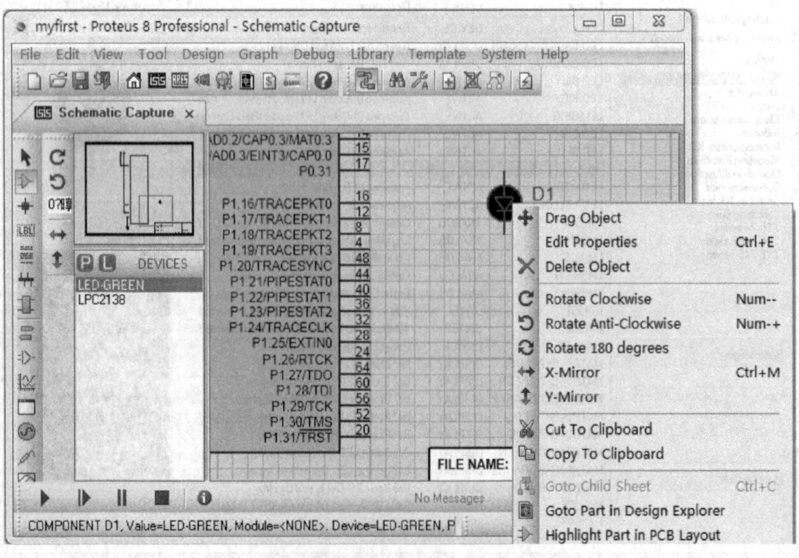

图 13-36　调整元件方向

（2）摆放电阻

1）如图 13-37 所示，选择菜单："Library"→"Pick parts form libraries"，输入关键词：RES，之后单击"OK"按钮，以完成 LED 的限流电阻的设计。

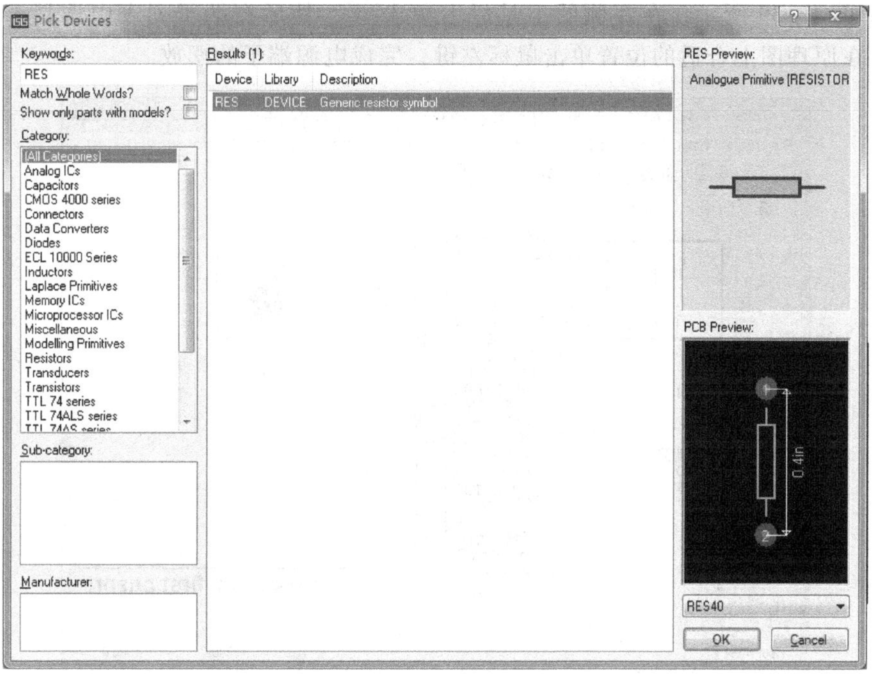

图 13-37　搜索、选择电阻

2）如图 13-38 所示，按照摆放元件 LED 的步骤摆放电阻，在元件 R1 上单击鼠标右键，选择菜单："Edit Properties"，可以查看和修改该元件的属性，将该电阻的阻值（Resistance）

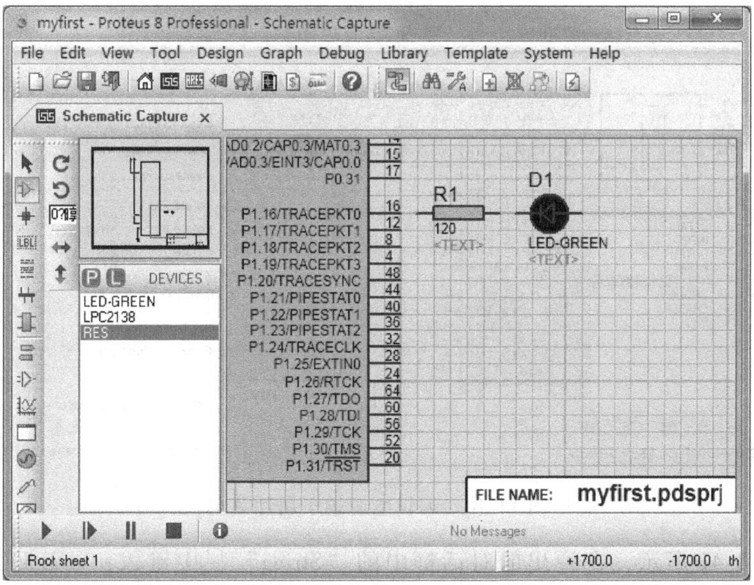

图 13-38　摆放电阻

改为 120Ω，因为 LED 的压降为 2.2V、驱动电流为 10mA，关于限流电阻阻值的计算请参阅模拟与数字电路设计相关的教材。

（3）摆放电源端子

1）如图 13-39 所示，在左侧的工具栏上单击，然后在端子列表中选择“POWER”（电源），在原理图上合适的位置单击鼠标左键，完成电源端子的摆放。

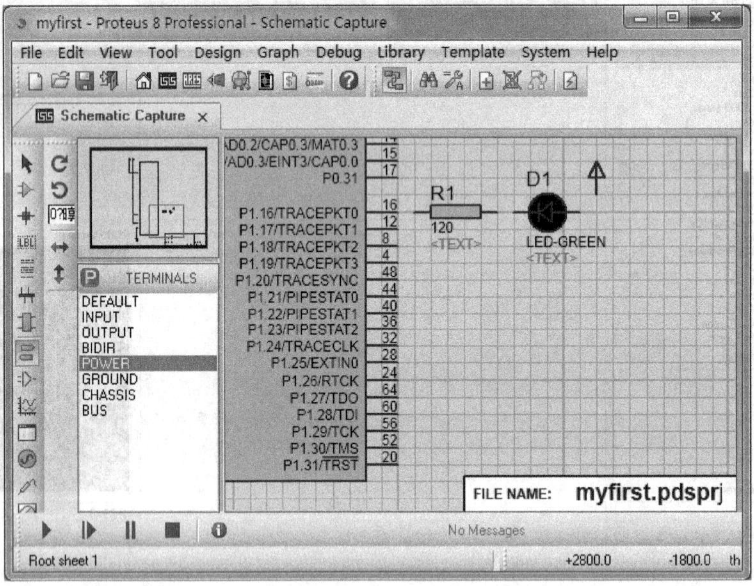

图 13-39　摆放电源端子

2）如图 13-40 所示，在电源端子上单击鼠标右键，选择菜单：“Edit Properties”。

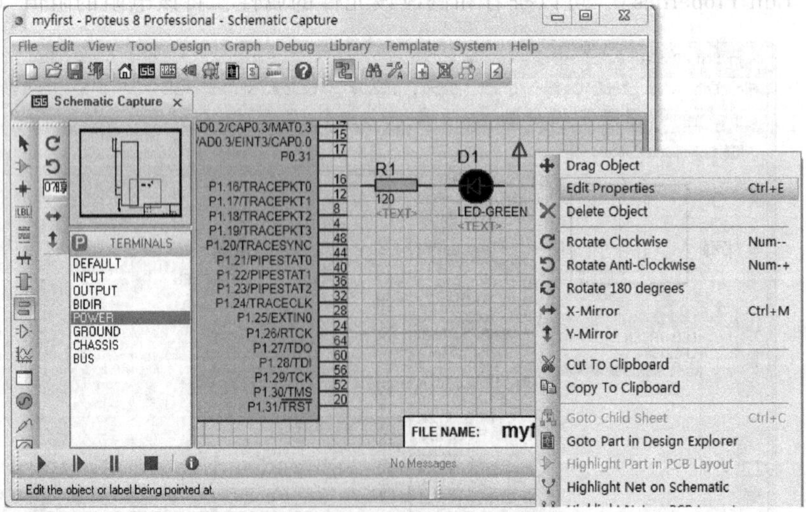

图 13-40　编辑电源端子属性菜单

3）如图 13-41 所示，在弹出的对话框中的“String”栏中键入：+3.3V，设定电源电压为 3.3V。

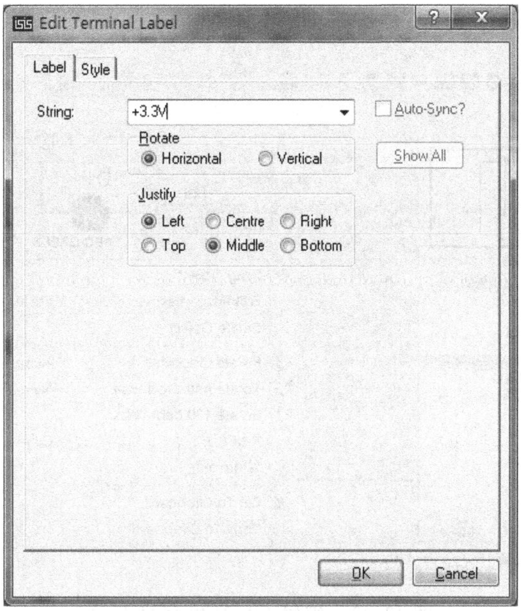

图 13-41　设置电源端子属性

（4）连接元器件　如图 13-42 所示，移动鼠标到元件的端点，如 R1 的右端点，当端点被捕获后按下鼠标左键并拖动鼠标到另一个元件的端点，如 LED 的左端点，松开鼠标左键，这样就将 R1 和 LED 连接起来了。如此完成 LPC2138 的 16 号引脚与 R1 的连接，以及 LED 与电源的连接。

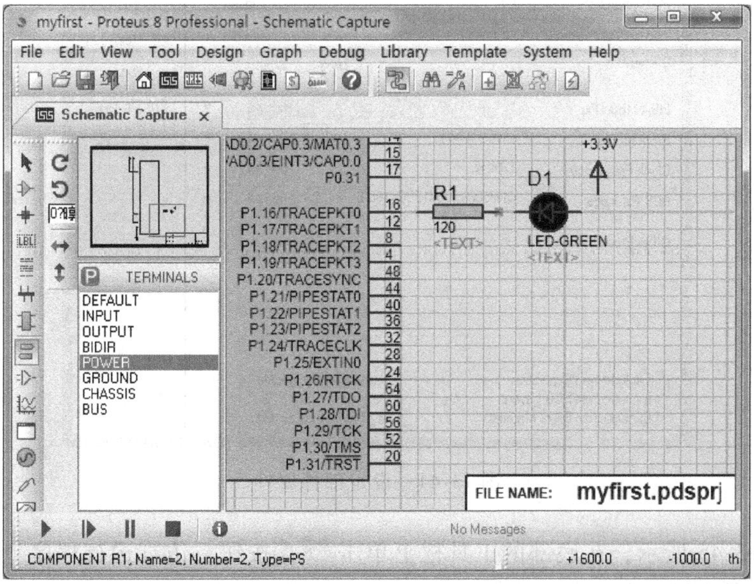

图 13-42　连接元器件

3. 仿真运行

1）如图 13-43 所示，在 LPC2138 上单击鼠标右键，选择菜单：“Edit Properties”。

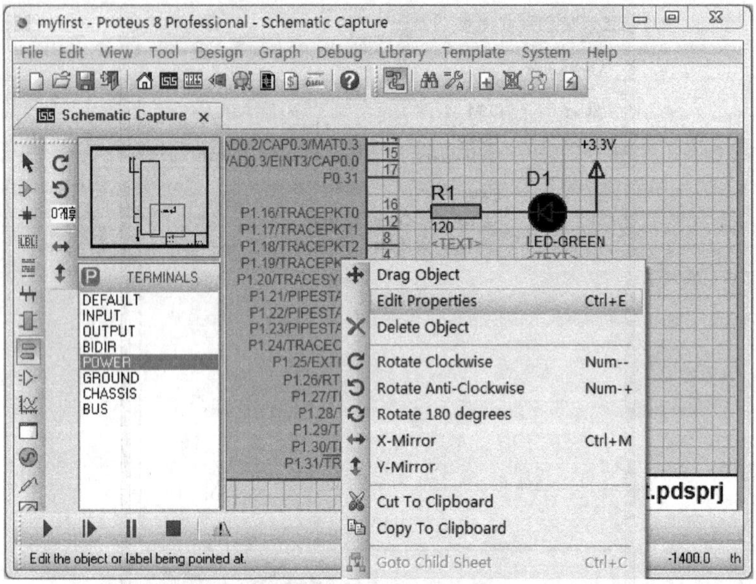

图 13-43　编辑 LPC2138 属性菜单

2）如图 13-44 所示，在弹出的对话框中的“Program File”栏中设定先前编译通过的程序文件为 myfirst. hex，在“Clock Frequency”栏中设置时钟频率为 12MHz，之后单击“OK”按钮。

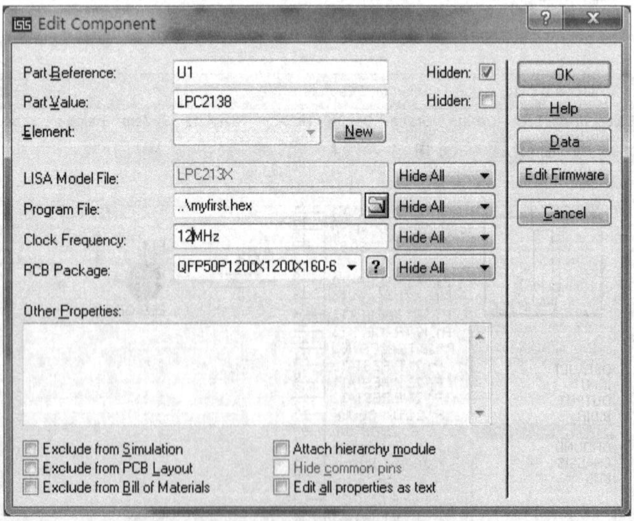

图 13-44　设定部件属性

3）如图 13-45 所示，在底部的工具栏上单击 按钮，仿真运行程序。

4. 查看仿真运行信息

在底部的工具栏上单击 按钮，暂停仿真运行，如图 13-46 所示，选择菜单：“Debug”→“17. LPC2100 PINSEL -U1”，将会出现引脚功能选择信息子窗口，如图 13-47 所示。

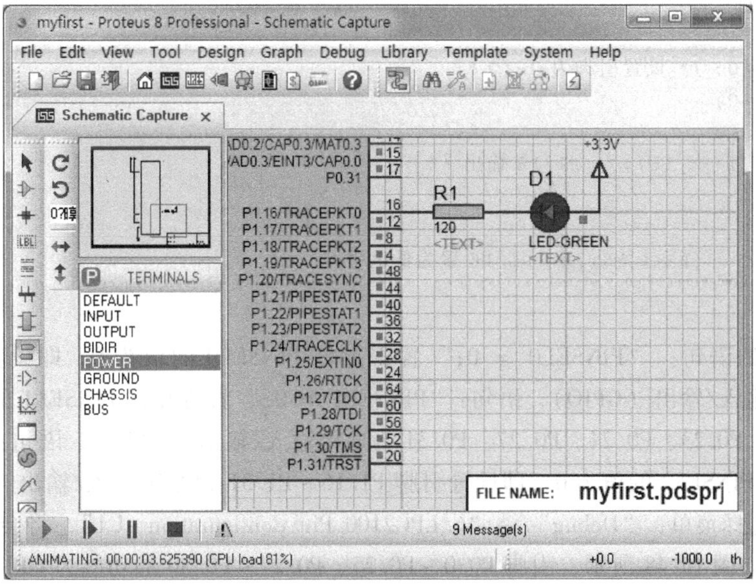

图 13-45　仿真运行

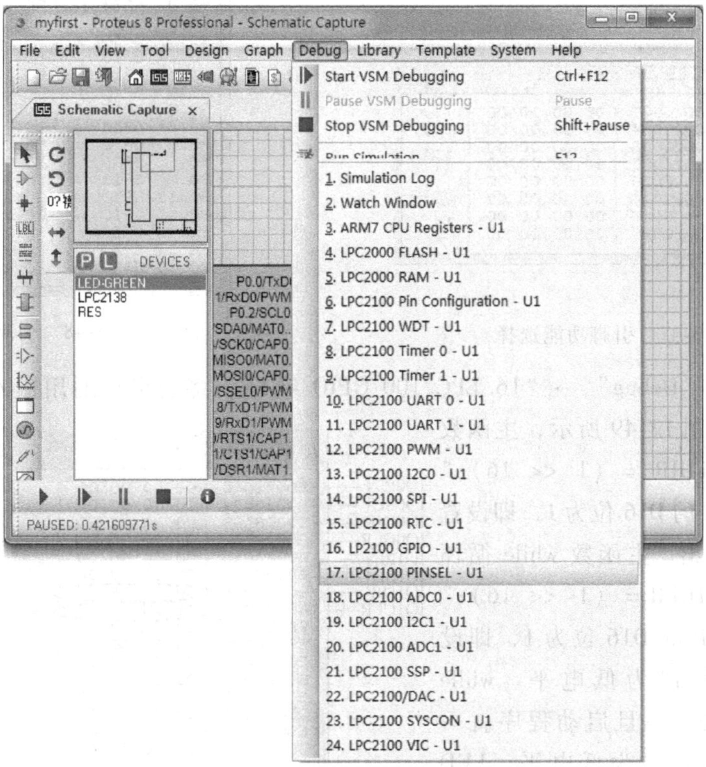

图 13-46　仿真运行的调试菜单

9.5.1 节中点亮 P1.16 外接的一个发光二极管的程序如下：

```
#include <LPC213X.H>
```

```
int main(void)
{
   PINSEL0 = 0; /* 设置引脚为 GPIO */
   PINSEL1 = 0;
   PINSEL2 = 0;
   IO1DIR = (1 << 16);/* P1.16 输出 */
   while(1)
   {
      IO1CLR = (1 << 16);/* P1.16 置为低电平 */
   }
}
```

主函数中的语句：“PINSEL0 = 0;”置寄存器 PINSEL0 的值为 0，即设置引脚 P0.0 ~ P0.15 为通用输入/输出（GPIO），语句：“PINSEL1 = 0;”置寄存器 PINSEL1 的值为 0，即设置引脚 P0.16 ~ P0.23、P0.24、P0.27 ~ P0.31 为通用输入/输出（GPIO），语句：“PINSEL2 = 0;”置寄存器 PINSEL2 的值为 0，即设置引脚 P1.16 ~ P1.31 为通用输入/输出（GPIO），如图 13-47 所示。选择菜单：“Debug” → “6. LPC2100 Pin Configuration - U1”，将会出现引脚配置信息子窗口，如图 13-48 所示，引脚 P0.0 ~ P0.25、P0.27 ~ P0.30 的功能为 GPIO。

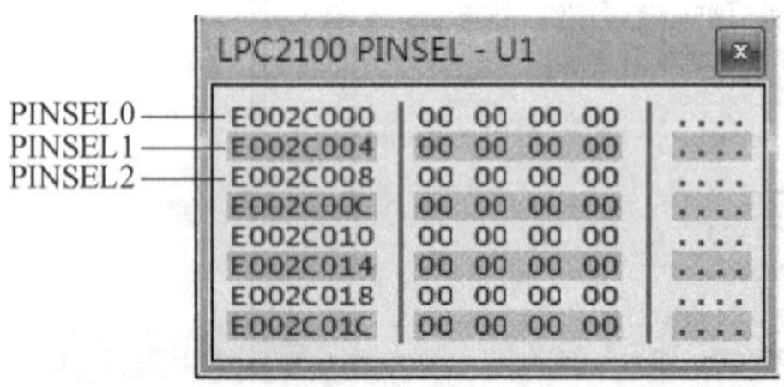

图 13-47　引脚功能选择

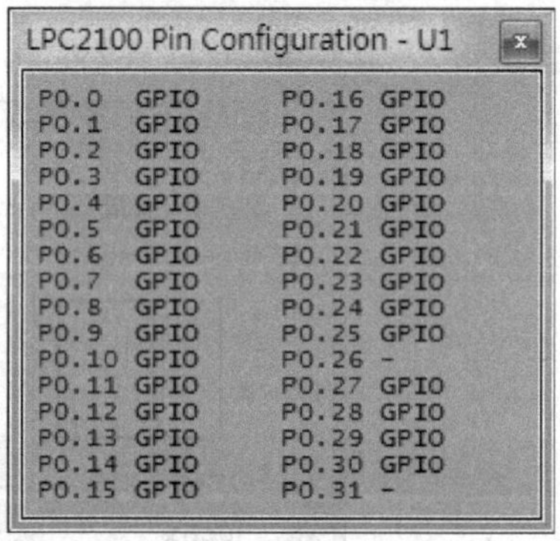

图 13-48　引脚配置

选择菜单：“Debug” → “16. LPC2100 GPIO - U1”，将会出现通用输入/输出（GPIO）信息子窗口，如图 13-49 所示，主函数中的语句：“IO1DIR = (1 << 16);”置寄存器 IO1DIR 的 D16 位为 1，即设置引脚 P1.16 为输出，主函数 while 循环中的语句：“IO1CLR = (1 << 16);”置寄存器 IO1CLR 的 D16 位为 1，即设置引脚 P1.16 输出为低电平。while(1) 为无限循环，一旦启动程序就一直使引脚 P1.16 输出为低电平，LED 灯一直亮着直到断电。

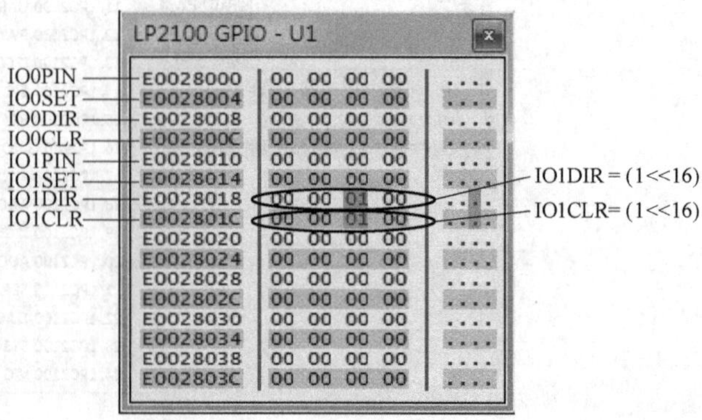

图 13-49　通用输入/输出（GPIO）信息子窗口

5. 使用示波器

9.5.3 节中要求使 P1.16 外接的发光二极管闪烁，闪烁频率为 0.5Hz，即亮 1s，灭 1s。可使用示波器来测量闪烁频率。

在左侧的工具栏上单击，在左侧的设备列表中选择“OSCILLOSCOPE”，即示波器，然后摆放在原理图合适的位置，之后将 P1.16 与示波器 A 通道相连，LED 的负极与示波器 B 通道相连（这不是必须的，借此可观察 LED 负极上电压的变化），如图 13-50 所示。

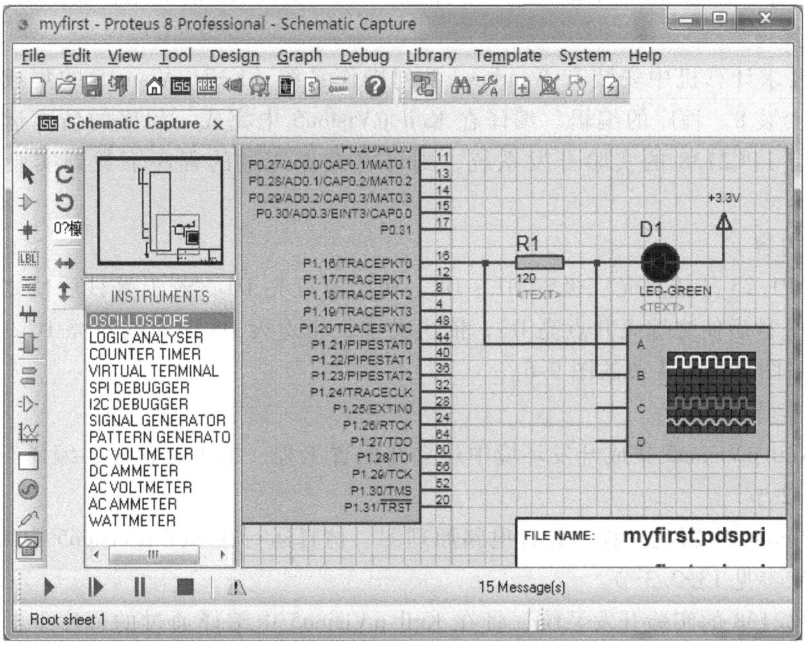

图 13-50　用示波器查看 P1.16 引脚和 LED 一端的波形

启动仿真，观察 P1.16 引脚上方波的上升沿到下降沿，或下降沿到上升沿之间的时间间隔，即延时函数 delay_ ms 执行的时间，如图 13-51 所示。

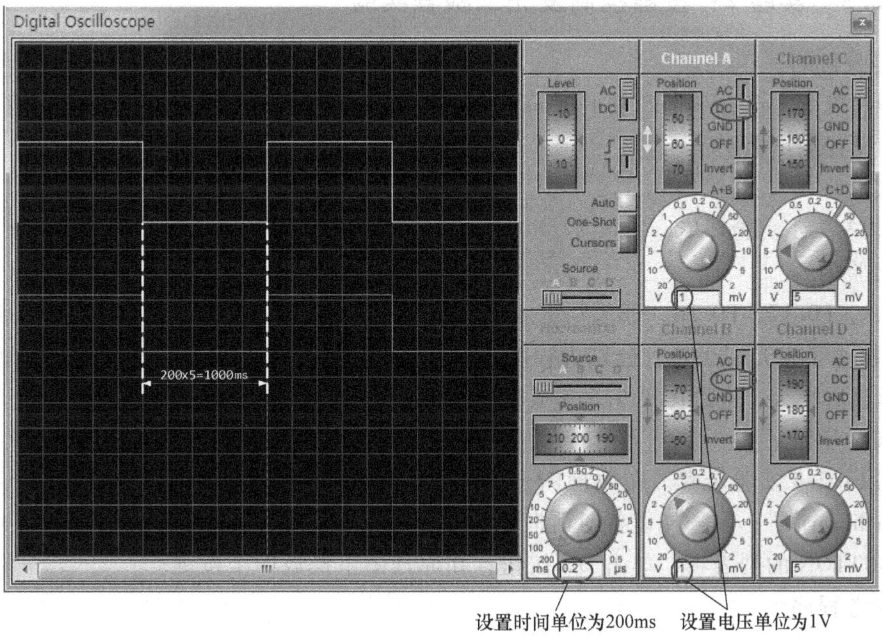

图 13-51　示波器的显示

13.2.4 实验1：走马灯实验

1. 实验目的

学习 Keil μVision5 和 Proteus 软件工具的使用，掌握 GPIO 的应用：设置输出电平。

2. 实验环境

本实验要求计算机中安装有 Windows 系列操作系统、Keil μVision5 的集成开发环境和 Proteus 设计套装 8。程序的编辑、编译在 Keil μVision5 中完成。程序的仿真运行在 Proteus 中完成，若有 LPC2138 的实验开发系统，则可将编译通过的程序下载到实验开发系统中运行。

3. 实验内容

P1.16 ~ P1.23 外接发光二极管 D1 ~ D8，初始时点亮 D1，若干毫秒后使之熄灭并点亮 D2，再若干毫秒后使之熄灭并点亮 D3，依次类推，当熄灭 D8 时再次点亮 D1，循环往复这个过程。电路图见 9.5.4 节的图 9-6。

4. 实验步骤

1）在 Keil μVision5 集成开发环境中建立并配置工程、编辑源程序、编译工程。具体步骤参见 13.2.2 节。

2）在 Proteus 中新建工程、设计电路原理图、仿真运行在 Keil μVision5 中编译通过的程序。具体步骤参见 13.2.3 节。

若有 LPC2138 的实验开发系统，将在 Keil μVision5 中编译通过的程序下载到实验开发系统，然后运行。

5. 参考程序

参见 9.5.4 节。

13.2.5 实验2：按键控制发光二极管实验

1. 实验目的

学习并巩固 Keil μVision5 和 Proteus 软件工具的使用，掌握并巩固 GPIO 的应用：获取输入状态，设置输出电平。

2. 实验环境

参见 13.2.4 实验环境。

3. 实验内容

P0.16、P0.17、P0.26、P0.27 外接 4 个按键，分别为：K1、K2、K3、K4。P1.16 ~ P1.19 外接 4 个发光二极管，分别为：D1、D2、D3、D4。当按下按键 K_i 时发光二极管 D_i 被点亮，释放后熄灭。电路图见 9.5.5 节的图 9-7。

4. 实验步骤

参见 13.2.4 实验步骤。在原理图上摆放按键的操作：选择菜单："Library" → "Pick parts from libraries"；在选择设备对话框的 Keywords 栏中输入：button；在搜索结果中选择设备名为 BUTTON 的列表项；单击 OK 按钮；在原理图上摆放四个按键。

5. 参考程序

参见 9.5.5 节。

13.2.6　实验3：数码管显示实验

1. 实验目的

学习并巩固Keil μVision5和Proteus软件工具的使用，掌握并巩固GPIO的应用：获取输入状态，并行输出。

2. 实验环境

参见13.2.4实验环境。

3. 实验内容

数码管初始显示0，按键一次数码管显示值增1，增至9时再次按键数码管显示0。电路图见9.5.6.2节的图9-9。

4. 实验步骤

参见13.2.4实验步骤。在原理图上摆放数码管的操作：选择菜单："Library"→"Pick parts from libraries"；在选择设备对话框的Keywords栏中输入：7seg；在搜索结果中选择设备名为7SEG-MPX1-CA的列表项；单击OK按钮；在原理图上摆放数码管。

5. 参考程序

参见9.5.6.2节。

13.2.7　实验4：中断与定时器实验

1. 实验目的

熟悉并掌握中断、定时器的应用。

2 实验环境

参见13.2.4实验环境。

3. 实验内容

P0.2连接一个LED，通过定时器0（TIMER0）使其点亮1s，熄灭1s。

4. 实验步骤

参见13.2.4实验步骤。

5. 参考程序

参见10.8节。

13.2.8　实验5：串行数据接收实验

1. 实验目的

熟悉并掌握URAT的应用：串行数据的接收与发送；掌握中断应用；掌握环形缓冲区的应用。

2. 实验环境

参见13.2.4实验环境。

3. 实验内容

使用UART0收发数据，波特率115200，8位数据位，1位停止位，无奇偶校验；以中断方式读取UART0输入的数据；将收到的数据再发送出去。

4. 实验步骤

参见 13.2.4 实验步骤。

5. 参考程序

参见 11.4.3 节的例 11-2。

13.2.9 实验 6：数/模转换实验

1. 实验目的

熟悉并掌握数/模转换的应用。

2. 实验环境

参见 13.2.4 实验环境。

3. 实验内容

利用数/模转换输出三角波信号，波形为三角波即可，周期不限。

4. 实验步骤

参见 13.2.4 实验步骤。

5. 参考程序

参见 12.5 节。

13.2.10 实验 7：模/数转换实验

1. 实验目的

熟悉并掌握模/数转换的应用。

2. 实验环境

参见 13.2.4 实验环境。

3. 实验内容

通过调节可变电阻改变引脚 AD0.1 的输入电压，循环进行 A/D 转换，利用 UART0 将转换结果输出。采用软件启动方式。

4. 实验步骤

参见 13.2.4 实验步骤。

5. 参考程序

参见 12.9 节。

参 考 文 献

[1] 赵长德，雷田玉. 微型计算机原理与接口技术 [M]. 北京：机械工业出版社，1999.

[2] 朱岩. 工业用微型计算机 [M]. 北京：机械工业出版社，2011.

[3] Brian W. Kernighan，Dennis M. Ritchie. C 程序设计语言 [M]. 2 版. 徐宝文，李志，译. 北京：机械工业出版社，2004.

[4] 斯蒂芬 G 科钦. C 语言程序设计 [M]. 李颖，齐文陆，等译. 北京：电子工业出版社，1987.

[5] 谭浩强. C 程序设计 [M]. 北京：清华大学出版社，1991.

[6] Stanley B Lippman，Josee Lajoie，Barbara E. Moo. C++ Primer 中文版：特别版 [M]. 4 版. 李师贤，等译. 北京：人民邮电出版社，2010.

[7] ISO/IEC 9899：1999 Programming languages -C [S]. 1999.

[8] 周立功. ARM 嵌入式系统基础教程 [M]. 2 版. 北京：北京航空航天大学出版社，2008.

[9] 周立功. ARM 嵌入式系统实验教程（二）[M]. 北京：北京航空航天大学出版社，2005.

[10] 周润景. ARM7 嵌入式系统设计与仿真——基于 Proteus、Keil 与 IAR [M]. 北京：清华大学出版社，2012.

[11] 杜春雷. ARM 体系结构与编程 [M]. 北京：清华大学出版社，2003.

[12] ARM Limited. ARM7TDMI-S（Rev 4）Technical Reference Manual [M].

[13] Philips Semiconductors. LPC2131/2132/2138 Single-chip 16/32-bit microcontrollers [M]. 2005.

[14] Philips Semiconductors. LPC2131/2132/2138 User Manual [M]. 2004.

后　记

经全国高等教育自学考试指导委员会同意，由全国高等教育自学考试指导委员会机械及轻纺化工类专业委员会负责机电一体化工程专业教材的审定工作。

本教材由南京理工大学徐骏善副教授、朱岩副教授编著。全国高等教育自学考试指导委员会机械及轻纺化工类专业委员会组织了本教材的审稿工作。东南大学任国林副教授担任主审，参加审稿并提出审稿意见的还有南京航空航天大学田宗军教授、南京理工大学左兵城副教授，谨向他们表示诚挚的谢意。

全国高等教育自学考试指导委员会机械及轻纺化工类专业委员会最后审定通过了本教材。

全国高等教育自学考试指导委员会
机械及轻纺化工类专业委员会
2014 年 7 月